生态城市规划与建设研究

姜莘　蒋伟　丁成呈　著

吉林科学技术出版社

图书在版编目（CIP）数据

生态城市规划与建设研究 / 姜莘，蒋伟，丁成呈著.
长春：吉林科学技术出版社，2024.6. -- ISBN 978-7
-5744-1568-3

Ⅰ．TU984；X21

中国国家版本馆CIP数据核字第2024HD1141号

生态城市规划与建设研究

著	姜 莘 蒋 伟 丁成呈
出 版 人	宛 霞
责任编辑	刘 畅
封面设计	南昌德昭文化传媒有限公司
制 版	南昌德昭文化传媒有限公司
幅面尺寸	185mm×260mm
开 本	16
字 数	285千字
印 张	13.5
印 数	1~1500册
版 次	2024年6月第1版
印 次	2024年12月第1次印刷
出 版	吉林科学技术出版社
发 行	吉林科学技术出版社
地 址	长春市福祉大路5788号出版大厦A座
邮 编	130118
发行部电话/传真	0431-81629529 81629530 81629531
	81629532 81629533 81629534
储运部电话	0431-86059116
编辑部电话	0431-81629510
印 刷	三河市嵩川印刷有限公司
书 号	ISBN 978-7-5744-1568-3
定 价	78.00元

版权所有 翻印必究 举报电话：0431-81629508

前 言

作为人类重要的聚居地和人类文明发展的基本载体，城市在现代社会发展中具有重要的意义。规划与建设生态城市是贯彻落实科学发展观的重要步骤，是建设资源节约型、环境友好型社会的应有之义。国内外城市发展的经验表明，建设生态城市是遵循城市发展规律、顺应时代潮流的战略举措，是转变经济增长方式、推动城市可持续发展的客观需要，是改善人民生存生活环境、促进社会文明的必然要求。

生态城市建设是基于城市及其周围地区生态系统承载能力的走向、可持续发展的一种自适应过程，必须通过政府引导、科技催化、企业兴办和社会参与，促进生态卫生、生态安全、生态产业、生态景观和生态文化等不同层面的进化式发展，实现环境、经济和人的协调发展。建设以适宜于人类生活的生态城市首先必须运用生态学原理，全面系统地理解城市环境、经济、政治、社会和文化间复杂的相互作用关系，运用生态工程技术设计城市、乡镇和村庄，以促进居民身心健康、提高生活质量、保护其赖以生存的生态系统。生态城市旨在采用整体论的系统方法，促进综合性的行政管理，建设一类高效的生态产业、人们的需求和愿望得到满足、和谐的生态文化和功能整合的生态景观，实现自然、农业和人居环境的有机结合。

本书是生态城市方向的书籍，主要研究生态城市规划与建设，本书从生态城市的生态学基础、生态城市的经济学基础、城市生态承载力及生态足迹理论、生态城市的可持续发展理论入手，针对生态城市的基本理念解析、内涵、特征、结构、运行及城市生态经济系统的动力进行了阐述；接着深入探讨了生态城市的空间规划和产业规划，并对生态城市的建设和管理提出了一些建议；最后研究了低碳时代生态城市建设和多尺度城市生态网络构建方法的实践；对生态城市规划与建设有一定的借鉴意义。

在本书的写作过程中，作者参阅了大量国内外教材和论著等文献资料，由于篇幅有限，恕不一一列出，在此对这些文献的作者一并表示诚挚的谢意。同时，由于作者水平和能力有限，书中难免存在错误与遗漏，我希望各位专家、学者和广大读者批评指正。

《生态城市规划与建设研究》
审读委员会

刘帅彪　李海豪　陈爱国

目 录

第一章 生态城市的理论基础 ... 1
第一节 生态城市的生态学基础 ... 1
第二节 生态城市的经济学基础 ... 9
第三节 城市生态承载力及生态足迹理论 ... 16
第四节 城市可持续发展理论 ... 20

第二章 现代生态城市的基本内涵 ... 26
第一节 生态城市基本理念解析和内涵 ... 26
第二节 生态城市的特征、结构及其运行 ... 35
第三节 城市生态经济系统的功能、特点和动力 ... 43

第三章 生态城市的空间规划 ... 49
第一节 城市空间与城市密度 ... 49
第二节 城市空间与土地利用 ... 56
第三节 城市空间与交通模式 ... 74
第四节 城市空间与产业发展 ... 78

第四章 生态城市的建设和治理 ... 87
第一节 生态城市的建设 ... 87
第二节 生态城市的治理 ... 117
第三节 可持续发展与生态城市 ... 134

第五章 低碳时代生态城市建设 ... 140
第一节 城市建筑节能与绿色建筑推广 ... 140
第二节 城市绿色基础设施建设 ... 151
第三节 城市绿色交通系统与流动空间组织 ... 162

第六章 生态城市规划与建设的合肥实践 ... 176
第一节 合肥城市生态系统构建研究 ... 176

第二节　合肥城市生态网络规划实践 …………………………………… 191
第三节　合肥城市绿地系统规划实践 …………………………………… 195
第四节　合肥城市绿道系统规划实践 …………………………………… 199

参考文献 ………………………………………………………………………… 203

第一章 生态城市的理论基础

第一节 生态城市的生态学基础

从生态学角度来讲,生态城市就是按照生态学原理建立起的一个经济、社会、自然协调发展,物质、能量、信息得以高效利用,生态形成良性循环的人类聚居地。它既包含人与自然环境的协调关系以及人与社会环境的协调关系,又是一个自行组织、自我调节的共生系统。这个系统不仅重视自然生态环境保护对人的积极意义,而且借鉴生态系统的结构和生态学的方法,将环境与人视为一个有机整体。这个有机整体有它内部的生态秩序,所以生态学是生态城市的基础,但是这种生态学又突破了传统意义上的生态学的概念,扩展到自然生态、社会生态、经济生态的范畴,包含了复合协调、持续发展的含义。

一、城市的要素

(一)水资源

水资源是构成自然和人类生态系统的基本成分。水在自然和人类社会的长期演化史中发挥着孕育土地、熟化土壤,促进生物质的变化及生命的进化、营养物的循环和调节气候等重要作用。

水是影响自然和人类社会生存与发展的最重要的生态因子。城市起源于河边海滨。水可以使一个城市或任何人居环境繁荣或衰败，导致生态系统的演化。在当今所有环境问题中，水问题是威胁人类安全的最迫切和最致命的问题。

水资源的不合理开发与利用、湿地开垦、森林砍伐、工程建设行为的短期化、局部以及不合适的人居环境建设，破坏了景观生态的整合性，水源涵养能力、水土保持能力及水体净化能力在下降，土壤微生物的活力在减弱，土地利用、生态系统及文化的多样性在减少。自然生态服务功能在急剧减弱。"人定胜天"的观念一定程度地取代"天人合一"的哲学理念。人们往往注重短期的经济效益而忽视长期的生态效益。近年来，发生在长江和黄河流域的旱涝灾害可能只是未来出现更严重灾害的一个信号。

（二）土地资源

土地在城市构建和发展中扮演着至关重要的角色，它不仅仅是城市存在的物理平台，更是城市繁荣与进步的物质基石。土地资源的合理利用和规划直接关系到城市的面貌、功能布局以及居民的生活品质。在城市化的进程中，土地的开发与管理是城市规划者和政策制定者必须审慎考虑的关键因素。

城市的土地资源包括了住宅区、商业区、工业区以及公共设施和绿地等多种用途，每一种用地都承载着不同的城市功能，共同构成了城市的复杂生态系统。土地的合理规划能够确保城市的空间布局更加科学合理，不仅能够满足居民的居住、工作和休闲需求，还能够促进经济的持续健康发展，提高城市的综合竞争力。

土地的有效利用还涉及到环境保护和可持续发展的问题。随着人们对生态环境保护意识的增强，如何在城市发展的同时保护好土地资源，实现土地利用的可持续性，成为了城市规划和管理的重要议题。通过科学的规划，合理的土地利用可以最大限度地减少对自然环境的破坏，保持生态平衡，为子孙后代留下宜居的城市环境。

（三）生物资源

生物资源提供了地球生命支持系统的基础，成为城市诞生、发展的前提。这些资源基本的社会、伦理、文化和经济价值，从有历史记载的最早时期起，就已在宗教、艺术和文学中得到认可。

生物多样性为城市人类活动提供了宝贵的支持。生物多样性使生态系统、物种或基因的数量这两个方面被包含在一个组合之内。生物多样性通常被认为有三个水平，即遗传多样性、物种多样性和生态系统多样性。遗传多样性是指遗传信息的综合，被包含在栖居于地球上的植物、动物和微生物个体的基因内。物种多样性是指地球上生命有机体的多样化。生态系统多样性与生物圈中的生境、生物群落和生态过程等的多样化有关，也与生态系统内部由于生境差异和生态过程的多种多样所引起的极其丰富的多样化有关。各种生态系统使营养物质得以循环，也使水、氧气、甲烷、二氧化碳等物质以及其他如硫、氮和碳等化学物质得以循环。

（四）人口

人口是城市发展的基础，是城市赖以生存和繁荣的核心动力。一个城市的发展，无论是经济的增长、文化的繁荣，还是社会的进步，都离不开人口的支撑和推动。人口的数量和质量，直接影响着城市的劳动力市场、消费市场的规模，以及城市的综合竞争力。人口结构，包括年龄、性别、教育水平等，对城市的长期发展规划和资源配置有着深远的影响。一个拥有健康人口结构的城市，能够更好地适应经济发展的需求，吸引和培养人才，促进创新和技术的进步，从而推动城市的全面发展。

人口的多样性也是城市文化活力的源泉。不同的人群带来不同的文化背景和生活方式，这些差异在相互交流和融合中，催生出丰富多彩的城市文化景观。文化的多元性不仅增强了城市对人口的吸引力，也为居民提供了更多的生活选择和发展空间。

（五）建筑

城市环境分为自然环境和社会人工环境。其中社会人工环境既包括经过人工改造的自然环境（如名胜古迹、公园风景区、绿地等），又包括杰出的城市建筑、清晰的城市平面、宽广的林荫道、美丽的广场群、高雅的街区等。城市环境作为固有的资源，一方面可以直接为城市居民所享用，另一方面对城市产业发展和产业价值体系状况有重要的影响。

建筑是城市的面孔，它不仅反映了城市的历史，而且有城市文化的意味。一座古城的街巷屋宇、砖石墙檐，都汇聚了若干代人的人文情怀，是数百年一方风土的定型。建筑的引进或换代，总是在基本需求中以及在风貌上尊重并契合于城市的。

（六）生态景观资源

生态景观资源在城市发展和居民生活中扮演着至关重要的角色。这些资源不仅包括自然生态系统，如森林、湿地、河流和山脉，还包括经过精心设计和维护的公园、绿地和其他绿色空间，它们对城市的作用是多方面的。在环境改善方面，生态景观资源通过提供清洁的空气和水，调节城市气候，对抗城市热岛效应，为城市居民创造了一个更加宜居的环境；树木和植被能够吸收空气中的污染物和二氧化碳，释放氧气，有助于净化空气。生态景观资源还为各种野生动植物提供了栖息地，有助于保护和维持生物多样性，这些生态系统成为城市中的自然绿肺，为许多物种提供食物、庇护所和繁殖场所，同时为人们提供了观察和学习自然界的机会。生态景观资源对城市中人们的心理健康和身体健康也有着积极的影响，能够为市民提供休闲和娱乐场所，有助于减轻压力，提高生活质量，公园和花园等公共空间还能促进社区凝聚力，增强居民之间的社交联系。

（七）文化

一座城市的文化，是这座城市的灵魂。发达城市建设的经验表明，一座城市不能单纯只发展经济，它还需要一种被称作"城市之魂"的东西——文化，作为一座城市的"气"和"神"，文化的发展决定和影响着城市旅游经济持续发展的后劲。

城市文化建设有两个显著特征。一是不可逆性。一个文化景点，一座历史文化遗址，

3

一旦被毁掉，就无法恢复；一条街道，一幢楼房，一个公园，一旦建成，就很难被改变。二是社会性。城市文化建设是一项社会系统工程，需要社会的方方面面围绕共同的目标，步调一致地进行城市文化形象的再创造，如果没有统一的规划，城市文化建设就会杂乱无章。城市文化的这两个特征决定了科学规划是城市文化有序发展的关键。

二、生态系统

生态系统是指在一定时间和空间内，生物与其生存环境之间以及生物与生物之间相互作用，彼此通过物质循环、能量流动和信息交换，形成的一个不可分割的整体。生态系统包括生物和非生物的环境，或者生命系统和环境系统。生态系统揭示了生物与其生存环境之间、生物体之间以及各环境因素之间错综复杂的关系，包含着丰富的科学思想，是整个生态学理论发展的基础。生态系统具有整体性、系统性、动态性等特征。从系统论观点来看自然过程，自然过程是有序、合理的，而且是可以被预测的；每一个生态系统皆有其特定的能量物质流动模式，并与其系统的结构相对应。生态系统作为一个开放系统，将走向一种动态平衡而归于稳定，即进入成熟阶段。

生物是生态系统的主体，是生态系统中的能动因素。但是，在生态系统中，生物不是以个体方式存在的，而是以"种群"的形式出现的，作为一个有机整体与环境发生关系。在生态系统中，生物与生物之间存在两个层次的关系，即种群内部生物个体之间的关系和种群与种群之间的关系。种群内部生物个体之间的关系一般有两种，即协作和竞争，但协作是一时的和初始的，而竞争是永恒的和普遍的，特别是当种群密度较高，出现"拥挤效应"时，竞争会更加激烈，竞争的结果是优胜劣汰，适者生存。种群间的关系则十分复杂，但也可以被归纳为正向互作用和负向互作用两大类。一定区域内的各种生物通过种内及种间这种复杂的关系，就会形成一个有机统一的结构单元——生物群落。生态系统就是生物群落与无机环境相互作用而形成的统一整体。

环境是生态系统存在和发展的基础。环境中对生物的生命活动起直接作用的要素一般被称为生态因子，包括非生物因子（如温度、光照、大气、湿度、土壤等）和生物因子（如动植物和微生物等）。生物体与环境生态因子之间的关系有以下几个特征。第一，每一种生物都不可能只受一种生态因子的影响，而受多种生态因子的影响；各种生态因子之间也是相互联系、相互影响的，共同对主体发挥作用。这就要求人们在考虑生态因子时，不能孤立地强调一种因子而忽略其他因子，不但要考虑每一种生态因子的作用，而且要考虑生态因子的综合作用。第二，生物与环境的关系是相互的、辩证的，环境影响生物的活动，生物的活动也反作用于环境。第三，生态因子一般都具有所谓的"三基点"，即最适点、最高点和最低点。每一种生态因子对特定的生物主体而言都有一个最适宜的强度范围，即最适点，生态因子影响的强度对特定的生物都有一个最高限度和最低限度（即生物能够忍受的上限和下限），最高限度和最低限度之间的范围被称为生态幅，它能够表示某种生物对环境的适应能力。第四，环境中存在限制生物的生长、发育或生存的生态因子。

与生态系统紧密相关的一个极重要的概念是"生态平衡",生态平衡是生态系统内部物质和能量的输入和输出两者间的平衡。生态平衡是相对的、动态的平衡,其运行机制属于负反馈调节机制,即当生态系统受到外部因素的影响或内部变化的影响而偏离正常状态时,系统会同时产生一种抵制外部因素的影响和内部变化、抑制系统偏离正常状态的力量。但是,生态系统的自动调节能力是有限的,当外部因素的影响或内部变化超过某个限度时,生态系统的平衡就可能遭到破坏,这样一个限值被称为"生态平衡阈值"。破坏生态平衡的因素有自然因素和人为因素。自然因素主要是各种自然灾害,如火山喷发、海陆变迁、雷击火灾、海啸地震、洪水和泥石流以及地壳变动等,自然因素具有突发性和毁灭性的特点,这种因素出现频率不高。人为因素则比较复杂,是目前破坏生态平衡最常见、最主要的因素。人为因素一般通过三种方式破坏生态平衡:一是使环境因素发生改变,包括自然环境和人工环境的改变;二是系统主体即生命系统本身的改变,包括其结构的失调和功能的失序;三是破坏生态系统与外界能量、物质、信息联系。总之,生态系统的失调是生态系统的再生机制瘫痪的结果,要维持一个生态系统的平衡也必须维持其机制的正常运行,就要使系统内资源和能源的消耗率小于其资源和能源的再生率。

三、城市生态系统

城市生态系统不同于一般的生态系统。城市生态系统是由社会生态系统、经济生态系统、自然生态系统共同构成的典型的社会—经济—自然复合生态系统。在这个复合生态系统中,社会生态系统是城市发展的目的,经济生态系统是城市发展的动力,自然生态系统是城市发展的基础。

城市生态系统结构复杂,功能多样,不同于其他生态系统,具体表现为以下六个方面。

第一,城市生态系统是高度人工化的生态系统。城市生态系统也是生物与环境相互作用形成的统一体,这里的生物主要是指人,这里的环境是指包括自然环境和人工环境的城市环境。在城市生态系统中,人是城市的主体。城市生态系统具有消费者比生产者更多的特征,因此,城市形成了"倒金字塔"型的生物量结构。

第二,城市生态系统是一个自然—社会—经济复合生态系统。城市生态系统的运行既遵循社会经济规律,也遵循自然演化规律。城市生态系统的内涵是极其丰富的,其各组成部分之间互相联系、互相制约,是一个不可分割的有机整体。

第三,城市生态系统具有高度的开放性、依赖性。自然生态系统一般具有独立性,但城市生态系统则不同,每一座城市都在不断地与周边地区和其他城市进行着大量的物质、能量和信息交换,输入原材料、能源,输出产品和废弃物。因此,城市生态系统深受周边地区和其他城市的影响,城市的自然环境与周边地区的自然环境本来就是一个无法分割的统一体。城市生态系统的开放性,既是其显著的特征之一,又是保证城市的社会经济活动持续进行的必不可少的条件。

第四，城市生态系统的脆弱性。城市生态系统具有不稳定性和不完整性，这导致了其具有脆弱性。城市生态系统是高度人工化的生态系统，其不完整性导致了城市生态系统要靠外部的输入才能获取到大部分能量与物质，同时城市生活所排放的大量废弃物，也超出了城市自身的净化能力，需要向外部输出或者依靠人为的技术手段进行处理，才能完成其还原过程。城市生态系统受到人类活动的强烈影响，自然调节能力弱，主要靠人类活动调节，而人类活动具有太多的不确定因素，这使得人类自身的社会经济活动难以控制，导致自然生态的非正常变化。另外，影响城市生态系统的因素众多，各因素之间具有很强的联动性，系统中任何一个环节发生故障，将会立即影响城市的正常功能，城市生态系统不能完全实现自我稳定。

　　第五，城市生态系统具有多样功能。城市生态系统的功能可概括为生产、消费和还原功能。生产功能是城市生态系统的基本功能，包括生物性生产和社会性生产两部分。城市生态系统中的所有生物均能进行生物性生产，绿色植物利用光合作用进行初级生产，营养级高的生物通过摄取低级营养物质进行次级生产，人的生物性生产具有明显的社会性。只有人类才能进行社会性生产，包括物质生产和精神生产，物质生产以创造社会财富、满足人类的物质消费需求为目的；精神生产以创造社会精神财富，丰富人的精神世界为目的，它是在物质生产实践的基础上，通过人对客观世界的感知进行的。

　　随着社会生产的发展，人类的消费需求也会发生相应的改变，从最基本的物质需求、能量需求转向空间需求和信息需求，城市生态系统就是要满足人们不断变化的消费需求。自然净化功能、人工调节功能等都属于还原功能，是城市生态系统内各组成要素发挥自身机理协调生命与环境关系，提高生态系统稳定性与良性循环能力的功能。

　　第六，城市生态系统的复杂性以及多因子复合性决定了城市是一个生态关系空间，其物流、能流、信息流、人口流等各种生态流有着较大的空间和时间跨度，在地理分布上也不一定是连续的，因而其空间边界是模糊的、抽象的。但是，系统的性质又往往由其中的少量主导因子所决定，由一些主要关系所代表。在实际研究中，城市生态系统又有一定程度上的具体时空界限和事理范围，因此，城市生态系统的系统边界既是具体的又是抽象的，既是明确的又是模糊的，这又增加了城市生态系统研究的复杂性。

四、城市生态系统的运行机制

　　生态城市是具有城市生态系统的城市。城市生态系统是由自然再生产过程、经济再生产过程、人类自身再生产过程组成的一个复杂的系统，受各城市地理、空间、位置的限制，其规模、资源和环境特征各异。

　　生态城市这个社会—经济—自然复合生态系统是以一定的空间地域为基础的，它隶属于更大范围的系统，并不断与其他系统进行信息、物质、能量等的交换，是一个开放系统；各个子系统之间不是简单的因果链关系，而是互相制约、互相推动、错综复杂的非线性关系，而且系统远离了热力学的平衡态，因而生态城市是一个耗散结构。对生态城市来说，实现系统从无序向有序转化的关键在于即使在非平衡状态下，也要保持稳定有序的状态。也就是说生态城市的平衡并不是静态的平衡、绝对的平衡，而是动态的平衡、相对的平衡，即生态城市的运行需经历非平衡—平衡—非平衡—新的平衡的过程，而且使"作用力"与"反作用力"保持在可承受的时空范围内波动，这种过程从局部、短期来看是动荡的、不平衡的，但从整体、长期来看，是具有"发展过程的稳定性"的，过程中的稳定性是生态城市运行的本质特征，过程的稳定比暂时的平衡更有生命力。生态城市运行的稳定性是以其各子系统发生"协同作用"为基础的，表现为各系统结构合理，比例恰当且相互间协调发展。由于各子系统协调有序地运转，旧的平衡被打破，通过正、负反馈的交互作用，新的平衡随即形成，这使生态城市总是在非平衡中去求得平衡，形成自组织的动态平衡，从而保持持续稳定状态，推动其螺旋式良性协调发展。

可见生态城市追求的"人—自然的和谐"并不是绝对的和谐，而是相对的、"有冲突"的和谐，它既包含合作，又包含斗争。这才是生态城市和谐的本质。

生态城市总是处于不断的运行之中，而且随着社会的进步也在不断发展，但要保持稳定有序状态、持续协调发展，需要以下运行机制。

（一）循环机制

生态城市运行是靠连续的生态流来维持的，生态流的持续稳定即生态流输入、输出的动态平衡（包含质和量两个方面），是良性运行的根本保证。尽管生态城市以人的智力作为主要资源，但这并不是说知识经济不消耗自然资源，其基本的物质生产是必需的，而自然系统中的资源、物质是有限的，循环机制强化了生态城市的物质能量，尤其是自然资源的循环利用、回收再生、多重利用，充分提高了物质的利用效率，而且各种生态流中的"食物链"又连成没有"因"和"果"、没有"始"和"终"的网环状，保证了生态流不会因耗竭、阻塞或滞留而持续运转。知识生产和信息传递（反馈）同样需要循环机制。

（二）共生机制

在生态城市的构建和运营过程中，不同组成部分之间形成一种互利共存的关系。这种共生机制强调城市生态系统中各个要素之间的相互依赖和相互促进，以实现资源的高效利用、环境的可持续发展以及居民生活质量的不断提高。在生态城市中，共生机制主要体现在两个方面，一是自然与人工环境的和谐共生，生态城市注重保护自然环境，通过生态网络构建、绿色建筑建造、可持续交通系统建设、智能城市技术利用等措施，使得人工环境与自然环境相融合，形成一个有机整体，这不仅有助于保持生物多样性，还能提供居民休闲、娱乐的空间，同时改善城市的气候和空气质量。二是经济与环境的协同发展，生态城市鼓励采用绿色经济模式，推动低碳产业、循环经济的发展，减少对环境的负面影响，通过优化产业结构，提高资源利用效率，实现经济增长与环境保护的双赢。

（三）适应机制

生态城市各系统组分间是作用与反作用的关系，某一组分对另一组分产生影响，反过来另一组分也会影响它，它们相生相克，既相互合作、促进，又相互斗争、抑制。在生态城市运行中，各系统中的各组分通过适应机制，进行自我调节，化害为利，变对抗为利用，从而形成一种合力，推动生态城市协调稳定发展。这种适应不是被动的适应，而是发展、进化式的创造过程，着眼于更高层次上整体功能的完整。

（四）补偿机制

生态城市各系统组分间既互利又有冲突，当相互间的对抗程度超出了适应机制所能调整的范围，就需要引入补偿机制进行调节。某一系统组分运转受到抑制或暂时失衡时，就会通过其他系统组分的部分利益作为"代价"进行适时、适地的补偿，以恢复整体正常运转，否则这种失衡范围将扩大，最终导致整体失调甚至崩溃。补偿机制是化解生态城市运行过程中的冲突与矛盾，获得社会、经济与自然生态平衡的重要的手段。

五、社会生态学

在城市生态系统中，城市社会的演变极为复杂，很难把握；而且目前几乎所有的生态问题都是由于根深蒂固的社会问题而产生的，在社会—经济—自然复合生态系统中，社会处于能动的地位，环境问题归根结底在人类自身上，对于生态城市的建设，最为关键的应该是人类自身行为的建设以及社会生态的建设，因此，人们在研究城市问题和建设生态城市的过程中要特别关注社会生态的状况和演变。城市社会中有很多的不确定因素或称模糊因素，但这并不是说城市社会的演变毫无规律可循。对社会及其发展规律做出准确而全面的阐述，一直是古今中外学者们孜孜以求的目标。许多学者通过长期的观察、分析和研究，不断地总结出城市社会演变的一般规律。城市生态学家从植物生态学引申出发，认为在人类社区的发展与消亡中，生态学因素起着决定性作用，社区结构的嬗变就像植物群落中的更替现象一样是入侵现象，在人类社区中所出现的那些组合、分割、结社等，也都是一系列入侵现象的后果，这就是所谓的"侵犯与接续"原理。而系统理论学者则把社会结构比作"赫胥黎之桶"，桶是有限的，丰富多彩的社会生活是无限的，附着在结构上的社会生活内容的增多，迟早会使相对固定的结构与它所容纳的生活不相适应，社会结构这只"赫胥黎之桶"就会被无限增多的社会生活内容所填满，直至被撑破，从而形成新的社会结构。近些年，人类生态学中关于城市社会的演变规律研究较多。人类生态学认为社会演变的动力来自环境的变化，正确的环境观应当是，人类不仅要保护自然，更重要的是要建立一个与自然相和谐的生态化的社会。生态社会的基本单元是生态社区，生态社区是建立在生态平衡、社区自治和民主参与基础之上的，具有一定人口规模的、可持续的住区。人类生态学特别重视城市对于人类社会的意义，认为城市为活跃的政治经济文化和热情高涨的市民提供了生态的和道德的舞台。

虽然上述各种关于城市社会演变的理论在具体思想上有所差异，但都强调了城市环境对城市社会的深刻影响。

社会生态学是20世纪60年代在西方形成与发展起来的探讨环境问题的交叉学科，是当代最有影响力的环境哲学之一。社会生态学认为，仅从生态的角度保护动植物或者地球的完整性，是远远不够的，因为人们当前面临的很多全球环境灾难的根源在于社会结构的内部。人们不能简单地把环境问题归咎为科学技术的发展或人口的增长，产生环境问题的根本原因是社会经济、政治和文化机制的"反生态化"，社会生态学应该通过影响人的价值取向、伦理规范，引导一种健康、文明的生产消费行为，追求一种将自然、功利、道德、信仰和天地融合为一体的生态境界。社会生态学的根本价值目标应该是追求整个社会内部机制的生态化，建设一个生态社会。

第二节 生态城市的经济学基础

一、生态城市的经济学基础——生态经济

生态城市的经济学基础与传统经济的经济学基础是不一样的，生态城市的经济学基础为"生态经济"。生态经济是人类对经济增长与生态环境关系的反思，它是遵循生态学规律而形成起来的环境可持续经济，它的研究对象是生态经济的复杂巨系统，其目的是研究人类经济活动与生态环境之间的关系及其规律，生态经济是一种可持续发展的经济形态，是经济的生态化，其内涵包括三个方面的内容：它是一种新型的经济形态，首先保证经济增长的可持续性；经济增长应该被控制在生态系统的承载力范围内；生态系统和经济系统之间通过物质、能量、信息的流动与转化而构成一个生态经济复合系统。加快城市生态经济的发展是生态经济研究的核心问题之一，是生态经济学重要的组成部分，对于保证城市生态安全，促进城市生态资源的合理配置，做到城市经济发展战略与生态安全战略的统一，具有重要的战略意义。

生态经济与传统经济不同，从资源的利用来看，生态经济是一种阳光经济，它以可再生无污染的资源为主；从经济发展的模式来看，生态经济是一种循环经济，它将上一个生产过程的废弃物作为下一个生产过程的原料来重新利用；从经济发展过程本身的特点来看，生态经济是一种绿色经济，从规划设计到生产的各个环节乃至产品的运输、销售和消费都力争做到低能耗、无污染和可循环；从经济发展的最终目标来看，生态经济是一种生存经济，它不以眼前的经济利益为主要目标，而是以人与自然的和谐共存为主旨，是真正的以人为本；从经济发展与科学技术的关系来看，生态经济是一种高科技经济，它要求高科技的大量投入，如信息科学技术、生命科学技术、新能源与可再生能源技术、新材料科学技术、海洋科学技术、有益于环境的高新科学技术和管理科学技术等，科学技术不仅是第一生产力，也是第一生态生产力；从经济发展的持续性来看，生态经济又是一种可持续性经济，它的基本原则是用生态理性来绿化现代经济，而生态理性又包括坚持环境容量对人类经济总体规模的限制性、坚持区域经济活动与地方生态系统协调一致的必要性、坚持经济决策中环境考虑的优先性。作为一种能够维系环境永续不衰

的经济——生态经济，必然要求经济政策的制定以及经济活动的实施，要以生态原理建立的框架为基础，经济的发展理应由生态学家给经济提供蓝图。同传统经济相比，生态经济具有以下几个主要特征。

（一）系统性

系统性是生态经济最显著的特征之一，与传统经济学相比，生态经济学完全可以说是一门系统科学。从宏观上讲，生态经济系统是由生态系统和经济系统组成的一个复杂的综合系统，其中，生态系统是主导，经济系统是主体。从中观上讲，生态经济的生产也是一个由多个子系统组成的巨大系统，它包括人类社会的经济生产系统和生态环境的经济生产系统，前者主要是指物质财富的生产，后者则涉及生物的生产系统和非生物的生产系统。与之相应的是微观层面的生态经济生产力系统，它也是一个由社会经济生产力系统和生态环境的自然力系统相互协调而形成的一个复杂的巨系统。社会经济生产力是参与其中的人类劳动，是传统经济意义上的生产力，社会经济生产力系统也是一个复杂的系统，内容虽然主要是物质财富的生产力，但是，与人口生产力、社会关系（主要是生产关系）有着密切的联系，三者相互影响、相互制约、相互依赖，共同构成了社会经济生产力系统。生态环境的自然力或自然生态生产力是指没有人类介入的物质、能量、信息间的转换力，是生态环境为人类提供物质、能量以及优质生存与发展空间的能力，所以，生态环境的自然力系统是由生物生产力系统和非生物生产力系统组成的复合系统。在生态经济生产力系统中，生态环境的自然力与社会经济生产力是有机统一的，二者只有相互依存、协同发展，才能构成一个完整的生态与经济有机结合的生态经济生产力，这是一个具有自然和社会两种属性的复合生产力，其中，生态环境的自然力是基础，处于基础地位；社会经济生产力是主体，处于主导地位。这二者之间又是互相交织、互相渗透、互相依存、互为条件、协同发展的关系，一个环节，哪怕是很小的一个环节不协调，都会引起连锁反应，产生"多米诺骨牌效应"，从而影响甚至破坏系统整体功能的发挥。

（二）全面性

生态经济的全面性主要是指生态经济以人的全面发展为目标，兼顾经济、社会和生态环境的发展模式和发展理念，谋求经济效益、社会效益和生态效益三者的有机统一，经济发展、社会进步和生态环境优化三者的协调一致。建立在生态自然观基础上的生态经济发展观本身就体现了人与自然间的和谐共处关系，体现着经济发展与环境优化间的良性互动。而要实现人与自然和谐共处，首先必须实现人与人之间的平等与和谐，在某种程度上，人与人之间的关系影响和制约着人与自然之间的关系，有时甚至起着决定作用。由生态经济发展所引起的变革，不仅表现在人与自然之间的关系上——由对立到统一，从对抗到和谐，更为重要的是表现在人与人之间的关系上——由敌人到朋友，从互害到互利。因此，生态经济的全面性表面上是指经济、社会、生态环境的协调，经济效益、社会效益、生态效益的统一，其深层的本质则是指人的全面发展，是人的需要的全面性，是物质需求、精神需求、生态需求三者的有机结合。

（三）仿生性

仿圈学的基本思想就是运用生物圈的发展规律，模拟生物圈的过程，建造人类的生产和生活装置，以整体最优化的形式，实现无废料的生产过程。经过几十亿年的演化，生物圈已经形成了一个结构完整、功能健全的有机系统，具有极强的自动调节力和自动控制力，能够确保系统的能量输入与输出保持动态平衡，从而也就保障了系统进化的可持续性。以森林生态系统为例，在自然状态下，所有进入这个系统的物质都在循环中运动转化，在一种有机体被利用之后，可以转变为另一种有机体再被利用，几乎所有物质都在循环中被利用。这是一种废物利用过程，或者叫无废料生产过程。与人类的生产过程和生活过程相比，自然生态系统具有资源利用率高（因而无浪费）、无废物（因而无污染）、可循环（因而可持续）等优点，因此，仿圈学的任务，即模拟生物圈物质和能量转化的过程，把人类的生产和生活装置的传统工艺改造成生态工艺，即无废料生产的闭路循环工艺。生态经济就是要运用生态学的基本规律，模仿和借鉴自然生态系统运转过程，尤其是物质和能量转化的机理，并将生物圈中系统运作所表现出的诸多优点嫁接于经济发展上，使经济发展生态化，生态规律经济化。从这个意义上来说，生态经济也属于仿圈学，生态经济是一种仿生态（或生物圈）经济，具有明显的仿生特征。

（四）低熵性

熵的概念是在热力学第二定律的基础上得以确立的。熵是没有某种动力的消耗或其他变化，不可能使热从低温转移到高温。热力学第二定律的另一种表述是不可能利用非生命的物质机械，把物质的任何部分冷却到比周围最冷的物体还要低的温度来产生机械效应。热力学第二定律告诉人们，能量不可能是用之不竭的，在一个孤立系统中越来越多的能量变为无效能的能量。动物吃进体内的食物、吸进的氧气均具有低熵的能量，而释放出来的热、呼出的二氧化碳和排出的排泄物则均具有高熵的能量，因此生物体是靠吸取周围的负熵存活的，吸取负熵是维持生命的一种行为。生物体吸取负熵，使自身保持有序的状态而向环境输出正熵，导致环境向无序混乱状态演变。从热力学的角度看，物质的能量以低熵的状态进入经济过程，以高熵状态出来。解决问题的唯一方法就是太阳能的开发和利用。而生态经济学正是建立在以太阳能为主要能源基础之上的新兴经济学。能源观的转变，即从传统经济学的以不可持续的化石能源为主要能源的观点转变为生态经济学的以可持续的太阳能为主要能源的观点，是生态经济学区别于传统经济学最根本的特征之一。

（五）循环性

就生态经济的发展模式来说，生态经济是一种循环经济。这也是由生态经济学的仿生性决定的。在生态学中，能量流动和物质循环是生态系统的两个基本过程，是使整个生态系统结构完备、功能健全的根本保障。但是，二者性质又不相同，能量流动遵循熵定律，能量流经生态系统后，最终以热的形式消散，能量流动是单向的、不可逆的，因此生态系统必须不断地从外界获取能量，以维持生态系统的正常运转。而物质则不同，物质的流动是循环式的，各种物质都可以经过生态环境—生产者（主要是绿色植物）—植食动物—肉食动物—分解者—生态环境，从而达到循环利用的目的，其中分解者既可以分解生产者，又可以分解各种消费者（包括植食动物、肉食动物以及分解者自身），使死的有机物质逐步得到降解，从而使无机元素从有机物质中被释放出来，重新进入生态环境，以备循环利用。与生态系统相类似，经济系统也可以大致分为四个环节：生态环境—生产者—消费者—生态环境，但二者却存在着本质的区别，尤其是在物质流通方面，生态系统中每一个环节中产生的废弃物都可以被分解或降解为有用物质而被重新利用，因而生态系统的物质流是循环式的，而经济系统则不同，进入经济系统中的原料在每一个环节都产生废弃物，消费者在某种意义上成了废弃物的生产者，在经济系统内部不存在分解者，因而，进入经济系统的是有用的原料，排出的却是无用的废弃物。这是两个系统间最本质的区别，也是经济系统最需要被生态系统改造的关键之处。由于这二者结构和功能基本相似，利用生态系统来改造经济系统就成为可能的事，同样也使生态经济系统的构建成为可能的事。生态经济学就是借鉴和利用生态系统的物质循环作为其发展模式的经济学，循环性是生态经济区别于传统经济的根本特征之一。

（六）可持续性

从能源观来看，生态经济以阳光型能源为主，如太阳能、风能、潮汐能等，这些都属于可再生能源，并逐渐以阳光型能源取代不可持续的生化能源，如煤、石油等。从资源（非能源）观来看，生态经济主张低投入、高产出，资源利用率要高、浪费少或无浪费，生态经济属于一种低熵经济，是一种可持续资源。从经济运行模式来看，生态经济改变传统的"单程经济"为"循环再生经济"，是生态学的生态循环规律在经济学中的具体运用，因此可以说，生态经济是一种循环经济，而循环本身就意味着可持续。

从这个意义上来说，生态经济是一种可持续经济，而经济发展可持续又是社会可持续发展的基础和关键。

二、生态经济的表达形式

生态经济的本质是减物质化的，即用来满足特定经济功能的物质的数量随时间而减少，反映在生产和消费领域中，就是在总体上减少物质的使用，从而减弱经济活动对自然资源的索取强度，减轻经济活动对环境的破坏和污染程度。生态经济在不同角度和不同层面有不同的表达形式，主要的表达形式如下。

（一）知识经济——生态经济的知识表达

知识经济是生态经济物质化的基础。没有知识、信息和技术等的发展和突破，就没有生态经济的未来。

1. 知识经济的特征

知识经济是直接依据知识和信息进行生产、交换和分配的经济，知识经济偏重于知识、信息和技术等智力要素在经济活动中的作用，要求加强经济过程中智力资源对物质资源的替代，实现经济活动的知识化转向。其特征如下：第一，知识、信息等智力要素成为生产力中决定性的要素；第二，知识以及与知识相关的产业在国民经济中占有较大比重；第三，知识成为经济增长的最重要的动力源泉；第四，全球经济形成了以知识为中心的新的国际分工模式。

知识经济与传统经济最重要的区别：传统经济高度依赖于自然资源，随着自然资源的逐渐耗竭和稀缺自然资源的增加，使用这些资源的成本将大大增加，经济的可持续性将受到影响；而知识经济是一种自然资源节约型经济，知识经济的发展主要依赖于知识、智力和无形资产等知识资本，它主要通过智力资源来开发自然资源来创造财富。知识经济把科学与技术融为一体，能够科学、高效、合理、综合地利用资源，是促进经济、社会、生态协调发展的重要途径。

2. 知识经济的发展

以数字化和网络化为特征的信息技术的发展，使全球（尤其是发达国家）的经济增长越来越依靠知识的生产、扩散和应用。知识作为蕴含在人力资源和技术中的重要成分，其对于生产力和经济增长的决定性作用日益凸显，这尤其体现在计算机、电子、航天技术等高科技产业中。在过去几年中，经济合作与发展组织（OECD）成员国制造业生产和出口中的高技术产品的比重翻了一番多，知识密集的服务行业，如教育、通讯和信息等行业的经济增长更为迅速。

知识密集型的高新技术产业成为新的经济增长点，知识成为驱动经济发展的新动力，知识成为创造财富的主要资本。在农业经济时代，土地是资本；在工业经济时代，货币和自然资源是资本；在知识经济时代，脑力、智慧和知识将成为生产要素中最重要的组成部分。总体上说，知识经济时代的经济增长将由外延增长为主向内涵增长为主转化，即经济增长主要不是靠投资和就业的增加而是靠技术和知识的投入。国民经济由能源密集型和资金密集型向技术密集型、知识密集型和信息密集型转化。一方面，知识产业蓬勃兴起，成为国民经济的主导；另一方面，传统产业部门的技术含量、知识含量逐步提高。国内生产总值的能耗逐步下降，国民经济正向低物耗型转变。物质资源的重要性相对下降，而知识和人才资源成为经济和社会发展的决定性因素。国民经济增长速度趋缓，而质量改善加快。技术进步在经济增长中生产方式由"规模化、集中化、标准化"向"灵活性、多元性、分散性"转变，大工业模式已不再是流行的模式。网络技术使企业组织分子化，通过建立网络化的联系，以知识和创意为产品增添价值。发达国家在21世纪初完成增长方式由"总量增长"向"质量效率"的转变，由"资源投入型"向"资源利用型"的转变。

（二）循环经济——生态经济的物流表达

1. 循环经济的设想与由来

构建生态经济体系依赖于传统物质经济体系的重构。这种重构意味着构建一种再生型的而不是消耗型的经济体系，构建一种以"从摇篮到摇篮"的生命周期模式而不是以"从摇篮到坟墓"的模式生产产品的循环经济体系。

随着环境保护实践活动的发展，人们对与传统经济形式相伴随的末端治理弊端和局限的认识逐渐深入与系统化，源头预防与全过程治理成为环境保护的主流。各种零敲碎打的做法经过系统整合，在20世纪90年代发展成为与传统经济形成鲜明对比的"新"经济形态——循环经济。

2. 循环经济的主张

生态环境资源是人类社会经济活动必要的生产和生活条件，除具有自然属性之外，还具有经济属性，这直接表现在它早已由非经济性的、自由取用的免费物品转变为稀缺资源，而且其稀缺性随着人类需求的增长越来越强。从环境保护立场提出并引申而来的循环经济，其本质就是要实现生态环境资源的有效配置，解决生态资源稀缺性问题。

循环经济在物质资源的讨论范畴内，仍然偏重于物流的循环，要求以对环境友好的方式利用自然资源和环境容量，以再生资源替代不可再生资源、以环境友好物质替代环境有害物质等，实现经济活动的资源社会循环化转向。

循环经济不但要求人们建立"自然资源—产品—再生资源"的经济新思维模式，而且要求在从生产到消费的各个领域倡导新的经济规范和行为准则。

循环经济要求以减量化（Reduce）、再使用（Reuse）、再循环（Recycle）为经济活动的行为准则，即"3R"原则。

减量化原则要求用较少的原料和能源投入来达到既定的生产目的或消费目的，从而在经济活动的源头就注意节约资源和减少污染。在生产中，减量化原则常常表现为要求产品体积小型化和产品重量轻型化。此外，减量化原则还要求产品包装追求简单朴实而不是奢华浪费，从而达到减少废弃物排放量的目的。

再使用原则要求产品和包装容器能够以初始的形式被多次使用，而不是用过一次就不再被使用，以抵制当今世界一次性用品的泛滥。

再循环原则要求生产出来的物品在完成其使用功能后能重新变成可以利用的资源而不是无用的垃圾。

循环经济下的产业体系在实践上述"3R"原则时有三个层次，即单个企业的清洁生产、企业间共生形成的生态工业以及产品消费后的资源再生回收，以此形成"自然资源—产品—再生资源"的整体社会循环，完成循环经济的物质闭环运动。

（三）服务经济——生态经济的功能表达

使用价值是商品的一种属性，即提供某种"功能"或"效用"，这是人们购买商品的主要原因，并不以占有商品为目的。绿色消费浪潮的一个方向就是以消费服务取代占有产品。

为了顺应绿色消费浪潮，工业界开始从强调销售产品转而强调提供服务。

以提供服务为特征的经济模式即服务经济开始兴起。

服务经济，又称功能经济，倡导以服务替代产品，减少资源使用及制造、废弃过程中造成的污染物排放，追求经济活动（流程）的功能化转向。服务经济偏重于价值创造流程的改变。

传统制造业的企业模式通常是销售商品，而在服务经济模式中价值实现的途径则是提供服务。例如，企业不应该尽可能多地销售灯泡而应该为消费者提供好的照明服务。这样做的最大好处就是减少了物品的过度周转，从而减少了资源消耗，提高了经济效益。

服务经济不仅对于企业而且对于整个经济体系都是有利的。通过帮助消费者减少对像地毯和电梯这样的资本品的需求，以及鼓励供给者延长和使物品的价值最大化，服务经济将会弱化处于传统经营活动中心的资本品流动的无序性，从而有可能减少整个世界经济的变化无常的状况的出现次数。当前，消费者的购买决策对于收入极其敏感，因此资本品的生产往往时而过剩时而短缺。而服务经济可以大大减少这种波动情况，从而给企业带来稳定性。

（四）原子经济——生态经济的技术表达

原子经济具有原子经济性，原子经济性的目标是在设计化学合成过程时，使原料分子中的原子更多或全部地变成最终希望的产品的原子。原子经济偏重于技术层面，代表的是未来的技术手段纳米技术、绿色化学技术、生物基因工程技术等，要求经济基础技术的原子经济性，要求生产方式由"减法生产"跃迁到"加法生产"。原子经济，即在分子、原子水平上操纵物质，倡导在合适的时间、合适的地点，用合适的方式制造所需要的产品，决不浪费一个分子或原子，这样，就真正在源头上消灭了"废物"。

1. 减法生产论

几千年来，指导人类制造物品的方法论并无真正的变化，一直是减法生产论。即以这样或那样的方式，从原料中减去"无用的"物质。例如，金属制品行业先经过矿砂精选，以及金属冶炼、铸造程序，然后经过磨、铣、车、抛光等程序，最后获得制成品。化学工业的合成产品并不比金属制品好多少，其制作流程先是加热、混合、搅拌，然后是使分子和原子相撞重新组合，最后是提纯。所有这些活动都会大量地产生废物，这是减法生产的本质所不能避免的结果。而且人们为重新利用这些废物费尽周折，特别是人们并不掌握其构成及特性的主动权，因此操作是相当粗略的。即使今天被称为"精细制造"的工艺实际上也只是对物质局部的探索性的操作。人们是在一定"客观"概率下，采用"撞大运"的原始而粗放方式来操作分子和原子的，这样做不能避免其中的一部分在不恰当的地点和不恰当的时机相遇，这也许可以作为"污染"的另类定义。

2. 加法生产论及其技术基础

如果人们可以在纳米水平，即十亿分之一米，甚至十分之一纳米水平，也就是分子和原子的水平上，掌握物质的运动，而且可以在该水平上对物质施加影响，那么情况就不同了。借助纳米技术，人们将以加法生产论生产物品，也就是说在一些分子、原子的基础上生产物品。这样，生产废料的概念本身也将随之消失，消费的影响也将不再成为什么问题，因为在分子和原子水平上的生产技术将使损耗程度大大降低，也将使人们能够控制产品在使用寿命结束后的降解和再循环过程。20世纪80年代出现的扫描隧道显微镜，使人们可以直接对单个原子加以操作，这使人们相信纳米技术或分子制造是可以展望的前景。

在发达国家兴起的绿色化学，其核心就是原子经济性。针对一般仅用经济性来衡量工艺是否可行的传统做法，应该用选择性和原子经济性两个标准来评估化学工艺。应考虑在化学反应中究竟有多少原料的原子进入产品之中，这一做法的意义在于，这样做既尽可能节约一般不可再生的原料资源，又能最大限度地减少废物排放量。

另一个有很大前景的是生物技术。生物技术的运用范围十分广泛：特效催化，有毒物质和废料的螯合、浓缩与降解，各种材料的常温常压条件制造等等。生物技术可在采矿业发挥特殊的重要作用，人们可借助生物技术进行矿物的开采、精选和加工。在能源领域，人们可以通过碳水化合物的催化降解，将生物质能转化成为氢能源。

第三节 城市生态承载力及生态足迹理论

一、城市生态承载力理论

（一）城市生态承载力的相关概念

承载力是从工程地质领域转借过来的概念，现在已经成为描述发展限制程度最常用的概念。生态学最早将此概念转引到本学科领域内。承载力即某一特定环境条件（主要指生存空间、营养物质、阳光等生态因子的组合）下，某种个体存在数量的最高极限。承载力概念的演化和发展，体现了人类社会对自然界认识的不断深化，人们在不同的发展阶段和不同的资源条件下，提出了不同的承载力概念和相应的承载力理论。而生态学领域的生态承载力反映的是人与生态系统的和谐、互动及共生的关系。所以人与系统的关系理论是生态承载力研究的理论基础，可以作为衡量某一区域可持续发展状况的重要理论依据。

科学家在粮食出现危机、土地日趋紧张的情况下，提出了土地承载力的概念。在环境污染全球化、资源短缺和生态环境不断恶化的情况下，科学家相继提出了资源承载力、环境承载力和生态承载力等概念。资源承载力是基础，环境承载力是关键、核心，生态承载力则包括了资源承载力和环境承载力的含义。

不同国家、不同学者对城市可持续发展的理解存在差异，但在一点上是一致的，那就是城市可持续发展首先必须满足城市中人的生存与发展需求，是人与其生存环境的共同发展。从承载和被承载的关系来看，人是被承载的对象，城市生态环境是载体，城市中的人与其赖以生存的生态环境共同构成了一个不可分割的整体，即城市自然、人工复合生态系统。在这个复合系统中，人通过消耗资源来维持衣食住行，从社会角度来看，也就是维持城市社会经济的正常运转和发展。人类在消耗资源的同时，又在排放大量的废物。所以城市要实现可持续发展，就必须想办法解决资源供给和消纳城市排放的各种废物的问题。然而资源是有限的，环境容量也是有限的，因此城市的发展必然受到资源和环境条件的制约，也就是说要考虑资源和环境的承载力。从整个城市系统来看，资源系统和环境系统都是组成城市生态系统的基本部分，孤立地研究单一的承载力就存在明显的缺陷。因此从可持续发展的角度来看，城市的发展必须满足城市生态系统承载力的阈值要求，也就是说，城市的发展必须建立在城市生态系统承载力的维持、调节和提高之上，城市的可持续发展也必须满足城市生态系统承载力的要求。

城市生态系统如同生命体一样，有自我维持和自我调节的能力，在不受外力与人为干扰的情况下，城市生态系统可保持自我平衡状态，其变化的波动范围在自我调节范围内，这在生态学中被称为稳态。在巨大的城市生态系统中，物质循环和能量流动的相互作用建立了自校稳态机制而无需外界控制。但城市生态系统的自校稳态机制的作用是有限的。在稳定范围内，即使系统压力增大，系统仍能借助于负反馈保持稳定；超出这个稳定范围，正反馈则会导致系统迅速衰亡。所以，要使城市生态系统不发生剧烈变化或不超出正常波动范围，压力的强度就必须在城市生态系统的可自我维持和自我调节能力范围内，否则系统便走向衰退或死亡。所以，要想可持续发展，城市中的人必须考虑城市生态系统承载力，不破坏其稳态机制。

1. 资源承载力

一个地区能够容纳多少人口，取决于当地资源能够维持多少人口的生存与发展。资源承载力是一个国家或地区资源的数量和质量，对该空间内居民的基本生存和发展的支撑能力。它可以为区域人口规划与适度人口规模预测的计算提供科学依据。目前资源承载力的研究主要集中在自然资源领域，其中土地资源承载力研究是历史最长、取得成果最多的一个领域。同时由于研究的侧重点不同，学者们也提出了水资源承载力、森林资源承载力等多个专业术语。

2. 环境承载力

从广义上讲，环境承载力是指某一区域的环境对人口增长和经济发展的承载能力。从狭义上讲，环境承载力即为环境容量。环境容量是指环境系统对外界其他污染物的最大允许承受量和负荷量。人们所说的环境承载力一般是指广义上的环境承载力，环境承载力可以更加精确地被描述为在一定时期、一定状态和条件下，一定的环境系统所能承受的生物和人文系统正常运行的阈值。环境承载力所要研究的环境是指以人类活动为中心的外部世界，环境系统的组成要素有各种大气组成物、水、土壤、各种生物以及人类生存所处的近地空间与各种人工建筑物。环境系统的结构是指环境系统各要素之间的联系和相互作用方式，包括各环境要素的存储量及其有规律的运动变化。

目前，关于环境承载力的理论和实践研究逐步走向成熟和完善，学者在研究中不但考虑量的约束，还考虑质的影响，同时将社会经济因素纳入承载体系中。但是目前的研究也存在某些缺陷，例如，许多研究总是考虑单一的承载对象（或人口、或经济），很少有将二者综合起来考虑的研究；由于研究目的和内容的不同，出现了很多容易混淆的概念，如环境容量、环境人口容量、环境承载力等；学者总是通过间接指标来表达承载力的作用方式，而忽略了承载基体与承载对象之间的复杂关系。

3. 生态承载力

生态承载力是生态系统的自我维持、自我调节的能力，资源与环境的供容能力及其可维持的社会经济活动强度和具有一定生活水平的人口数量。生态承载力强调特定生态系统所提供的资源和环境对人类社会系统良性发展的支持能力，是多种生态要素综合形成的一种自然潜能。与其他能力一样，生态承载力可以发展，也可以衰退，这取决于人类的资源利用方式。在一定生态承载力基础上，一个区域可以承载的人口和经济总量是可变的，这取决于人口与生产力的空间分布、不同空间利用方式之间的优化程度，以及产业结构与产业技术水平。因此，生态承载力决定着一个区域经济社会发展的速度和规模，而生态承载力的不断提高是实现可持续发展的必要条件。如果在一定社会福利和经济技术水平条件下，区域的人口和经济规模超出其生态系统所能承载的范围，就会导致生态环境的恶化和资源的枯竭，严重时会引起经济社会的畸形发展甚至倒退。生态承载力研究是实现区域人口、经济和环境协调发展的科学保障。生态承载力研究注重人口、资源、环境和发展之间的关系，属于评价、规划与预测一体化的综合研究，研究内容包括资源与环境子系统的共容、持续承载和时空变化特征，以及人类价值的选择、社会目标、价值观念、技术手段与承载力的互动。研究的根本目的在于找到一整套策略，使一个地区在人口和资源变化的情况下仍能保证持续稳定的发展，或根据区域承载力制定相应的人口、经济政策。

（二）城市生态系统承载力定量研究方法

承载力研究是随土地退化、环境污染和人口膨胀，以及承载力在资源的配置、环境的评价以及社会的发展等领域的应用而产生、发展的。但是，由于承载力研究具有各行业的单因素特点，它带有一定的片面性。生态承载力的出现在一定程度上弥补了单因素承载力的不足，但人们对承载力的理解仍存在行业的限制，因而出现的生态承载力的度量方法也带有各领域的特点。

1. 自然植被净第一性生产力估测法

净第一性生产力反映了自然体系的恢复能力，特定的生态区域内第一性生产力在一个中心位置上下波动，而这个生产力是可以被测定的。另外，将测定数据与背景数据进行比较后，偏离中心位置的某一数据可被视为生态承载力的阈值。由于对各种调控因子的侧重及对净第一性生产力调控机理解释的不同，世界上出现了很多模拟第一性生产力的模型，大致可分为三类：气候统计模型、过程模型和光能利用率模型。

2. 资源与需求的差量法

区域生态承载力体现了一定时期、一定区域的生态环境系统，对区域社会经济发展和人类各种需求（如生存需求、发展需求和享乐需求等）在量（各种资源量）与质（生态环境质量）方面的满足程度。

3. 综合评价法

高吉喜认为承载力概念可通俗地被理解为承载媒体对承载对象的支持能力，如果想要确定一个特定生态系统的承载情况，必须首先要知道承载媒体的客观承载能力大小以及承载对象带来的压力大小，然后才可了解该生态系统是否超载或低载。所以，研究者提出承压指数、压力指数和承压度以描述特定生态系统的承载状况。

4. 状态空间法

状态空间是欧氏几何空间用于定量描述系统状态的一种有效方法，通常由表示系统各要素状态向量的三维状态空间轴组成。状态空间法中的承载状态点可表示一定时间尺度内区域的不同承载状况。

二、生态足迹理论

人类生存于世，必然要消耗由自然资产提供的产品和服务，对地球自然生态系统产生一定的影响。为了持续生存下去，人类必须确保自己使用自然资源的速度不会超过自然资源的再生速度。只要人类对自然生态系统的压力处于承载力范围之内，地球的生态系统就是安全的，否则，人类的社会经济发展就是不可持续的。所以如何定量评估区域生态经济系统是否处于可持续发展状态的问题，成为当前可持续发展研究领域的前沿和热点。城市的可持续发展也是生态城市建设的重要目标。

加拿大生态经济学家威廉·里斯（William E.Rees）于20世纪90年代初最早提出用生态足迹模型评估生态可持续发展状况。城市的生态足迹就是支撑该城市经济和社会发展所需要的具有生产力的土地面积。可持续发展的模式应是占用较少的生态足迹，而获取更多的经济产出的经济发展模式。

所谓具有生产力的土地是指具有生物生产能力的土地或水域。具体而言，地球表面的生物生产性土地可以分为以下六大类：①耕地，它是所有生物生产性土地中生产力最高的，向人类提供的生物量也最多；②草地，这里指的是适于发展畜牧业的土地，其生物生产力低于耕地；③林地，包括提供木材产品的人造林地和天然林地，目前除了一些不易接近的热带丛林外，大多数林地的生物生产力并不太高；④海洋，其生物生产量的95%以上集中于约占全球海洋面积8%的海岸带上；⑤建成地，包括各种人居设施、道路等所占用的土地，随着世界工业化和城市化进程的加快，其面积有不断扩大的趋势；⑥化石能源地，指用来吸纳化石燃料燃烧所产生的二氧化碳的生物生产性土地。生态足迹模型的一个基本假设就是上述六类生物生产性土地在空间利用上互相排斥。这种假设使人们能够对各类生物生产性土地面积进行加法计算。也就是说，生态足迹模型为各类自然资本提供了一个统一的度量基础，使它们之间相对容易地建立起自然资本的等价关系。

人类要维持生存和发展的持续性就必须消费各种产品和服务，而每一个产品和每一项服务最终都可以追溯到提供这种消费所需要的原始物质与能量的生物生产性土地上，这种生物生产性土地面积可被称为生态足迹需求。区域自然生态系统实际能够提供的生物生产性土地面积则被称为生态承载力。所以，生态足迹模型分析的基本思路如下：从区域需求方面计算生态足迹需求的大小，从供给方面计算生态承载力的大小，然后将二者进行比较；如果供给大于需求，则表明区域经济社会发展正处在当地自然生态系统的承载范围之内，生态经济系统处于一种可持续发展的状态；反之，则可认为区域经济社会发展在考察时期内不具有持续性。

生态足迹模型是为了对可持续发展的状态进行定量评估而被提出的一个概念，其意义在于为自然资本的利用提供了一种新的评价方法。生态足迹的计量是目前国际上的热点，在实际应用中，它为可持续发展提供了一种基于土地面积的量化指标，为区域长期发展决策的制定提供了一种较为直观的切入口，具有非常清晰的政策导向，同时也为全球范围内人类活动对自然的影响提供了一个崭新的测算角度。

第四节　城市可持续发展理论

可持续发展为既满足当代人的需求又不危及后代人满足其需求的发展，强调发展的公平性、持续性和共同性。可持续发展的概念是在人类需求和自然供应能力之间寻找平衡的过程中逐渐形成的，强调公平性、持续性和共同性，旨在实现一个更加公正、高效和环保的社会，这一理念已经成为国际社会的共识，并在全球范围内推动了一系列政策和行动，如联合国的可持续发展目标（SDGs）。

一、可持续发展的深层内涵

可持续发展既不单纯指经济和社会的持续发展，也不单纯指自然生态的持续发展，而是人与自然的共生与共进，是人类社会和经济发展与自然生态的动态平衡和稳定。因此，可持续发展是对人与自然的协调与和谐的内在本质的反映，是系统的，是有机统一的。它不仅揭示了自然生态的内在规律，也揭示了人类社会的内在规律。可持续发展没有绝对的标准，因为人类社会的发展是没有止境的。因此，它具有以下三层含义：第一，调控的机制能促进经济发展；第二，发展不能超越资源与环境的承载能力；第三，发展的目的是提高人的生活质量，创造一个多样化的、稳定的、充满生机的、可持续发展的自然生态环境。具体体现在以下几个方面：

1. 经济可持续性

采用提高生产效率、促进绿色产业和技术创新、减少资源浪费和环境污染等方式，以在不破坏环境和自然资源的前提下，实现经济增长和财富积累。

2. 社会可持续性

关注人的福祉、公平和社会正义，提高教育、健康和社会保障水平，减少贫困和不平等，保障人权和民主参与。

3. 环境可持续性

强调在经济发展的同时，充分认识到资源的有限性和环境承载能力的有限性，合理利用和保护自然资源，以维持生态系统的平衡。

4. 跨代公平

在满足当前人类需求的同时，不损害后代子孙满足其需求的能力，强调对未来世代的责任，意味着现在的决策和行动应当考虑到对后代的影响，确保他们也能享有资源和环境的利益。

5. 全球合作

可持续发展需要全球范围内的合作与协调，需要各国的共同努力，通过技术转让、资金支持和政策协调等方式，推动全球可持续发展目标的实现。

6. 长期视角

从长远的角度看待问题，关注未来的发展路径和影响，在做出任何决策时都需充分考虑长期利益，避免短视行为。长期视角是一种重要的思维方式和决策方法，在可持续发展的背景下，长期视角成为决策过程中的核心考量。

7. 以人为本

尊重文化多样性，关注人的需求和期望，关注生活质量的提高，强调人与自然和谐共生，促进人的全面发展。

8. 预防原则

在面临不确定性和潜在风险时，可持续发展强调采取预防措施，避免可能对环境和社会造成严重损害的行为。

9. 创新与适应

在技术、制度、文化等多个层面不断创新，以应对不断变化的经济、社会和生态环境挑战。

10. 公共参与

提高公众意识、加强民间组织和社会团体的作用，促进政府、企业和公众之间的沟通与合作，倡导广泛的公共参与和民主决策，实现政策的公平性和有效性。

二、可持续发展的理论框架

目前各国对可持续发展的理解不尽相同，各国专家从不同的角度构建了适用于一定区域的可持续发展理论框架，其中与生态城市规划结合比较紧密、具有一定代表性的理论框架主要有瓦尔特·费利（Walter Firey）的资源利用（Firey's Theory of Natural Resource Use）理论、约翰·埃尔金顿（John Elkington）的三重底线（Triple Bottom Line）理论、威廉·瑞金斯（Johan Rockström）的行星边界（Planetary Boundaries）理论等。

20世纪60年代，美国学者瓦尔特·费利针对资源利用情况提出比较中肯的三个观点：第一，以实体栖息环境为出发点的生态观点；第二，源自人类文化的人种观点；第三，与人类活动密切相关的经济观点。费利通过详细考察生态、人种和经济系统的优化过程和各类系统的优化范畴，得出如下结论：在资源的合理利用中，生态、人种和经济系统设计的最优点是不存在的。同时，他指出实现资源利用和做决策的合理方式是寻找三个优化系统的平衡标准。费利的资源利用理论为可持续发展提供了一种综合性的管理框架，该理论不仅关注资源的高效利用，还包括了环境保护和社会经济福祉的提升，这一理论的出现是对自然环境保护问题逐步深入研究的结果，特别是在1972年斯德哥尔摩会议之后，可持续发展理论得到了世界各国的广泛关注。

  1997年，英国学者约翰·埃尔金顿最早提出了三重底线的概念，三重底线，就是指经济底线、环境底线和社会底线，意即企业必须履行最基本的经济责任、环境责任和社会责任。埃尔金顿认为，经济责任也就是传统的企业责任，主要体现为提高利润、纳税责任和对股东投资者的分红；环境责任就是环境保护；社会责任就是对于社会其他利益相关方的责任。企业在进行企业社会责任实践时必须履行上述三个领域的责任，这就是企业社会责任相关的"三重底线理论"。三重底线理论的核心在于平衡企业的经济效益与其对环境和社会的正面影响，实现可持续发展。它要求企业在制定战略和操作决策时，不应只关注财务表现，而应全面考虑其对环境和社会的影响，这一理念已成为国际上公认的企业社会责任的重要框架，并被越来越多的企业采纳作为其业务策略的一部分，通过实施三重底线，企业不仅能够提升自身品牌形象和市场竞争力，还能对社会和环境产生积极影响，最终达到共赢的局面。

  "行星边界"的概念是由瑞典生态学家威廉·瑞金斯和同事们在2009年提出的，也被称为"地球支撑文明的9大边界"。"行星边界"理论是可持续发展讨论中的一个重要里程碑，旨在为人类活动设定一个安全的运行空间，以免引发不可逆转的环境变化。9大边界分别是气候变化、生物多样性损失、土地系统的变化、淡水资源的消耗、海洋酸化、大气中氮和磷的循环、气溶胶负载（如颗粒物污染）、化学污染、新物质的引入（如塑料、放射性物质等），这些边界是复杂的生物物理地球系统内相互关联的过程，对维持一个稳定、宜居的星球至关重要，守住边界，才能确保"人类发展的安全空间"，一旦被超出，可能会导致严重的、不可逆转的生态和环境后果。行星边界理论提供了一个全面的视角，用于评估人类活动对地球系统的影响，并为实现可持续发展提供了重要的科学依据。这一理论强调了环境保护在可持续发展中的重要性，自提出以来，在世界许多国家得到了科学、政策和实践领域的重视，成为地球系统科学与人类社会可持续发展领域的重点研究方向。这一理论与联合国的可持续发展目标（SDGs）相呼应，为2030年可持续发展议程提供科学依据。

  在可持续发展中应该考虑两种系统，即直接相关的系统和间接相关的系统，这两种系统的包含关系：一种是社会系统和经济系统是环境系统中两个并列的子系统；另一种是，社会系统是环境系统的亚系统，而经济系统是社会系统的亚系统。在可持续发展框架中，可建立一个复杂的、综合的巨系统，该系统的最高层是由自然和环境构成的自然生态系统，其亚系统的内容主要包括人类、文化和社会等。

三、实现可持续发展的基本策略和方法

可持续发展的思想正在改变人们的价值观和分析方法,其思想核心是建立人类与自然的命运共同体,实现人与自然的共同协调发展。这要求人们把长远问题和近期问题结合起来考虑。资源是可持续发展的一个中心问题,可持续发展思想正在深刻地影响着资源类型选择、利用方式选择、利用时间安排和利用分析方法等方面。

为此,以自然资源的可持续利用为前提的可持续发展模式已经提出:对于可再生资源,人类在进行资源开发时,必须在后续时段中,使得资源的数量和质量至少达到目前的水平;对于不可再生资源,人类在逐渐耗竭现有资源之前,必须找到替代新资源。这就要求人们根据可持续发展的原则,采用一些适合的理论与方法。

(一)清洁生产

清洁生产是由联合国环境规划署工业与环境规划中心在20世纪80年代首先提出来的,是对环境保护实践的科学总结。清洁生产是指将综合预防的环境策略持续地应用于生产过程和产品中,以减少对人类和环境的威胁。

对生产过程而言,清洁生产包括节约原材料和能源、淘汰有毒原材料,并在全部排放物和废物离开生产过程以前减少它们的数量和毒性;对产品而言,清洁生产策略旨在减少产品在整个生命周期过程中对人类和环境的影响。其实,清洁生产是"生态化""整体化"的新时期科技发展方向,它是一种将各门类科技综合使之整体上成为完善结构,扩大"绿色资源"利用范围,即将利用先进技术和改善资源利用方式结合起来的一种技术与方法。

清洁生产强调自然资源的合理开发、综合利用和保护;强调发展清洁的生产技术和无污染的绿色产品。清洁生产不但在技术上可行,而且具有经济可盈利性,体现了经济效益、环境效益和社会效益的统一。所以清洁生产是实施可持续发展战略的标志,已经成为世界各国实现经济、社会可持续发展的必然选择。

(二)开发及应用生态技术

目前,各种自然灾害频繁发生,削弱了自然生态环境的承载力,生态变化态势令人担忧。而生态技术可以改善这一现状,它是社会、经济得以稳定、持续和快速发展的技术支撑。我国正通过生态技术的开发和示范工程的建设,探索一条适合中国国情的可持续发展道路。

生态技术是指在生产源头节约资源和减少污染,以及延长原料或产品使用周期、将在生产过程中产生的废弃物变为有用的资源或产品的技术。常见的生态技术包括:从源头上减少资源消耗和污染物排放的减量技术,通过重复使用原材料或产品来减少资源消耗的再利用技术,将生产过程中产生的废弃物转变为有用的资源或产品的资源化技术,用于监测空气污染、生物多样性、湖泊氮磷截留效应等环境问题的环境监测技术,以更高效率和精准度应对污染防治挑战的污染治理技术,用于山水林田湖草沙系统治理的环境治理技术,提高国产化水平和产业竞争力的环保装备技术,支撑碳达峰和碳中和目标

实现的碳减排技术等等。这些生态技术的共同特征是在使用时不造成或很少造成环境污染和生态破坏，力求达到低消耗、高产出、自循环、无公害的要求。

建立自然保护区是生态技术应用的一个典型示范，体现了可持续发展理论中的"生态优先"原则。自然保护区是对有代表性的自然生态系统、珍稀濒危野生动植物物种的天然集中分布区、有特殊意义的自然遗迹等保护对象所在的陆地、陆地水体或者海域，依法划出一定面积予以特殊保护和管理的区域。自然保护区的设立对于保护生物多样性和地质地貌景观多样性起到关键作用，是维护自然生态系统健康稳定的重要手段，不仅保护了生态环境，也为科学研究和教育提供了宝贵的自然资料。通过科技应用和社区参与，自然保护区能够更好地发挥其在生态文明建设中的作用，实现人与自然和谐共生的目标。

城市－郊区复合生态系统是一种新型的生态模式，是将城市和郊区的生态系统相结合，形成一个有机整体。这种模式不仅能够有效解决城市环境问题，提高城市生态环境质量，还能够促进城乡经济社会的统筹协调发展。在这种模式下，城市和郊区不再是孤立的、对立的，而是相互依存、相互促进，城市与郊区之间进行着频繁的物质、能量和信息交换，城市可以为郊区提供技术支持和资金投入，帮助郊区改善生态环境，发展绿色产业；郊区可以为城市提供生态服务，如提供清洁的水源、新鲜的空气、丰富的生物多样性等。城市－郊区复合生态系统借以生态技术的合理应用，实现资源高效利用和环境可持续管理，例如，通过生态农业技术，可以实现农业生产的高效和环保；通过生态建筑技术，可以实现建筑的节能和环保；通过生态交通技术，可以实现交通的便捷和环保。城市－郊区复合生态系统是生态技术应用的又一个典型示范，展示了生态技术在解决城市环境问题、促进城乡一体化、实现可持续发展等方面的重要作用。

（三）利用政府职能

可持续发展是各方共同努力的结果。在政府的宏观调控下，各个微观部分共同合作，才有可能实现可持续发展。政府职能的利用包括运用法律法规、政策等强制性手段，运用奖励、惩罚、税收等经济手段，等等。

环境资源商品化就是有偿使用环境资源。目前社会各界认识到，无偿和有偿使用环境资源对于资源的可持续利用和生态环境的恶化具有截然不同的重要的影响。于是，确立了环境资源商品化，就明确了环境资源为国家所有。环境资源商品化实质上是引入市场机制，对环境实行商品化经营，通过排污费、环境税等调节手段，提高资源的利用效益和利用率。

随着全球气候变化问题的日益严峻，各国政府都在积极寻求减少碳排放的方法以应对这一挑战。政府作为社会治理的核心机构，拥有制定政策、法规和标准的权力，因此在推动碳排放减少方面扮演着至关重要的角色。一方面，政府可以推动建立碳交易市场，通过设定排放配额和交易机制，激励企业减少碳排放，另一方面，政府可以为采用低碳技术和实践的企业和个人提供财政激励，如税收减免、补贴等，以降低其转型成本，此外，政府还可以通过教育和宣传活动提高公众对碳排放问题的认识，鼓励民众采取低碳生活方式，如使用公共交通工具、节能减排等。总而言之，政府应有效地利用其职能，推动社会各界参与到碳排放减少的行动中来，共同应对气候变化为城市带来的挑战，促进城市可持续发展。

第二章 现代生态城市的基本内涵

第一节 生态城市基本理念解析和内涵

一、生态城市基本理念解析

生态城市是一种理想模式,在这种模式中,技术和自然充分融合,人的创造力和生产力得到最大限度的发挥,而居民的身心健康和环境质量得到最大限度的保护,物质、能量、信息高效利用,生态良性循环。我国学者综合考虑经济环境与社会环境等诸多因素后提出,生态城市应该具备以下几个方面的特征:第一,生态城市应该是提高效益的转换系统,即从自然物质到经济物质到废弃物的转换过程中,必须是自然物质投入少,经济物质产出多,废弃物排泄少。第二,生态城市应该是高效率的流转系统,即以现代化的城市基础设施为支撑骨架,为物流、能源流、信息流、价值流和人流的运动创造必要的条件,从而在加速流转的有序运动中,减少损耗和污染。第三,生态城市应该具有高质量的环境状况,即所有城市生产和生活造成的各种污染物和废弃物都能按照各自的特点予以防治和及时处理、处置。第四,生态城市应该成为多功能立体化的绿化系统,即由大地绿化城乡系统和庭院绿化家庭系统等多种体系构成。第五,生态城市应该具有高素质的人文环境,既具有发达的教育体系和较高的人口素质,良好的社会秩序和风气以及医疗条件,同时人们又能保持高度的生态环境意识,自觉维护公共道德规范。第六,生态城市应该具有高水平的管理功能，即生态城市通过其结构，对资源利用、社会服务、劳动就业、治安防灾、城市建设、环境整治等实施高效率的管理，以保证资源的合理开发利用，城市人口规模、用地规模的适度增长，最大限度地促进人与自然、人与生态环境关系的和谐。

纵观国际发达国家已经建成的生态样板城市及地区，结合我国的实际情况，本书认为，生态城市必须具备如下"五高"的特点：环境应该高度和谐、资源应该高度利用、经济应该高效组合、发展应该高度持续、社会—自然—经济以及人类应该高度和谐统一，只有具备了这样五个特点的人类住区才可称为生态城市。

然而，我们现在居住的城市却是一类脆弱的人工生态系统，它与生态城市的基本理念是背道而驰的，主要表现在：在生态过程上是耗竭性的，在管理体制上是链状而非循环式的，在人与自然的关系上是对峙状态的，在资源的开发和利用上是被过度攫取和浪费的，在消费意识上人们只是关心当代人的福利而忽视了未来人类发展的空间，因此社会生态观是不道德的。

但是，城市又是人类社会一切现代文明的发祥地，所有改变世界、造福人类的现代科学技术都产生于城市，所以，只有从人类社会的文明发展史以及人类住区的演变史角度来考察，才能正确认识和深刻理解生态城市的内涵。

人类文明史大致经历了如下几个阶段：第一个阶段是由猿变成人并开始了人类历史上的第一次原始生产——狩猎和采集活动，我们把这一时期称为原始文明阶段。第二个阶段是人类历史上三次大的分工，即从事畜牧业劳动的人群从从事农业劳动的人群中分离出来，手工劳动者从农业人群中分离出来，以及商人的出现。这一时期我们可以称之为农业文明阶段，有人把农业文明形象地比喻为黄色文明。第三个阶段是18世纪初的欧洲大工业革命，人类社会进入了大机器工业时代，社会生产力有了极大的提高，相当多的农民离开了土地走向城市，工业化使得城市急剧膨胀，环境污染遍及工业化国家。我们把这一时期称为工业文明阶段，有人把工业文明又叫做黑色文明。我们现在所处的这个时代可以称为后工业文明时代，这一时期的特点是以技术至上为特征，在追求最大的生产和利润增长过程中，以消耗自然资源、破坏环境为代价，将大量的废水、废气、废渣及其他废弃物排放到环境中，引发了一系列全球性的环境问题，威胁到地球上各种生命体的生存与发展。这种建立在掠夺式利用自然资源基础上的工业文明，是以人类中心主义为社会的主要价值取向，使人与自然的矛盾日益尖锐，因此，人与自然矛盾的消解是不可能在工业文明的思维定式中找到答案的。我们在征服自然的战役中，已经达到了一个转折点，生物圈已经不容许工业化再继续侵袭了，这意味着工业文明已达到其最高成就，环境问题已开始制约其走向反面，一种新的、更进步的文明正在产生，并将逐步替代工业文明而成为我们时代的主体，这就是生态文明。这是一场世界观方面的革命，它将撷取工业文明时代的精华，弥补工业文明时代的不足，净化我们的环境，美化我们的生活，人类所赖以生存的地球将因为它的到来而变得更加美好。这个阶段我们称之为生态文明阶段。

生态文明的出现是人类历史发展的必然产物，是人类物质文明和精神文明发展到较高层次的表现，也是人类在认识自然、利用自然和改造自然过程中的一次质的飞跃，它具有深刻的思想内涵和完整的科学含义。第一，在哲学意义上生态文明反对传统的人类中心主义，反对通过掠夺自然的方式来促进人类自身的繁荣，同时也反对自然中心主义，强调人与自然的整体和谐，实现人与自然双赢式发展，体现生态人文主义思想，所以有人称之为绿色文明。第二，生态文明特别强调在生产上它不是以消耗自然资源为代价，而是以知识、信息生产为主要特征，用知识经济取代传统的工业经济。在资源开发、利用上它以开发人力资源为主、自然资源为辅，最大限度地开发和利用人类自身的潜力，这是解决人与自然矛盾的关键，因为人与自然矛盾的实质是自然资源使用过度，而人力资源开发不足。人对自然的认识是无止境的，因此人类智力资源的开发也是没有穷尽的，这正是基于对人与自然整体和谐发展认识的结果。第三，生态文明时代的社会经济运行过程要实现良性循环，即自然物从进入生产过程，到生产出产品进入消费过程，再由消费排出废物返回自然界的过程都是均衡衔接、协调发展、消耗最少、外部副作用最低而效益最高的。可再生能源将成为这一时代能源消耗的主体，从而形成和创造新的产业链和新的消费形式。第四，生态文明时代将形成新的人际关系，这一时期将打破城乡二元体制壁垒，形成新的城乡关系。在这里城市与乡村只是分工上的不同，两者相互协调、平衡发展、互为补充、相得益彰。经济上城乡形成统一的产业体系，农业实现规模化、集约化、生态化经营，产业划分不再带有城或乡的地域特征，消除城乡壁垒，消除二元经济结构，农业相对于二、三产业所占比重虽然下降至最低，但生产效率高，并能与二、三产业共同协调、稳定、健康发展。第五，生态文明时代的教育水平有了空前的提高，呈现出社会建立起了统一的文化教育、社会保障、医疗服务体系，人口素质获得共同的提高和进步，形成统一的文化价值体系，使不同类型和层次的人群都能感觉到城乡就业与生活的适应、满意、安全，从而更加激发精神文明的提高和对城乡社区的归属感、荣誉感和自豪感。这非常有利于建设和谐城乡社会。第六，生态文明时代将消除城乡对立的状态，消除城乡户籍制，全体社会成员无所谓城市人还是乡村人，社会分工是人尽其才，物尽其用，大部分人从事非农业生产，农业人口比重较低。农业生产已经实现集约化经营，生产效率大幅度提高。农村生存与居住环境得到彻底改善，同样享受与城市一样的福利待遇，社会生产只是分工上的不同。农村居住形式也发生根本性变化，由过去十分分散的居住形式过渡到相对集中、具有一定规模并且配套服务设施相对完善的聚居地。在这里可以享有与城市社区基本相同的文明条件，工业时代出现的城乡差别在这里不复存在，人类住区形式在这里表现为城乡融合、一体化格局。

  生态城市是生态文明时代的产物，是在对工业文明时代城乡关系辩证否定的基础上发展起来的新的更为高级的人类生存空间系统，亦即是与生态文明时代相适应的人类社会生活新的空间组织形式，它是在一定地域空间内人与自然系统和谐、持续发展的人类住区，是人类住区发展的高级阶段和高级形式。

  传统的城市理论告诉我们，城市是人口密集、工商业发达的地方，是经济发展的中心，具有聚集和扩散效应，古代的城市还具有军事功能，但是我们今天讨论的生态城市已超越了传统意义上"城市"的概念：首先，从区域经济角度上看，传统的城市是以"农业"和"非农业"作为划分聚居的标准，城乡差别很大，城市具有农村不可比拟的经济优势和服务功能。而在生态城市时代更注重的是城市与乡村协调、融合的发展，乡村同样具有和城市相同的福利待遇及服务设施，从根本意义上消除了城乡差别和城乡对峙的矛盾，农村和城市没有明显的分界线，相互融合在自然环境之中，并且与自然环境协调发展。其次，从精神、文化和道德角度上看，生态城市建立了以生态文明为特征的新的结构和运行机制，建立了生态精神文明体系、生态政治经济体系和生态文化教育体系，物质生产不再是单一的链式结构、以消耗自然资源和产生大量工业垃圾为代价污染环境，而是以循环经济的模式最大限度地利用可再生资源、不产生或较少产生工业垃圾并能有效处理，达到保护环境、保护人类未来可持续发展的目的，实现了物质生产和社会生活的"生态化"，倡导具有生命意义和人性化的生活方式，创造公正、平等、安全的社会环境。最后，从人类生态系统与自然生态系统关系的角度看，人类生态系统与自然生态系统对峙的矛盾逐渐淡化，人类生态系统开始逐渐融入自然生态系统之中，遵循自然界的一切内在规律，生态城市已不再是物种多样化的障碍，人们对能源的需求不再是从化石燃料中索取，而是来自取之不尽、用之不绝、可以重复利用的能源，如太阳能、风能、潮汐能等。在这里人与自然相互适应，协同进化，共生、共存、共荣，体现了人与自然不可分离的统一性，这符合了中国古代"天人合一"的思想，从而达到了更高层次的人与自然系统的整体和谐，为真正实现人与自然的和解以及人与自身的和解开辟道路。

二、生态城市的内涵

生态城市与工业文明时代的城市不同，它是面向未来生态文明社会的人类住区，因此，无论是它的内涵还是外延都与工业文明时代的城市有着本质的区别。研究生态城市的内涵应该以如下四个方面为基本出发点，从理论与实践的基础上来认真研究和分析生态城市的合理内涵以及与内涵相互关联的方方面面：

第一，生态文明的出现是人类文明进化的结果，它用以知识、信息生产为主的知识经济时代取代以消耗自然资源为主的工业经济时代，资源的开发方向由自然转向人，由开发不可再生的资源——化石燃料，到开发可以重复利用、取之不尽的资源——太阳能、风能、潮汐能等，生产的方式由过去的链式经济结构模式转化为循环经济结构模式，这是解决人与自然矛盾的关键。

第二，生态城市是生态文明时代的产物，是在对工业文明时代城乡关系辩证否定的基础上发展而来的、新的、更为高级的人类生存空间系统。生态城市就是与生态文明时代相对应的人类社会生活新的空间组织形式，即为一定地域空间内人与自然系统和谐、持续发展的人类住区。

第三，生态城市追求的人与自然的和谐是一种动态的平衡。工业文明时代城市生态系统已经背离了自然生态系统，并且走向了反面，因此它是不稳定的。生态文明时代的城市则是脱胎于工业文明时代的城市生态系统，在转型过程中它或多或少都要带有旧时代的痕迹，因此它与自然生态系统之间的关系既包含合作，也包含斗争，表现为矛盾的对立统一体，短期看是动荡的、不平衡的，但从整体、长期看，是一种"发展过程的稳定性"，从而保持系统整体持续稳定，达到整体协同进化、螺旋式发展。

第四，生态城市作为面向生态文明时代的人类住区，其内涵必将反映生态文明的思想，它不仅需要有对现有人类住区的物质环境和空间形态的重建、重构，还必须有变革传统社会、经济、技术和文化生态等方面的内容。生态城市的思想内涵具体应该包括如下几个方面的内容：

（一）走向整体意识的生态哲学层次

现代哲学是由笛卡儿——牛顿的机械唯物论的世界观所支撑着的哲学，这种哲学思想把人们对自然界的认识引入歧途，过分地夸大了人类在自然界中的地位和作用，主张通过人对自然的改造确立人对自然的统治地位，把人与自然对立起来，人类高高在上，大自然只能匍匐在地，做人类的奴仆，任人类宰割，是一种以人类中心主义为主要原则的哲学。在这种哲学思想指导下，人类发展了控制自然的技术，进行了反自然的实践，人类作为自然征服者的地位观，成为工业文明时代的行动哲学。殊不知当人类对大自然贪得无厌的索取超过大自然的承受能力时，大自然便开始报复人类了。今天人类赖以生存的地球上出现的种种反常现象：臭氧层被破坏，"厄尔尼诺"现象引起的飓风不断，洪水、泥石流现象经常发生，地球温度在缓慢上升……这些都可以归罪于机械唯物论哲学思想所引发的人们思维模式的混乱。工业文明带来的种种危机的思想文化根源就是这种机械唯物论世界观，要改变现代社会的危机局面，就必须超越旧的世界观，而转向一体化宇宙的、生态学的世界观——生态世界观，并在这种新的世界观的指导下，去进行一场真正世界意义的文化革命。

生态世界观与笛卡儿（René Descartes）机械唯物论世界观的一个根本区别就在于对客观世界的认识方法的不同。生态世界观总是从整体性、系统性、动态性的角度来研究自然界的运动规律，认为客观世界一切物质的运动规律是由物质的整体动力学性质所决定的，整体动力学是首要的，部分是次要的。一切现象之间有一种基本的相互联系和相互依赖的关系，部分的性质由整体的动力学性质所决定，而不是整体的动力学性质来自部分的性质，这是对客观世界认识的基本出发点。另外，现实世界在根本上是运动的，结构不再被看成是基本的东西，而是一种基本过程的表现形式，结构与过程两者是互补关系，世界是相互联系的动态网络结构，人与自然是相互作用又相互联系的矛盾统一体，人只是自然界的一部分，并非在自然界之上而成为自然界的主宰，我们赖以生存的世界的一切物质及环境，包括人类生命的本身价值，取决于我们和生物圈之间明智的、相互尊重的良好关系，忘记这一点，任何政府或任何经济制度最终都会导致人类自身的毁灭。从这个意义上说，生态文明哲学较机械唯物论哲学有了革命性的进步。生态哲学是从广泛关联的角度研究人与自然相互作用的新的世界观，它的主要特点是从人统治自然的哲学发展到人与自然和谐发展的哲学，它向我们提出了一种新的伦理观与道德观，即人类是自然界的一部分，既不优越于其他物种，也不能不受大自然的制约，它的主要特点是从"反自然"走向尊重自然，强调整体和谐而非部分和谐，是一种新的整体世界观方法论。生态世界观决定了生态城市是在人与自然系统整体协调、和谐的基础上实现自身的发展，人、自然的局部价值都不能大于人与自然统一体的整体价值。

(二) 走向和谐文明的生态文化层次

文化指人类在社会历史发展过程中所创造的物质财富和精神财富的总和，特指精神财富，如文学、艺术、教育、科学等。

文化的要素主要包括：

1. 精神要素，即精神文化

主要指哲学和其他具体科学、宗教、艺术、伦理道德以及价值观念等，其中尤以价值观念最为重要，是精神文化的核心。精神文化是文化要素中最有活力的部分，是人类创造文化的动力。没有精神文化，人类便无法与动物相区别。

2. 语言和符号

两者具有相同的性质即表意性，在人类的交往活动中，两者都起着沟通的作用。语言和符号还是文化积淀和贮存的手段。

3. 规范体系

规范是人们行为的准则，有约定俗成的如风俗等，也有明文规定的如法律条文、群体组织的规章制度等。

4. 社会关系和社会组织

社会关系是上述各文化要素产生的基础。生产关系是各种社会关系的基础。在生产关系的基础上，又发生各种各样的社会关系。这些社会关系既是文化的一部分，又是创造文化的基础。社会关系的确定，要有组织保障，社会组织是实现社会关系的实体。一个社会要建立诸多社会组织来保证各种社会关系的实现和运行。

5. 物质产品

经过人类改造的自然环境和由人创造出来的一切物品，如工具、器皿、服饰、建筑物、水坝、公园等，都是文化的有形部分。在它们上面凝聚着人的观念、需求和能力。

生态文化是反映人与自然、社会与自然、人与社会之间和睦相处、和谐发展的一种社会文化。和谐的生态文化是生产力发达、社会进步的产物，是生活文明、社会繁荣的标志。

从广义来看，生态文化就是指人类在历史实践过程中所创造的有关"社会—人—环境"的物质财富和精神财富的总和。生态文化摒弃了"反自然"的传统文化，抛弃了人统治自然的思想，走出人类中心主义，是一种人与自然协调发展的文化，达到两者的双赢式发展，从而实现人与自然矛盾的消解。

从某种意义上说是生态危机催生了生态文化。在此之前人类通过认识自然、探索自然和改造自然，创造和发展了多种文化形式，我们把它称为传统文化。传统文化是以人类中心主义为价值取向，是以人统治自然的思想为基础，没有摆正人在自然界中的恰当地位，而把自己放在主宰的地位上，割断了人和自然的和谐关系。这种特点表现在社会、经济、文化、科技等所有的领域，并渗透到人的生活之中。

传统文化使人类在创造大量的物质财富的同时，对自然进行了过多的掠夺，因而出现了全球性的生态危机。这种世界性环境退化，是传统文化发展的必然结果。

生态文化就是从人统治自然的文化过渡到人与自然和谐的文化，这是和谐社会的重要表象之一，今天我国倡导的构建社会主义和谐社会的要求，就包括了重新建立生态文化这一重要方面。这是人的价值观念的根本转变，这种转变解决了由人类中心主义价值取向过渡到人与自然和谐发展的价值取向的问题。生态文化重要的特点在于用生态学的基本观点去观察现实事物、解释现实社会、处理现实问题，运用科学的态度去认识生态学的研究途径和基本观点，建立科学的生态思维理论。通过认识和实践，形成经济学和生态学相结合的生态化理论。生态化理论的形成，使人们在现实生活中逐步增加生态保护的色彩。

当今环境问题进入了政治结构，政治不仅处理人与人之间的关系，而且还要处理人与大自然之间的关系。在现实生活中，环境污染和生态破坏已成为影响社会安定的重要因素。由于这种新的政治结构，正在影响社会结构，并影响人的物质、文化生活，精神文明建设，以及科学、文化等各个领域，为此运用生态学的观点，通过建立新的结构，来解决一系列生态环境问题，逐步形成现代科学的生态化趋势，并向各个领域进行渗透。

生态城市作为承载生态文化的建设空间，展示着生态文明时代的价值、观念、理想和抱负。它是生态文化的产物，又是生态文化的创造者。生态城市在发展过程中，一方面保持传统文化精华的传承与动态发展的统一，另一方面在全球化浪潮中保存一种比较完整的具有民族、地域特色的文化生态。文化个性和文化魅力是生态城市的灵魂，文化也成为生态城市最重要的功能。

（三）走向繁荣昌盛的生态经济层次

工业经济发展模式是以最少的花费、最快的速度、最短的周期去谋取最多的利益，经济的不断增长和物质财富的持续增加将带来社会的进步和人们生活的幸福。但这一观念却掩盖了经济增长测量手段本身是否合理、社会财富分配是否公正、人们生活质量是否提高、人类是否因此付出其他代价等诸多问题的存在。工业经济时代，财富的增加是以消耗自然资源为代价的，财富的多少是由自然资源开发能力决定的。新技术的出现改变了生产过程，极大地提高了生产效率，但最终导致对自然资源的更多掠取。所以，仅以人均国内生产总值这一指标作为衡量经济的发展水平和增长速度是不科学的，因为它反映不出自然环境和资源方面的耗费和代价，也体现不出人们的实际生活质量，不利于资源的保护和长远的合理利用，不利于人们追求可持续发展的目标，结果只注重经济产值及其增长速度，忽视了资源不可再生这一事实，导致对自然资源的过度开发和索取。这种现象如果任其发展下去，必将会促使地球自然资源枯竭的一天早日到来。

为此，世界银行公布了新的世界财富的计算指标和方法，一个国家人均国内生产总值的增长指标是由三部分内容组成的，即人力资本、物质资本和自然资本。如果一个国家靠开发和出售资源——石油、煤或森林产品来增加收入,并且收入全部或部分用于消费,那么这个国家的财富将表现为减少。

新指标的公布改变了传统的计算方法,使那些依靠出售自然资源而提高国内生产总值的国家变为负增长,从而警示人们我们赖以生存的地球资源正在以惊人的速度减少,如果我们不能充分地利用和有效地保护现有的资源,我们的社会将不可能有效地保持可持续发展,我们的后代将面临资源枯竭的尴尬境地。

生态经济正是这样一种经济学,它充分考虑了地球生态系统的承载能力和范围,运用生态经济学原理和系统工程方法改变生产和消费方式,挖掘一切可以利用的资源的潜力,运用循环经济的方法,发展那些经济发达、生态高效的产业,建设体制合理、社会和谐的文化以及生态健康、景观适宜的环境,实现经济腾飞与环境保护、物质文明与精神文明、自然生态与人类生态的高度和谐统一和可持续发展。生态经济主要有三个特征:一是时间性,指资源利用在时间维上的持续性。在人类社会再生产的漫长过程中,后代人应该拥有同等或更美好的生存权,对自然资源也同样应该拥有同等或更美好的享用权,当代人不应该用牺牲后代人的利益来换取自己的舒适,应该主动采取"财富转移"的政策,为后代人留下宽松的生存空间,让他们同我们一样拥有均等的发展机会。二是空间性,指资源利用在空间维上的持续性。区域的资源开发利用和区域发展不应损害其他区域满足其需求的能力,并要求区域间农业资源环境共享和共建。三是效率性,指资源利用在效率维上的高效性,即"低耗""高效"的资源利用方式。它以技术进步为支撑,通过优化资源配置,最大限度地降低单位产出的资源消耗量和环境代价,来不断提高资源的产出效率和社会经济的支撑能力,确保经济持续增长的资源基础和环境条件。

生态城市正是建立在这种生态经济模式的基础之上,即以人力资本占主体的"内在化"的知识经济,它改变了整个社会生产的产品结构、劳动力结构以及资源与资金的配置,对社会生产体系的组织结构、经济结构进行根本变革。知识经济是智力资源的综合物化,且不直接依赖自然资源。资源配置的主要内容是非物质性的知识信息,而不是物质资料,减少对自然资源的消耗,非物质财富的增长成为经济的主要增长点。同时在知识生产和基本物质生产中注重提高一切资源的利用效率,知识、信息运转高效,物质、能量得到多层次分级利用,废弃物循环再生,各行业、各部门之间的共生关系协调,达到物尽其用、地尽其利、人尽其才、各施其能、各得其所,尽可能实现资源的区内闭路循环。收支平衡、自给自足,减少对外部环境的依赖,并实现外部"生态成本"的"内部化",从根本上解决地球资源可持续开发利用问题,实现以最少量的能源、资源投入和最低限度的生态环境代价,为社会生产最多、最优质的产品,为人们提供最充分、最有效的服务。另一方面不断增加对自然资源的投入、保护和增值,保持并扩大自然资源总量和供给能力。

生态城市的经济发展是集约内涵式的,经济活动(生产、生活、流通与分配)是有益于社会和环境的,资金是"清洁"的、合乎伦理的(不是通过掠夺生物圈而获取的),经济成果的分配是公正的。

（四）走向高效全面的生态技术层次

如果说，18世纪以蒸汽机的发明和广泛应用为标志的近代产业革命被称为第一次技术革命，19世纪中叶以后以电力技术和内燃机的发明等为主要内容的产业革命被称为第二次技术革命，现代以计算机、信息技术及生物工程为代表的产业革命被称为第三次产业技术革命的话，那么这三次革命迅速改变了我们的世界，为人类创造了现代物质文明和财富。然而这些技术方式由于建造机理的本质缺陷和社会文化条件的弊病，给自然、社会和人造成了破坏性影响，严重影响了生物圈系统的生态稳定和有序，出现了种种危机。这些技术的建造机理就是通过分裂、分化、分解、分割的方式将复杂的自然事物变为单纯物，其特点表现为：第一，它是经济主义的，可以以牺牲环境和资源为代价，从自然界谋求最大的收获量；它是完全根据人的法则产生，单纯从人的利益出发设计的。第二，它是机械论的，不仅以分化和专门化的方式，而且是过分简单化，具有可分割的性质。第三，它的组织原则是线性的，非循环工艺是最简单的，因而是最节省的。第四，它的社会功能，在创造一定的经济利益的同时，因为它在生产中运用以排放大量废料为特征，大量消耗资源和排放废物是设计所允许的，因而是高消耗、低产出和高污染的。因此这种技术方式是"浪费型"的，是"反自然"的和"反人性"的。

工业文明的技术方式由于其"固有的缺陷"使之不可避免地从兴盛走向衰落，而以信息、新能源、新材料、生物、海洋和空间等技术为主要内容的新的技术革命正在兴起和发展，它们是利于人、自然和睦相处的新的技术形式——生态技术体系，是以知识信息技术为核心的生态技术，取代建立在经典物理学基础上以理化技术为核心的传统工业技术，是人、自然和社会高度协调的新技术体系，是科学知识高度密集的科学化技术群。对解决人类所面临的人口、粮食、能源、环境和其他资源等问题提供了技术条件。

生态城市正是主要凭借生态技术这一手段超越现代城市实现自我发展的。生态技术主张尊重自然环境的法则，保持物种的多样性，主张人和其他生命物种相互依存、共同繁荣，对能源和其他资源进行可再生利用，只投入少量的能量，只有很低的污染或完全没有污染，它根据自然生态规律确定技术发展的界限。在价值观上，它不以经济增长为唯一的目标，还有人类健康、环境保护目标，它的组织原则是循环的，实现资源的多层次利用。

生态城市对技术选择的基础不仅仅是技术的考虑和论证，而且还包括经济、文化、环境、能源和社会条件等标准，仅仅通过科学技术方面的变革，而不考虑社会功能、人的生态、道德伦理、文化价值等方面的变革，"技术解决"是不可能创造生态城市的，必须同时进行文化的革命，创造相应的社会文化。

正确的观念来自对历史和现实的全面了解，来自对未来发展变化趋势的理性判断，生态城市作为可预见的未来人类聚居模式是建立在对未来社会、经济以及技术可能基础上的，它是人类社会及其住区（城、乡）发展的历史必然趋势，也是为了实现全球、全人类持续生存与发展的必然结果。这就是说生态城市不是理想主义的，而是现实主义的，或者说至少是一种务实的理想主义。生态城市目标的实现，将取决于人类的认识和行动。

值得注意的是，现代技术往往是一把双刃剑，在为人类创造福利的同时也在悄悄地伤害着人类，因此生态技术的选择将成为生态城市建设的关键。此外，生态技术虽然重要，但是生态技术不是万能的。建设生态城市不仅要靠生态技术的改革，同时还要进行生态哲学、生态文化和生态经济方面的建设，创造相应的社会生态文明环境，提高全人类社会生态文化意识水平。

第二节 生态城市的特征、结构及其运行

一、生态城市的特征

生态城市是建立在生态文明基础上的现代经济、文化和区域发展中心，其社会组织形式、结构关系、发展运行模式等与传统的城市相比有着本质不同，具有鲜明的生态时代特征，主要表现在如下几个方面：

（一）人与自然的和谐性

传统城市生态系统最突出的特点是对自然生态系统和农业生态系统的否定，主要表现在人口的发展替代和限制了其他生物的发展，人类成为生态系统的主体，植物、动物和微生物成了人类的附庸，在生物链上次级生产者和消费者都是人类自己，能量在各营养级中的流动不再遵守"生态金字塔"规律。因此，传统城市生态系统要维持稳定和有序，必须有外部生态系统的物质和能量的输入，从这点可以看出传统城市生态系统与自然生态系统的关系是不和谐的。生态城市则是对传统城市生态系统与自然生态系统不和谐关系的否定，这种否定并不意味着传统城市实体的消失，现有城市的大部分功能仍然是存在的，也是必需的，但是人与自然的关系、人与社会的关系、人与其他物种的关系、社会各群体之间的关系、人的精神等各方面是和谐的、有序的。人回归自然、贴近自然，自然融于生态城市，城市回归自然。在生态城市中人的天性得到充分表现与发挥，文化成为生态城市最重要的功能，高科技已经成为第一生产力，人的智力开发成为生产的第一需要，现有的资源在高科技的作用下得到充分利用，人与自然的关系已经不再是索取与被索取，人们将用自己的行动给大自然以补偿，我们赖以生存的地球环境将被彻底整治。生态城市不仅只是用绿色点缀的人居环境，而是富有生机活力的人与自然和谐的共生体。在这里各物种间和谐共存，人类严格遵守自然生态法则，人不再是生物链的主宰，而是作为自然物种的一员与其他物种和谐共存，人的种群数量将得到有效的控制，自然与人类文化相互适应、共同进化，实现文化与自然的协调。这种和谐性是生态城市的核心内容。

（二）社会生产的高效性

传统的城市生态系统与自然生态系统比较，在能量流动方面具有鲜明的特点：后者

的能量流动主要集中在系统内各生物物种之间所进行的动态过程，反映在生物的新陈代谢过程中，而前者由于工业技术革命的出现，使得大部分能量出现在非生物之间的转变和流转，反映在人力制造的各种机械设备的运行过程之中，并且随着城市的发展，它的能量、物资供应地区越来越大，从城市所在的邻近地区到整个国家甚或世界各地。在传递方式上，城市生态系统的能量流动方式要比自然生态系统多，自然生态系统的能量流动主要通过食物网传递，而城市生态系统可通过农业部门、工业部门、运输业部门进行能量传递；在能量流动运行机制上，自然生态系统能量流动是天然的，而城市生态系统能量流动形式以人工为主，如一次能源转换成二次能源、有用能源等皆依靠人工；在能量生产和消费活动过程中，城市生态系统有一部分能量以三废的形式排入环境，使城市遭到污染。

更大的污染还来自生产方式。传统的城市生产方式是直链式的，而不是循环式的，所以大量的一次性生产废料被直接排放到自然界中，严重污染了我们的生存环境。而生态城市的生产方式则是建立在以知识经济为基础的高新技术之上，这种生产模式一改工业城市时代"高能耗""非循环"的经济运行机制，从高度依赖自然资源的"外在化"生产转向开发人的智力的"内在化"生产，提高了发展的适应性，从而保持发展的稳定性。

（三）城市发展的可持续性

生态城市是一个可持续发展的城市，它不仅考虑到当代人的利益，同时兼顾后代人的需要。它集经济、社会、生态环境三方面的优化于一体，体现在经济配置上的效率、生态规模上的足够、社会分配上的公平同时起作用。首先，经济可持续发展是生态城市的核心内容，因为当代城市发展中出现的各种问题都是需要通过加快经济发展来解决的。可持续发展是自然资本不变前提下的经济发展，或今天的资源使用不应减少未来的实际收入。如果说传统城市的经济增长是一种物理上的数量扩张，那么生态城市经济的可持续发展则是一种超越增长的发展，是一种质量上、功能上的不断改善。其次，环境可持续发展是生态城市可持续发展的基础，这是由人类社会的自然属性决定的。地球上的一切资源都是人类赖以生存的基本要素，存在于地球的表层之中，表现为一定技术条件下能为人类所利用的一切物质、能量和信息，它们构成了人类生存的全部物质基础和发展空间。人口增长和生产增长必须是不会把人类推向超越资源再生和废物吸纳的可持续环境能力，一旦达到这个临界点，生产和再生产就应该仅仅是替代，物理性增长应该停止，而质量性改进可以继续。最后，社会可持续发展是生态城市的社会属性，它表现为人口增长趋于平稳、经济稳定、市场繁荣、政治安定、社会秩序井然。公众积极参与社会的各项政治、经济、文化、娱乐、新闻和福利事业，社会信息公开，政治体制透明，人们生活在和平、安宁的社会氛围之中。

（四）生态环境的多样性

物种多样性是评价生态城市的一个重要生态学指标。在自然生态系统中，由于自然法则的选择，物种总是朝着多样性发展。农业文明时代，人类为了攫取更高的产量总是在农田系统中种植单一的作物，并且不断地对农田施加人力和畜力，以期与自然物种多样化趋势展开抗衡。工业经济时代，人们更是把大量的机械能、化学能施加在农田上，与大自然法则展开抗衡，以期获得更高的净产量。工业发展使得城市规模急剧扩大，侵占了大量的农田，人类开始按照自己的规划建设城市，根本无暇顾及自然界的发展，以及由此给生物圈造成的损害。

生态城市时代，人们首先在生态伦理学方面进行深刻的反思，充分意识到物种多样性是生物圈特有的现象。一个群落具有很多物种，形成了错综复杂的生态关系，对于环境的变化和来自群落内部种群的波动，由于有一个较强大的反馈系统，从而可以得到较大的缓冲，使各物种在相互关系中得以保护和发展，而且科学实验已经证明，多样性导致稳定性。

生态城市时代首先改变了人与自然的关系，人类不再是大自然的主人，而仅仅作为大自然生物群落中的一员与其他生物和平共处，人类对大自然不再是一味地索取和掠夺，而是抱着感恩的心情接受大自然的赐予，并且精心维护大自然和我们生存的环境，修补由于大工业时代人类的无知而给地球母亲造成的创伤。生态城市时代还要改变传统城市的单一化、专业化和理性化分割，进行多样性重组，它的多样性不仅仅包括上面提到的生物多样性，还包括更为复杂的城市文化多样性、城市景观多样性、城市功能多样性、城市空间多样性、城市建筑多样性、城市交通多样性、城市选择多样性等更广泛的内容，这些多样性同时也反映了生态城市社会生活民主化、多元化、丰富性的特点，不同信仰、不同阶层的人能共同和谐地生活在一起，这是一个理想的和谐社会和民族大家庭。

（五）生态城市的国际性

生态经济时代城市作为一个地区的政治、经济、文化、交通、信息中心具有更加广泛的意义，因为生态平衡不可能在一个地区内实现，它需要在全球范围内对人类的行为进行有效的约束，否则，一个地区内虽然实现了生态环境的有效保护，而相邻地区却在肆无忌惮地破坏着环境，这种破坏仍然会严重影响已经实现生态环境保护的地区。例如，暖冬现象使得北极和南极的冰川不断融化，出现大面积的冰带断裂，严重影响了地球不同地区的正常气候，不该出现冰冻的地区出现了大面积暴风雪，应该冰冻的欧洲中部地区却出现了高达零上 12 摄氏度的高温。暖冬现象的出现与人类向大气层大量排放二氧化碳的行为是有直接关系的，因此欧盟、中国及其他大多数国家都参加了限制向大气层排放二氧化碳的公约。

实现全球化生态平衡不是一朝一夕、一城一地的事情，需要全人类的努力。从这个意义上说，生态城市不是一个孤立的概念，而应该把它看成一个开放系统，不时地与它所在的周边环境或区域进行各种生态流输入或输出，它的自身平衡不可能脱离于区域平衡之外而实现，只有互相协调、调剂余缺、优势互补，才可能实现真正意义上的平衡和协调、持续发展。相对城市所在的区域，地球则是一个更大的时空范围。随着经济全球化、政治全球化、文化全球化热潮的到来，任何一个国家和地区已不再孤立和分离，广义的区域观念就是全球观念，因此就广义而言，要实现生态城市这一目标，就需要全球、全人类的共同合作，建立全球生态平衡。我们所赖以生活的地球是由许许多多国家组成，国与国之间有着明显的国界,但是生态环境却是无国界的,生态环境平衡不可能首先在一国内实现。为了保护地球上各种生命体的生活环境及其生存发展,各国必须加强合作,共享技术与资源,共管生物圈,以真正实现人与自然的和谐。只有提高全人类对生态环境的认识,共同携起手来保护我们的家园,才有可能保证我们的经济长期、稳定、可持续发展。

二、生态城市的结构

生态城市是由各种相互依存、相互制约的因素构成的有机整体,它主要包括三个方面的内容:自然生态系统、经济生态系统和社会生态系统。

自然生态系统是生态城市赖以生存的基本物质基础,包括生命体和非生命体两大部分。生命体指人、动物、植物、微生物等;非生命体包括太阳、土地、矿藏、水、空气、自然景观、气候,城市中还应包括人工建造的道路、建筑物、各种城市服务设施等。

经济生态系统是生态城市赖以实现其基本城市功能的经济基础,主要包括城市中人类的一切经济活动、第一产业、第二产业、第三产业等,涉及生产、分配、流通、消费等各个环节。由于城市是以第二产业和第三产业为主,所以第一产业在城市中所占比例不大,即植物生产不在城市中占主导地位。需要指出的是,虽然城市生态系统中的农作物和绿色植被的物质生产和能量贮存不占主导地位,但其景观作用和生态功能对城市生态系统来说十分重要,因此,尽量大面积地保留城市的农田、森林、草地系统等是非常必要的。

社会生态系统是生态城市中人类及其自身活动所形成的非物质性生产的组合,涉及经济基础中人与人之间的相互关系,涉及上层建筑领域中的意识形态、哲学、道德、法律、宗教、政治、文化、艺术以及人的精神状况等。城市生态系统的非物质生产实际上是城市文化功能的体现。城市从它诞生的第一天起就与人类文化紧密联系在一起,城市的建设和发展反映了人类文明和人类文化进步的历程,城市既是人类文明的结晶和人类文化的荟萃地,又是人类文化的集中体现。所以有人赞美城市是"凝固的音乐""立体的图画""人类的丰碑"。从城市发展的历史看,城市起到了保存和保护人类文明与推动文化进步的作用,城市又始终是文化知识的"生产基地",是文化知识发挥作用的"市场",同时城市又是文化知识产品的消费空间。城市非物质生产功能的加强,有利于提高城市的品位和层次,有利于和谐社会的建设,更有利于提高整个人类的精神素养。

应当特别指出的是,生态城市结构与传统城市结构有着本质区别,这主要表现在以下几个方面:

第一,在城市的生产方式上是不一样的。传统城市的生产方式是直链式的,即"资源—产品—排放"的"开环"范式,因此会产生大量垃圾和废弃物,污染环境,破坏生态平衡,而生态城市的生产方式则是按生态规律和生态经济原理组织的循环网络型工业,既充分考虑生态系统承载能力,又具有高效的经济过程与和谐的生态功能。运用工业生态学规律指导经济活动的循环经济,是建立在物质、能量不断循环使用基础上并与环境友好的新型范式，融资源综合利用、清洁生产、生态设计和可持续消费等为一体，把经济活动重组为"资源利用—产品—资源再生"的封闭流程和"低开采、高利用、低排放"的循环模式，强调经济系统与自然生态系统和谐共生，并非仅属于经济学范畴，而是集经济、技术和社会于一体的系统工程，如此，物质被充分地利用了，最大限度地减少了对自然资源的损耗，保护了环境，降低了生产成本。

第二，在城市的演进方向是不一样的。传统城市是朝着年轻化方向发展，目的是获得更高的净产量，并且技术进步的程度越高，系统内净产量越高，生物能流在系统内部的耗散越不充分，物质循环越不健全。生态城市则是朝着成熟化方向发展，要求系统的净产量趋近于零，生物能流趋于彻底耗散，物质循环趋近于完全。这样做的目的一方面是使系统更加稳定，另一方面是保持对地球资源的最少消耗，以保证后几代人甚至几十代人同样享受与当代人同样多的福利，保持经济可持续发展。

第三，在城市的生产目的上是不一样的。传统城市在发展过程中出于人类自身利益的需要，破坏了生物多样化进程。生态城市则是要保持和发展物种多样化进程，以保证我们赖以生存的世界生态环境的稳定和平衡。系统成熟阶段也就是系统物种多样化程度最高阶段，只有这样才能确保系统功能即能量流动和物质循环的完整性。

在生态城市中系统的多样化进程是自发的和可以自我调节的。

由以上三个特点我们可以看出，生态城市在结构上与传统城市有着较大区别，但是生态城市仍然是人类在自然环境基础上建设发展起来的一类以人为核心的人工生态系统。不仅包含自然生态系统的各组成要素，更重要的是增加了围绕人类而产生的社会经济系统各要素，因此生态城市可以看成是社会—经济—自然复合生态系统。社会、经济、自然系统又是由若干子系统构成，而这些子系统又由众多子子系统组成。三个系统不是相互独立的，而是相互交织、相互联系的，共同形成按一定规律组合的相辅相成、相生相克的共生关系。

三、生态城市经济系统的特点

城市经济系统最显著的特点表现为它是一定区域内的生产中心、流通中心和消费中心。生态城市是在传统城市的基础上经过改造而形成的新型城市，它仍然保留了传统城市的特点，并赋予它以新的生命。

（一）生态城市仍然具有生产中心的特点

一般来说，城市的经济中心作用首先表现为一定区域的生产中心。生态城市也是这样，它同样具有传统城市的这一功能。纵观当今世界，即使在生态城市建设已经十分领先的发达国家，它们城市中的第三产业发展超过了第一、第二产业的情况下，其城市是一定区域生产中心的作用不但没有消失，某些方面甚至还得到加强，只是这些国家的城市产业结构也相应地发生了变化，把发展高新技术产业放到了优先地位。

城市生产中心的性质则是由城市所在地区的环境、技术和经济条件决定的。从我国城市发展情况来看，其生产中心的特点也是由其周边环境、经济条件、地理位置等特点决定的。例如上海，地处长江入海口冲积平原的终端，地理位置得天独厚，在漫长的历史进程中逐渐发展成为我国东南沿海地区科学、技术、教育、工业、金融、交通、贸易等的中心，是一座综合性经济发展中心城市，在上海市的带动下，"长三角"地区已发展成为近年来我国最具活力的经济中心地区。再如东北地区的鞍山市，以铁矿开采和钢铁冶炼为主，自然成为我国最著名的"钢都"；大庆则以盛产石油而闻名于世；长春被称为中国第一汽车城；抚顺被称为中国煤都；哈尔滨的发电设备、大连的造船厂、合肥的新能源汽车，重庆的重型机械等，都具有生产集中、设备和技术先进、管理经验丰富、生产效率高、名牌产品多、生产能力大等特点，使这些城市成为在全国或一定区域内具有辐射能力的生产中心。

说到城市是生产中心这一性质，很多人武断地认为，这个特点决定了城市一定是环境污染的中心，或者是制造工业垃圾和生活垃圾的中心，城市的这一弊病是无法从根本上消除的，要想克服城市的这一致命缺点只有消灭城市，主张人类回归到自然界中去，重新开始原始生活。这是不可能的，因为追求美好生活是人类社会发展的原动力，科学技术是人类劳动智慧的结晶。人们总是在劳动过程中不断探索新的科学技术，改变旧的生产工具，以期获得更高效益，为人类社会带来更大的福祉。如果沿着这个思路想下去，既然人类已经发现了城市与自然的矛盾，那么为什么不能通过技术改造来解决城市与自然的矛盾问题呢？现在一些西欧发达国家已经重新开始规划他们的城市，把生态城市建设作为首选战略目标，一方面国家和企业投入巨额资金用于高新技术开发和研究，并迅速将最新技术转化为生产力，从而整体上提高国民经济实力；另一方面迅速调整产业结构，大力推广循环经济模式，以保证国民经济可持续发展。对于那些不可抗拒的因素，例如城市居民生活垃圾，采取分类回收方式，由政府出资在每个居民生活小区建立分类垃圾回收站，强化城市居民分类投放生活垃圾的意识。对于可重复利用的生活垃圾，如纸张、塑料等进行回收，重新加工利用；对于玻璃、陶瓷等无机物质，能利用则利用，不能利用则粉碎后作为城市建设的回填物；对于那些食品垃圾，如果皮、菜叶等则送到垃圾焚烧炉中煅烧，产生的热量用于发电，灰分则可用于生产农用肥料。

（二）生态城市仍然具有流通中心的特点

城市工业本身一旦和农业分离，它的产品一开始就是商品，产品出售需要有商业作为媒介，这是理所当然的。因此商业依赖于城市的发展，而城市的发展也要以商业为条件，这是不言而喻的。生态城市同样具有地区流通中心这一特点，不同的是生态城市的流通更具人性化和更注重环境保护。

城市作为流通中心的特点是由社会再生产性质决定的，社会再生产过程是生产过程和流通过程的统一，它们具有作用与反作用的辩证关系。首先，生产决定流通，生产的规模和速度决定了流通的规模和速度，但是，流通的规模和速度反过来也直接影响商品的生产和发展。它们互相制约、互为条件，共同结成了一个城市经济系统的整体。城市是社会再生产流通过程的集结点和中心，这是从城市产生以来逐渐形成的。纵观中外城市的发展历史可以看出，现代很多大工业中心，多是起源于古代的商业城镇，这些古代的商业城镇，最早出现在交通比较方便、地理位置比较优越的地方，形成了便于同周围地区进行商品交换的农产品和手工业产品集散地，例如14～15世纪初，资本主义萌芽稀疏地出现在意大利地中海沿岸的一些城市——威尼斯、热那亚、米兰、佛罗伦萨、那不勒斯、巴那摩等。由于市场的扩大，工场手工业的形成，大批雇佣农业劳动力从农村涌向城市。此后新大陆的发现，世界市场的形成，促进了商人资本发展的大革命，加速了封建生产方式向资本主义生产方式的过渡。18世纪60年代在英国发生了产业革命，以蒸汽机为动力的机器生产成为产生新的大规模工业企业的基础，而巨大的工业企业存在和发展需要依托城市的条件，因此大大刺激了资本家在城市集中投资的欲望。在这种条件下，资本主义工业大城市"像闪电般迅速成长起来"，并且由于蒸汽机车的使用，带来了交通革命，铁路的大规模兴建使得资本主义城市不仅在沿海得到继续发展，而且在铁路沿线的内陆地区得到迅速发展。

由此可以看出，由于城市是流通中心的特点所带来的城市是一定地区交通运输中心的特点，使得城市的交通运输业迅速发展起来，所以一定区域商品流通中心就必须是能使商品实体得以实现空间位移的区域交通运输中心，如果没有相应的交通运输中心的物质条件作保障，城市的流通中心作用就难以发挥，二者是相辅相成的关系。

（三）生态城市仍然具有消费中心的特点

城市不仅是一个地区的生产中心、流通中心，还是一定地区的消费中心，这一点是毋庸置疑的，生态城市同样具有这一特点。用生态经济学的观点来看，城市生态系统可以在更为宏观的范围内被纳入农田生态系统，因为归根结底，在生物量消费方面，城市是农田系统维持的，农产品在城市的加工，可以视为生物转化改变为人工转化，因而从消费方面，城市可视为农田生态系统构成的生态金字塔的顶端部分；另外，现代农业下的农田生态系统必须有大量人工能流才能维持，城市和工业则是人工能流的生产和转化中心，从这一点看，城市系统则是农田生态系统的支持系统。作为人类生态系统，城市生态系统缺乏绿色植物（生产者），还原者的生物还原能力也是极其微弱的，因此，城市是不完整的、高度依赖的人类生态系统；从开放性和高投入性质考察，城市又是发展程度最高即反自然程度最强的人类生态系统。

城市作为消费中心表现在两个方面：一方面表现为区域性的生活消费中心。这是与城市生态系统人类的消费特点相联系的。因为人是城市生活消费的主体，由于城市生态系统中人口密度高，每天需要消费的营养物质和其他消费品的数量高度集中，因此城市就自然成了生活消费中心。另一方面，由于城市的性质决定了城市是交通中心和流通中心，使得企业在城市生产要比在其他地区生产成本低得多，因此工业企业大多集中在城市，城市也就自然成了生产中心。不管企业处在整个社会生产链条的任何一个环节上，所有企业生产都是需要原材料的，而城市是工业企业密集的地方，这一特点使得城市成为巨大的生产消费中心。

城市作为消费中心特点还表现在消费的多样性上。城市消费主体——城市人口不仅仅只需要生活消费和生产消费，他们还需要更加广泛的精神和文化消费空间，城市为其主体提供了比农村更加广阔的消费新领域，除了使城市居民在物质需要方面得到更大的满足外，还能使城市居民在精神和文化方面比农村居民得到更大的满足。城市这种能为居民提供良好消费条件的特点，使得城市居民形成了不同于农村居民的消费方式，并代表了一个国家的消费趋势和潮流。正是由于这一特点，城市吸引着越来越多的青年农民离开了土地，走向城市。

（四）城市经济系统和城市生态系统相互依存的特点

城市生态系统和城市经济系统之间存在着相互依存、相互制约、不可分割的内在联系，主要表现在如下几个方面：

第一，共生的特点。考察城市的发展史我们不难发现，城市生态系统和城市经济系统是同时产生的。人类社会发展史上出现第一次大分工之后，即从事畜牧业劳动的人群从从事农业劳动的人群中分离出来，人类社会最初的交换是在两个部落间的边界进行，那时城市还没有产生，世界上既没有城市经济系统，也没有城市生态系统。只有当人类社会出现了第二次、第三次大分工之后，随着手工业和商业逐步同农业的分离，城市的雏形开始出现，城市经济系统才开始逐渐建立起来，并发挥着越来越重要的作用，与此同时也产生了以人为主体、其他生物并存的城市生态系统。从这个意义上说城市生态系统与城市经济系统具有共生和相互依存的特点。

第二，现代城市就是在城市生态系统和城市经济系统的相互依存、相互作用中不断发展起来的。首先是城市经济系统促进了城市生态系统的发展，经济系统的发展使城市规模不断扩大，城市基础设施不断完善，特别是当城市经济系统发展到资本主义工业化阶段之后，城市化已经成为世界发展的主要潮流，使得城市生态系统得到了前所未有的发展，特别是在现阶段，城市经济系统的发展越来越对城市生态系统的发展起着主导的作用。其次，城市生态系统的发展也对城市经济系统的发展起到了巨大的反作用。

第三，城市生态系统主要是通过人类的供给与需求的环节来制约和作用于城市经济系统，而城市经济系统主要是通过人类劳动这个环节影响和作用于城市生态系统。正是这种人类的供给与需求和人类劳动的结合使城市生态系统和城市经济系统紧密地结合成为城市生态经济的有机整体。虽然城市生态系统与城市经济系统的主体都是人类本身，但人类在城市生态经济系统的这两个子系统中却处于不同的地位。其一是作为自然属性的人是城市生态系统中的消费者，他们要对自身所消费的生活资料及生存环境产生众多需要，要通过城市经济系统来实现这些人类需要。如果城市经济系统在发展中损坏了人类的某些需要，譬如污染了城市中人类的生活环境，就会对人体造成危害，更会使本已稀少的城市生态物种急剧减少，这时城市生态系统就迟早会通过人类供给与需求这个杠杆来调节城市经济系统，以相应改变城市经济系统的内部结构，减轻对城市生态系统的危害，并逐步创造更适合于人类生存和发展的优美的城市生存环境。其二，作为社会属性的人是城市经济系统的生产者，人们在生产过程中结成了一定的生产关系，并在这种生产关系中去进行生产，以实现人自身的各种需求。能从事生产和劳动，这是人类和生态系统中的其他动物的主要区别。城市经济系统主要通过人类劳动和生产来作用和影响城市生态系统，并且随着科学技术水平的不断提高和人的劳动能力的不断发展，城市经济系统对城市生态系统乃至城市生态经济系统的发展越来越起着主导作用。科学发展到今天，城市经济系统的发展已经不是靠牺牲自然资源和环境为代价，而是着力于城市经济系统和城市生态系统的主导者——人的智力和技能的开发，知识经济时代的创立为人力资源的开发提供了无限可能，也为城市生态经济系统的建设开辟了有效途径，更为缓解人类生态系统与自然生态系统的矛盾提供了无限契机，使我们看到了生态城市建设的美好前景。

第三节　城市生态经济系统的功能、特点和动力

一、城市生态经济系统的功能

城市生态经济系统的基本功能包括两个方面：一方面是其经济功能；另一方面是其生态功能。二者具有辩证统一的关系。

经济功能指城市生态经济系统从生态系统中取得物质、能量和信息后，通过经济系统的各类投入、产出和加工，获得各级中间产品和最终产品，并在本城市及周边地区或世界各地流通和消费的诸功能的总称。由于不同城市生态经济系统结构千差万别，所以其经济系统的功能和状况也各不相同。通过发挥系统的经济功能，使自然物质转变成各种能满足人们需求的经济物质即具有使用价值，使自然能量从低质能量转变成高质量的经济能量，使无序的自然信息转变成有序的连续积累的高质量信息，并使商品价值在生产和流通中实现增殖。

生态功能指城市生态经济系统为城市高度密集的人口提供生活消费的功能和为居民提供一定质量的城市生态环境的功能的总称。通过合理发挥城市生态经济系统的生态功能，可以使城市人口生活在一个较好的生活环境和生态环境之中，较好地防止各种城市污染源可能造成的对于人体活动和休息的干扰或危害，以保证城市人口的正常再生产和城市劳动者的合理再生产。这里提到的城市生态功能中具有代谢各种生产性废物和生活性废物的能力，是指城市生态经济系统的分解还原功能，这一功能是城市生态功能的重要组成部分。在自然生态系统中，还原功能是由微生物来完成的，但是到了城市经济时代，社会化大生产所产生的垃圾已经不仅仅是自然界新陈代谢的产物，绝大多数是由于人类自身行为所产生的，并且无论在数量、品种和质量上都远远超出了微生物所能分解和还原的能力，人类必须从用于人类自身福利生产的投入中抽出一部分能量用于处理和解决这部分垃圾的污染问题，以保证人类能够在一个较好的生态环境下生存和繁衍。从这个意义上说，城市生态经济系统的经济功能和生态功能之间存在着对立统一的关系。一般来说，经济功能的充分发挥会导致城市人口、物质、能量的大规模集结，容易引起

城市各类生态关系的失调，降低系统的生态功能，而强调良好的城市生态功能必然会给经济发展施加种种限制，从而减弱系统的经济功能，这是二者对立的一面；另一方面二者又具有相统一的特征，主要表现在城市生态经济系统的经济功能的良好发挥和经济的高效发展，能为改善城市生态环境奠定物质基础，有利于城市生态功能的健全和改善，而城市生态功能的改善又有利于城市劳动者的身心健康和自然资源的合理利用，这对完善城市的经济功能也创造了有利条件。只有创造种种条件，实现城市生态经济系统的经济功能和生态功能的统一，才能使城市生态经济系统的基本功能趋于完善。

二、城市生态经济系统的特点

（一）城市生态经济系统具有开放性的特点

城市生态经济系统是一个不完全独立的系统，它是农田生态系统部分产品消费空间的转移地，因此，可以把城市生态经济系统看作农田生态系统的延伸部分。同时城市生态经济系统也要把它的部分产品注入农田生态系统中，以保证现代农田生态系统获得更高的净产量，这样就使得整个城市生态经济系统具有开放性的特征。

由于每个城市生态经济系统都不是孤立存在的，它必然要和周边地区发生千丝万缕的联系，每时每刻都在进行着诸如物质方面的、信息方面的、经济方面的、能量方面的、文化方面的以及精神等各方面的交换，这是城市赖以生存的前提条件。因此城市生态经济系统只有在开放中才能得以生存和发展。

（二）城市生态经济系统具有一定的时空特性

城市生态经济系统具有时间上的连续性和空间上的整体性特征。时间上的连续性表现在任何一个城市的成长都和它所处的周边环境分不开，每一个城市生态经济系统的发展都是历史上生态系统和经济系统发展的结果。因此，如同每一个自然生态系统要通过生态演替过程使生态系统的结构和功能逐步趋于完善，以达到生态系统的动态平衡一样，城市生态经济系统也要通过较长时间的生态经济综合发展和进化的过程，才能使城市生态经济系统的结构和功能逐步趋于完善，逐步形成一个结构合理、功能高效的城市生态经济系统。由于城市生态经济系统具有时间上连续性发展的特点，所以要求在制定城市规划时要尊重城市循时发展连续性的特点，对有利于发挥城市各种经济功能和生态功能的历史上已经形成的经济因素和生态环境因素要加以保护，对进一步完善其经济功能和生态功能的设施要逐步加以建设，以为城市生态经济系统的进一步合理发展打下良好基础。

城市生态经济系统空间上的整体性特征表现在组成城市生态经济系统的各个要素在城市所处地域空间上构成了一个完整的整体，缺少哪一个子系统城市生态经济系统都不能正常运行，这些要素包括城市的自然环境因素和人工环境因素、城市生命系统中的人类及野生动植物因素、城市经济系统中的生产、流通、消费等各系统要素，因而城市生态经济系统具有整体经济效益和整体功能，所以在城市建设上要求对它进行整体规划、整体建设和整体管理。如果城市空间不能按照整体规划进行整体建设和整体管理，城市生态经济系统的整体功能就不能充分发挥出来。

三、城市生态经济系统的动力

建设生态城市的目的之一就是要实现人类生态系统与自然系统的和谐，这种和谐是建立在城市不断发展、运动、自我改造、自我完善的基础上进行的，因为运动意味着生命，静止意味着死亡，生态城市的运行构成了生态城市的发展，生态城市的发展促进了生态城市的运行，从而显示了生态城市强大的生命力，因而，运行是生态城市得以维持和发展的根本保证。生态城市的发展是在适应城市外部环境变化和内部自我调节过程中，在经济、社会、自然三系统各组分间以及与外界系统的相互作用而发生在时间、空间上的不可逆的动态变化，这种动态变化是以经济、社会、自然协调发展为基础的，可视为一种特殊的生态演替过程。

城市生态经济系统的运行是一个极其复杂的运行体系，运行动力主要来自系统的各种输入、转化和输出，运行内容包括人口再生产、经济再生产和自然再生产，这三个方面相互联系、相互作用、相互推动，保证了生态城市新陈代谢旺盛的生理机能，这种新陈代谢主要表现为物质流、能量流、信息流、人口流和价值流的交换、转化、流动等过程，各种生态流相互交织、相互作用，其中任何一种生态流的阻塞或失控，都将导致系统功不能正常发挥而失调。

（一）物质流

城市是物质生产、加工、运输、储存、流通和消费的中心，因此城市是人和人工物质高度聚集的地区。在传统工业城市中，物质流在生态关系网中的流转是高度不完善的，它与传统的生产模式有着高度相关关系。在传统生产模式下，物质生产是依靠大量消耗不可再生资源来实现，运行的生态效率极低，导致高度浪费和大量垃圾的产生。在自然生态系统中，生物链产生的垃圾是由微生物来分解的，微生物的"还原"能力得到充分利用，从而保证了自然生态系统能够正常运行，但是在城市生态系统中，由于大机器工业的出现，以及传统直链式的生产结构导致工业产生的垃圾已经远远超出了微生物的分解能力以及地球生态系统的自净能力，大量垃圾的出现在污染和毁灭着生态环境。为了保证生存，人类不得不从用以保证自身福利的生产力中抽出一部分能量用于处理城市垃圾，用人工的方法和能量的投入来弥补微生物"还原"能力的不足，这不仅造成了巨大的浪费，而且也由此减少了人类的福利。

生态城市经济系统则采取了完全不同的生产模式，生产不再是物质流占主体的"数量型"运行模式，可循环再生性资源成为物质流的主体，并最大限度地实现自我循环。各种生态流形成类似"食物链""食物网"的生态关系，减少对外界的掠夺和对不可再生资源的依赖，并且非物质的知识信息流取代物质流成为最活跃的主流，由此而产生的知识经济时代的人口流素质极大提高，这意味着劳动力水平和生产技能的提高，由此所创造的价值是无法估量的。

（二）能量流

现代城市生态系统从本质上说是违背自然生态系统发展方向的，因此，城市生态经济系统要维持其经济功能和生态功能就必须不断地从外部输入自然能量。目前能够被人们开发和利用的自然能量有化石能、太阳能、风能、地热能、潮汐能、水能、核能、食物能等。一般来说，城市的能量流随着物质流的流动而逐渐转化和消耗，是城市经济赖以发展的基础，但是能量流的使用与物质流不同，消耗掉的部分不可循环使用，特别是目前人类利用的能源主要是化石能，化石能使用后不可再生，用一点就会少一点。如何保持经济可持续发展和我们的后代同样享受当代人的福利，已经成为迫切需要解决的重大课题。化石能的另一个特点是使用后会对环境造成危害。例如，煤炭燃烧后烟尘会污染空气，烟尘中的硫与空气中的水接触会形成酸雨，降落到地面会给地球植被造成不可逆的破坏；汽油燃烧后会产生大量废气，一方面会污染环境，另一方面大量的二氧化碳排入空中会形成城市的"热岛"现象，如果我们不能很好地控制环境污染，地球生态系统迟早将遭受毁灭性打击。

实际上，进入城市生态经济系统的能量流可以分为两部分：一部分为人类创造福利；另一部分则被浪费。这一点可以从怀特定律中得到证明。怀特定律所表明的，实际上是人类文明的发展对能源的依赖。即使直观地考察，怀特定律的解释度也是较强的。任何国家的经济增长，与其能源消耗的增长都有着近乎平行的关系。换言之，一个国家的工业化过程，从其自然性质上讲，可以说是由能源投入的增加推动的。

怀特定律所指的，就是人类生态系统中能流运动的几种关系。假定如同经济活动中的各种变动都可以在一定程度上以货币来衡量那样，人类文明发展中的各种变动也都可以用能流的强度加以衡量。人类为了发展和维持自己的文明，投入了一定能流总量（ET），然而，实际对文明起推动作用的，是从能流总量获得的人类净福利（NW）。在一般情况下，特别是在技术因素不变或技术发展方向不变时，净福利决定于能流总量。或者说，净福利与能流总量间有一稳定的比值。

$$A = NW/ET$$

净福利与能流总量不可能相等，其差值也就是能流总量在经济活动过程中被浪费掉的部分。能流的浪费区分为三种：第一种是耗散部分（EW1）。所谓耗散，就是散失而无法利用的部分能量，如果试图利用它或者重新捕捉它，就得耗费更多的能量。废热、锈蚀和腐烂等是典型的耗散现象。一般来说，在自然界自净能力以内的污染也属于能流的耗散部分，这是因为污染物本质是由未能被利用的能量造成的，而自然净化的过程同时又是这部分能量的耗散过程。被浪费能流的第二部分是超出自净能力的那部分污染（EW2）。之所以将它单列出，是因为它不仅造成了能流的浪费，还造成了负面作用，超出自净能力的那部分污染也可以折算成能流的浪费。被浪费能流的第三部分（EW3）是对第二部分进行治理所耗的能量，它是环境保护、国土整治和野生动植物资源保护等领域的能量总耗费。

在作了这样的划分以后，就可以直接看出，通过减少能流的浪费，同样也起到了增长净福利的作用。因此，怀特定律可简化为：一种文化的进步、停滞或衰退，是人均有效役使能流的增加、持平或减少。

承认怀特定律的有效性后,有必要讨论这一定律对环境与发展关系的影响。从积极的方面看,只要提高能效、减少浪费,人类社会就能获得可观的发展,然而,该定律也对人类的前途提出了挑战。假定经过各种措施,能效已接近最大化了,在此情况下,人类文明若要进一步发展,就必须继续加大投入。因此要么承认文明的进步是有限度的,要么承认能流的增加是可以无止境的。

首先需要否定的是能流无限增大的可能,有限世界内不可能实现无限增长,对此任何有理性的人都不会予以否定,然而也不大会有人同意在一定的水平上让文明停滞不前的做法。解决这一矛盾的思路,与区分增长与发展有关。人类应从追求数量的增长,转向追求质量上的发展。通过环境保护、注重效益、技术改良循环利用实现少投入多产出,从投入型的增长转变为质量型的发展,并实现从过度消费者向低收入者的再分配。从而能在不增加或减少投入的情况下获得稳定的发展。这一表述基本代表着20世纪70年代以来对发展的主流看法,其中改善投入产出状况和合理分配与怀特定律并不矛盾,关键在于,质的发展是否意味着投入达到某一水平后能在不进一步增加投入的条件下持续发展,如果这是可能的,则表明怀特定律是有局限性的。

怀特定律与"年轻化"过程甚为相符。如果质量的发展是现实的,就意味着人类生态系统的发展步入了一个新的阶段,即"成熟化"过程,而怀特定律在这一阶段则暴露出它的局限性。

(三) 信息流

电子计算机科学技术的进步引发了第三次产业革命,以电子计算机技术为依托的网络工程迅速普及全世界。人们从来没有像今天这样能够如此迅速地传递信息、知识以及与日常生活息息相关的各方面数据,由此引发了经济全球化、文化全球化、教育全球化浪潮,网络系统已经为我们搭建了这样一个平台,利用这个平台人们满怀激情地迎接着知识经济时代正在到来。

城市生态经济系统在运行过程中同样存在着大量的来自各方面的信息,既有自然信息,也有经济信息。这些信息都在反映着城市生态经济系统各个方面的运行情况。人们正是通过这些信息来认识、加工、传递和控制整个生态经济系统的运行。现代城市生态经济系统是一种信息流高度集中的地域,在经济全球化的今天,如何将这些无序的自然信息和经济信息通过检测、收集、整理、筛选、加工、控制,最后变成高度有序化的信息,并通过这些信息的输出、反馈等功能来对整个生态城市经济系统进行有效的控制,是我们急需研究和解决的一个重大课题。

(四) 人口流

城市是人类高度聚集的地区,特别是随着现代产业革命的不断发展,工业化水平越来越高,作为工业化的伴侣—城市化规模也在迅速增加。这主要表现为:①农业人口迅速转化为非农业人口、城市人口;②一定地域内的城市数目和城市人口在不断增加;③绝大多数城市人口规模在一定时期内迅猛增长和升级;④超大城市、特大城市、大城市的城市区域不断形成和扩大;⑤城市人口在全国(或地区)人口中的比重不断增加。

生态城市是人类现代城市发展的高级阶段，因此，人口流也是城市生态经济系统功能的重要动态特征。这种人口流既包括属于自然生态系统的普通城市人口流，也包括属于社会经济系统的人才劳动力流。

对于普通城市人口流的形成我们可以从两个方面进行考察：一方面是研究和分析城市人口总数的增长和减少；另一方面是考察城市内各种常住人口和外来流动人口在城市空间的位移所形成的"流"。前者是从城市外部和总体上研究城市的人口流动情况，后者则是从城市内部和市内客流量的局部上考察城市人口的流动情况。

对于前者的考察是因为城市人口的数量是不断变化的，人口数量的变化又是由人口的出生率、死亡率、迁入率和迁出率四个基本参数所决定。在某个特定的时间内人口数量的变化可用下式表示：

$$N_{t+1} = N_t + B - D + I - E$$

式中，N_t是时间t时的人口数量；N_{t+1}是一个时期后人口数量；B、D、I、E分别是在时间t和$t+1$期间出生、死亡、迁入和迁出的个体数。城市人口基数（t时间的城市人口数）和人口的出生率、死亡率、迁入率和迁出率共同影响着城市人口的发展规模。

城市人口流还指在某个特定时点内城市人口在时间和空间上的转移。例如，在正常情况下早晚上下班时间是城市人口流动的高峰期，早晨上班族和学生族大都在这个时段内由居住地向工作地或学校转移，晚间则是由工作地或学校向居住地返回，由此形成了城市中方向相反的两次大的人口流动过程，如何有效地控制和疏导这两次人流高峰，是城市治理的重要任务之一。

对于大城市或旅游城市，由于城市的聚集效应或旅游黄金季节的到来，城市流动人口会骤然增加，一方面会给城市带来巨大商机，另一方面也会给城市住房、购物、交通、环境等各方面带来巨大压力。随着我国城市化进程的持续推进，大批农民离开土地走向城市，人口流动规模越来越大。作为城市工作者不应惧怕这一潮流，而是应以饱满的热情来关注和支持这种具有中国特色的城市化进程，并在这个过程中努力调节好由于城市的扩张对周边环境可能造成的损害，调整好人与自然的关系。

（五）价值流

运用马克思主义基本观点分析，价值是社会必要劳动时间在产品中的凝结，货币是价值的符号。尽管生态城市是城市发展的高级形式，但是生态城市仍然没有脱离时代的束缚，城市生态经济系统仍然深深地打上了商品经济的烙印，这是因为在生态城市阶段，价值规律仍然在发挥着重要的调节作用，在城市生态经济系统运转过程中仍然存在着价值的增值和货币的流动。城市生态经济系统价值量的增殖不但包括一定时间城市总体经济产品价值的数量，也包括通过人类经济活动改变自然资源状况和城市生态环境质量状况所形成的生态环境价值的数量。城市生态经济系统的价值增殖和新增价值在经济再生产的各环节的流动具体通过货币的流通表现出来。城市又表现为一定地域的货币流通中心或财政金融中心，并通过价值的合理流通来调节城市生态经济系统的经济功能和生态功能的正常进行，以实现城市经济平衡和生态平衡的相对统一。

第三章 生态城市的空间规划

第一节 城市空间与城市密度

一、高密度城市的内涵

城市密度是城市人口和城市建筑物等物质空间要素的量化指标，它不是人们的单纯主观感受，一个城市属于高密度城市或者低密度城市不能够仅通过公众或者研究学者的直觉来判断。即使一个经验丰富的规划师，如果没有依赖实际密度计算获得密度数据，也很难对某个城市的密度做出符合客观实际的判断。在判断一个城市地区的密度时，有时规划设计行业专业人员并不一定比业余公众更准确。因此，在确定与比较城市密度时，将涉及密度的有关因素明确并定量化是十分重要的。

为了梳理与澄清不同的密度概念，下文将从高密度含义不确定性、衡量城市密度的指标、密度与城市形态关系等方面展开陈述。

（一）高密度含义不确定性

目前，在我国没有专门针对城市密度高低的法规或者规章制度，城市密度可以通过城市内部各地块建设强度的高低来体现，规划设计领域对一个地块的强度高低有一些通用标准，人们一般认为地块容积率不超过1.0，即所有建筑面积与地块用地面积的比值低于 1 则称为低强度，容积率在 1.0～2.0 为中强度，容积率超过 2.0 一般就被认为是高强度了，或者在我国一些江南水乡地区，虽然建筑层数并不高，但是建筑的覆盖率相对来说非常高，往往达到 70% 甚至更高，这些古镇或者传统村落的街道和公共空间相对非常狭窄，一些小镇往往人车混杂，可以说城市环境完全属于高密度状态，规划设计领域将这种状态称为低层高密度。

规划设计行业对城市或者住区的密度也有评价高低的标准。如果将中国规划设计领域的密度共识标准转换成欧美的每公顷居住单元密度，也可以发现有相似之处。假定容积率为 1.0 的居住小区，住宅类型为独立或者联排住宅，以 200m^2/居住单元计，一般来说，住宅用地占居住小区总用地的比例大约为 60%，那么 1.0 的容积率就约等于每公顷 30 个居住单元，几乎是低密度小区的容积率上限。实际上容积率不是唯一一个管控城市地块的规划建设指标，在我国，一个地块往往受到容积率、建筑密度、绿地率以及日照要求等指标综合约束，规划设计的经验表明，容积率为 2.0 的居住小区，基本是多层公寓的最高强度了，更高的容积率必须通过高层建筑才能实现。

把建成环境的高强度与居住人口的高密度联系在一起，城市高密度的含义有时会产生相反的效果，在居住人口不变的情况下，增加建筑面积，建筑强度呈现上升趋势，但是单位建筑面积的人口密度呈现出下降趋势，也就是说，单位个人拥有了更多的建筑空间，所以人们谈及的城市高密度不是绝对的，是对城市密度状态的综合描述。高强度的建造环境不代表高人口密度，反之低人口密度并不意味着建设强度也低。

高密度的不确定性往往还体现在人们对城市的感觉密度。感觉密度更多强调的是个人的直观感受，主要指人们对城市某个环境中人口规模和建筑规模的感觉和估算。不同的空间布局、不同的建筑分布都会影响人们对空间密度的感觉，感觉密度往往是在个人及其所处的城市环境相互作用的过程中逐步形成的，个人的社会背景、社会认知对感觉密度的大小有一定影响。

人与周边环境的相互关系是感觉密度最为强调的。感觉密度不等同于实际的空间密度，是人在空间环境中通过相互作用而产生的一种对空间感知的状态。曾经有学者通过室内环境的变化研究人在环境中感觉密度的变化，一些建筑特性有可能改变密度和拥挤的感觉，如色彩、照明、房间形状、窗户尺寸、房屋高度、采光、隔断/分区、家具等。

（二）衡量城市密度的指标

密度是单位体积的某种物质的质量。如果密度以一定土地面积上的人口比率作为参考量度，那么可想而知，参照不同尺度的地理单位，密度的含义将发生重大的变化。在密度统计与计算时，明确地限定地理参照量度是至关重要的，否则密度量度的比较是非常困难的，有时甚至失去其意义。

目前，还没有关于城市高密度或者城市低密度的国家或地区的统一标准，只有如何测量密度的方法，在规划设计领域一般按照人口密度和建设强度来度量，当然这里的建设强度不仅仅是建筑覆盖率（建筑密度）的概念。

1. 人口密度

人口密度指单位土地面积上的人口数量,表达的是一定地域范围内的人口聚集程度,通常使用的计量单位有两种,人/km^{2}和人/公顷。人口密度的计算有行政区人口密度、城市建成区人口密度以及居住区人口密度等针对不同用地区域的人口计算。行政区人口密是指特定行政区域内单位土地面积上的人口数量,它是一个重要的地理指标,用于衡量人口在特定区域的分布状况,通过行政区的全部人口和全部土地面积计算得到,这里的土地面积为行政辖区范围内所有建设及未建设的土地面积,行政区人口密度计量单位为人/km^2,一般城市国土空间总体规划和城市发展规划都采用行政区人口密度作为主要参照数据。居住区人口密度是指在居住区总用地或居住用地面积内,每公顷土地可容纳的居住人数,在我国相关规范中又分为居住区人口毛密度和居住区人口净密度,其中人口毛密度以居住总人数/居住区总用地面积计算,人口净密度以居住总人数/居住用地面积计算,计量单位为人/公顷。如果说行政区人口密度是宏观层面的描述,居住区人口密度是微观层面的描述,那么城市建成区人口密度则属于中观层面的城市人口密集程度的指标。城市建成区人口密度也是本书中度量城市是否高密度的一个指标,往往以城市常住人口/城市建成区面积来计算。虽然在城市建成区中人口密度的分布呈现差异性,但通过不同城市建成区之间的人口密度比较,基本可以确定某个城市建成区人口的集聚程度。

人口密度在评价城市环境是否为拥挤状态方面具有重要价值,当然仅仅通过人口密度未必可以反映真实情况。就我国目前的城市环境来讲,一般高密度城市或者高密度地区,人口密度相对来说还是处于高密度状态。当然很多时候人口密度低未必就意味着城市密度也一定低。例如,当一定用地面积上居住较少的人口,同时拥有较大的建筑空间时,那么就表示该地块容积率较高,而人口密度并没有处于高密度的状态。

2. 建设强度

本书所研究的建设强度并不是传统泛指的建筑密度,而是指一定区域内城市总建筑面积与区域用地面积的比率,通常用毛容积率表达,主要反映区域内的建筑集中程度。

(1) 建筑密度

建筑密度指在一定范围内,建筑物的基底面积总和与占用地面积的比例(%)。是指建筑物的覆盖率,指标的高低反映一定用地范围内的空地率和建筑密集程度。建筑密度是评价城市环境密度状态的重要参照指标,建筑密度与建筑容积率之间不是正相关和负相关关系,主要表达的是建筑外部开敞空间在环境中量的多少,建筑密度越高,空地率相对就越小,留作绿化景观空间的用地就相对少了,也就是说,用地内建筑密集度较高;反之亦然,实际生活中,城市用地拥有较高建筑密度时,容积率不一定高,一般工业用地、物流用地是属于这种情况,而居住用地基本是以中高层建筑为主的社区,容积率则较高。

(2) 容积率

容积率是指总建筑面积与建筑所在用地面积的比率,又称建筑面积毛密度。容积率反映独立于建筑形态与组合方式的建筑容量强度指标，在现行的规划体系中，容积率是用地中一项最重要的控制指标，容积率往往决定了一定地域范围内的建设总体规模及一定范围内的环境状态，通常也是防止城市过度开发而对城市环境造成不可逆转影响的重要指标。从二维空间看，高容积率不能代表环境的高密度状态，同时如果考虑人口密度因素，高密度状态还受到入住率的影响。但如果从三维空间考察环境密度状态，建筑覆盖率与环境密度状态没有直接关系，高容积率就表示三维空间中所容纳的建筑容量更多。

计算容积率的分子分母同样也经历了不同的发展阶段，最开始使用住宅的数量或者人口规模来计算容积率，当测度非住宅建筑时难以获得准确的数值。为了获得准确的容积率数值，早在20世纪40年代，英国卫生部就建议使用建筑总面积作为计算分子来计算容积率，这个度量建筑容量的指标被称为楼面空间指数（FSI），后来这个指标成为欧洲度量建筑容量的公共标准。而美国将该指标称为容积率（FAR），即总建筑面积与总用地面积的比值。这一概念所表达的关系是基地与总建筑规模的关系，当然也有国家采用容积率的反向指标来衡量建筑密度。

在我国，规划设计领域的容积率与前文所讲的容积率概念完全一致，容积率也称为"建筑面积毛密度"，与建筑面积毛密度类似的还有建筑面积净密度，之间的区别主要是计算时的分母不同，计算住宅建筑面积净密度时分母是住宅用地面积，而计算住宅建筑面积毛密度时分母是居住用地面积。

（3）开敞空间率

建筑覆盖率的反向指标就是开敞空间率，是指一定区域范围内的开敞空间总面积。当然有时候也用人均开敞空间面积代替开敞空间率来保证区域人口规模拥有合理的户外空间。开敞空间率高则表明用地内的空地多，但未必就一定是低密度状态，高层低密度的建设方式就属于开敞空间率相对较高，但容积率一般也较高的情形。所以，真实地反映一个地块的密度状态，需要通过人口密度、容积率、建筑密度、开敞空间率等多指标综合评价获得。

3. 城市密度

建筑容积率不同于人口密度，一般不会在区域层面衡量城市建筑面积的多少，往往是衡量一个地块的建筑容量。如果将城市建成区或者城市建设用地面积作为分母，城市中所有的建筑面积作为分子，则计算结果就是城市的建筑容积率，或称之为城市建筑面积毛密度。城市建筑面积毛密度在一定程度上也可以体现城市建筑的集聚程度，与城市人口密度共同构成了城市密度的衡量标准。

4. 密度梯度与分布

到目前为止，讨论的密度计算都是以土地覆盖为基础的。如果人口或建筑果真在一个区域内均匀分布的话，这些计算的确能够反映现实。然而，在许多情况下，特别是在相关地理单元规模巨大时，人口或建筑的分布会有很大的差异。

（1）密度梯度

密度梯度是描述人口密度分布与变化的方法，以所选参照点向外扩展不同的距离所测得的密度变化数值来表示，正密度梯度表示密度随着参照空间的距离增加而减少。密度梯度通常按照一系列同心圆的方式分布，如距离参照空间10km或者20km的放射同心圆。密度梯度是对密度的综合性计算方式，对密度梯度随时间变化的模式进行比较，就能够看到空间发展过程。

（2）密度分布

密度分布类似于密度梯度，是指在给定参照点的情况下，对一系列相对于参照点的不同城市地段或者城市区域的密度情况的统计，该指标一般用作城市居住用地结构的衡量指标。

（三）密度与城市形态关系

城市密度与城市形态具有错综复杂的关系，在城市产生过程中，城市密度发挥了重要作用。例如，不同的容积率和建筑覆盖率显示出各式各样的建筑形式。相类似，同样密度的建设能够表现出千差万别的城市形式。

面对迅速的城市化，城市密度和城市形式之间的关系已经得到广泛的重视。日益增加的城市人口使得土地承受越来越大压力，所以，人们对多层建筑空间的意义做了大量研究。为了说明这个问题，人们使用了数学和几何学的分析，特别关注建筑高度、容积率、场地覆盖率和采光等方面的问题。

关于城市密度状态评价和影响城市形态的主要密度指标，目前很多国家和地区仍然使用住宅数量在用地上的分布作为密度确定的方法之一。但实际情况是在很多用地上，仅仅考虑住宅的数量并不能反映真实密度情况，在住宅数量相同的情况下，住宅的规模大小也是影响密度实际大小的重要因素，其他诸如商业配套建筑、办公楼等公共设施也会影响到实际密度的评价。在对非居住用地建筑密度状态进行评价时，使用容积率相对更合适；在地块面积不变的情况下，容积率高低反映的是建筑总量的大小，不同国家和地区一般还有建筑间距、日照、建筑覆盖率甚至建筑限高的控制要求，只有通过多指标的统一控制才能评价出城市密度的真实情况。所以，比较有效率地衡量一个区域的密度真实情况，不能单纯地使用建筑容积率或者建筑覆盖率一种评价指标，通过包含建筑容积率、建筑覆盖率（建筑密度）、开敞空间率、平均建筑层数等多指标体系来评价才是比较客观的城市密度综合量度方法。

1. 城市密度与形态的关系

建筑容积率是建筑容量大小的强度指标，与建筑类型、建筑形态及组构方式没有直接的关系，对城市某个区域或者某个环境进行密度状态评价时，首先参考的就是该区域或者该地块的建筑容积率。一般来讲，建筑容积率与环境的密度状态呈线性关系，即当一个地区建筑容积率相对较高时，那么这个地区通常处于高密度的状态，反之，则环境密度较低。

建筑覆盖率是建筑覆盖用地与空地之间的关系，一定意义上该指标主要是指建筑紧凑度高低。与建筑容积率一样，建筑覆盖率对于评价一个区域或者地块的密度状态是一项主要的参照指标。建筑覆盖率与建筑容积率没有线性的关系，建筑覆盖率高，建筑容积率不一定高，建筑覆盖率主要表达了用地内开敞空间比较少，用于绿化、景观和开敞空间的用地比较少，也就是说，建筑的密集度要高；正因为建筑覆盖率主要考察的是建筑基底面积，所以与三维空间中的总建筑容量和总人口容量没有直接关系，无法单纯使用建筑覆盖率这项参考指标来评价一个环境的拥挤状态。

开敞空间率指单位建筑面积所拥有的未建建筑的空地面积，因为与总建筑面积发生关系，所以开敞空间率可以在一定程度上描述环境的密度状态。如果用地面积不变，增加总建筑面积，无论建筑覆盖率是否增加，单位建筑面积所拥有的空地面积在减少，因为增加的建筑面积会导致建筑容积率的增加，以及用地上居住人口的增加，也就是说，使用相同规划开敞空间的人数增多了。与建筑容积率一样，开敞空间率对于评价一个区域或者某一地块的密度状态是一项重要的评价指标。

通过建筑平均层数指标可以了解该用地上建筑高度状况及对周边开敞空间的压力和日照情况等。建筑立面指标反映建筑内部空间和外部空间的联系状态、获得自然光和景观面的程度。

上述几个指标采用了同一系列的数据——用地面积、建筑基底面积、总建筑面积，而且在数学逻辑上是相关联的。建筑覆盖率的变化意味着开敞空间率的自动变化以及可能的容积率的变化，一个恒定的建筑覆盖率表示建造用地与空地的不变比率，在这种情况下，如果增加建筑的层数就能增加建筑容积率。因此，针对总建筑面积、建筑基底面积以及建筑用地这些数据建立统一的测量标准非常重要，否则因这些数据而形成的指标也就存在非常大的不确定性和不可比性。

2. 空间伴侣——综合评价城市形态与建筑密度关系的方法

将建筑容积率、建筑覆盖率、建筑平均层数和开敞空间率四项指标结合在一起可建立一种评价城市形态特征与城市密度相互关系的方法，即"空间伴侣"。

"空间伴侣"采用了一种综合性的评价方式，通过多项指标综合表述城市环境密度状况和城市形态的关系，不仅避免了使用单项指标衡量城市密度状态的不准确性，还可以更直观地了解城市的形态特征。如果将建筑容积率、建筑覆盖率、建筑平均层数以及开敞空间率四项单行评价指标融合为一个整体性的综合评价指标体系，就可以将城市形态与密度状态很好地关联起来，更容易理解不同城市特征，从而有效地描述密度状态与城市形态之间的关系。

3. 影响城市形态的其他因素

随着城市化的持续快速发展、用地资源的相对稀缺以及有限空间中城市人口的持续增长，空间使用的最大化是空间经济性的必然要求。为了尽可能提高空间使用率，提高建筑容积率成为一项重要措施，但是过高的建筑容积率是不具有可操作性的，在我国居住建筑有采光的硬性要求，建筑间距和建筑高度与采光要求的满足相关联，并直接影响容积率指标。影响城市形态的因素不仅包括建筑容积率、开敞空间率和采光等，还包括建筑类型以及不同的建筑形态和组合等，所以城市形态与产生密度之间的关系相对复杂，即使把日照间距、建筑类型、建筑形态及组合等因素全部考虑周全，往往也不能百分之白地确定城市形态的特征，城市形态特征的形成同时与其所处的自然地理环境有着密切的关系，也受各国及地区相关城市政策和经济发展程度的影响。

二、紧缩城市与城市密度

城市空间结构、城市土地使用、城市密度与紧缩程度、城市交通模式是最紧密相关的一组概念，综合了这组概念的紧凑城市被认为是更加可持续的城市形式，可以产生更低的环境负荷，其中包含了资源消耗与污染排放两个方面。紧缩城市的直接含义是未来城市的发展应该紧靠现有的城市建成区域，以保护乡村地带，当紧缩城市的概念应用于现有城市空间布局时，它的含义是控制现有城市的边界，以防止新的城市蔓延。在这层含义上，紧缩城市概念与"精明增长"有重叠的地方。

城市蔓延特指发达国家建立在"汽车—高速公路廉价石油供给"这样一种畸形的生产方式和生活模式基础之上的城市形式，其特征是，低密度的郊区城市住区、单一的土地利用结构、高速公路与私人小汽车主导的交通模式、沿高速公路分布的郊区带状商业设施、衰落的城市中心区等。作为应对城市蔓延的策略，紧缩城市至少具有以下优点。

第一，密集型的城市形态有助于减少城市对周围生态环境的侵蚀，从而降低人类活动对自然环境的影响，有利于减少土地消耗，保护乡村自然资源。

第二，紧缩的城市结构有利于降低公共市政设施成本，扩大市政设施的服务人群，譬如在紧缩的城市结构下，高效的地区供暖、热电联动供暖才可能实现。

第三，紧缩城市可以减少通勤交通距离以及对私人机动交通的依赖，从而降低能源消耗，降低温室气体排放以及污染性气体排放。

第四，紧缩城市相对地提高了城市在空间密度、功能组合和物理形态上的紧凑程度，可以使得居民在空间距离上更加接近城市公共服务设施，如医院、学校、商店、娱乐设施等，从而有利于形成资源服务、基础设施的共享，减少重复建设对土地的占用，降低交通需求，降低城市运行的能源和资源成本，而且从社会学角度来看，可以丰富居民的社会生活，促进居民之间的交往与互动。

当然，增加城市密度带来的这些益处并不足以弥补由它产生的负面影响，如交通拥挤、空气污染、开敞空间率降低、环境噪声以及相关的心理精神方面的压力。

紧缩城市的许多概念与其他一些规划设计的概念、思潮和实践有重叠的地方。如"新城市主义""新传统式发展""传统式邻里设计""发展模式""步行小区""内填式开发""交通安静"等。

这些概念都是对城市蔓延式发展的回应，主要目的都是在社区、邻里或者街道的层面上，通过实体环境的规划设计措施来解决城市蔓延带来的问题，如低密度、单一土地功能，以及由此带来的对私人交通的依赖，后者造成交通堵塞、空气污染、能源耗竭等，以及邻里社区环境缺少场所感与人性化、个性化设计等。这些概念所包含的实体空间设计理念包括土地的混合使用、多样化、可持续的交通、合理的城市密度等，这些理念之间相互联系、相互影响。

第二节　城市空间与土地利用

一、城市用地的基本概念

土地是由土壤、气候、地形、岩石、动植物群落、水文等自然要素以及过去、现在人类活动成果形成的自然历史综合体。土地的性质和用途取决于全部构成要素的综合影响，是各构成要素相互作用、相互制约的结果，具有为人类所利用的价值。土地利用是指人类通过与土地结合，获得物质产品和服务的过程，或是指人类对特定土地投入劳动力资本以期从土地得到某种利益满足的过程，是由自然条件和人的干预所决定的土地功能。

城市用地是城市规划区域范围内赋以一定用途与功能的土地的统称，包括城市各类建筑、各种设施所占用的一定数量的土地，这些土地的总量构成了城市用地的总规模。城市用地的范围，一般是指城市的建成区面积，也包括已列入城市规划区域范围内的非建设用地，如农田、林地、山地、水面等所占的土地。为了适应城市功能多样性的要求，城市用地可以施加高度的人工化处理，也可以保持某种自然的状态。城市建设用地包括居住用地、公共管理与公共服务用地、商业服务业用地、工矿用地、仓储用地、交通运输用地、公用设施用地、绿地与开敞空间用地、特殊用地等。

二、城市用地的属性

城市用地不能只被简单地看作是可以进行城市建设的场所，土地利用的社会化过程弱化了其自然属性，并不断强化其社会属性，扩展其经济属性。这些属性已使得城市用地在城市发展、土地管理以及城市规划与建设中显示出越来越重要的作用。

（一）自然属性

土地由自然生成，具有面积有限性、位置固定性等性质。另外，土地还有着永存性和不可再生性，土地不可能生长或毁失，与所占的空间一起始终存在着。然而，土地的表层物质和结构形态可以被人为地或自然地改变。土地的这些自然属性将影响到城市用地的选择、城市土地用途结构以及城市建设的经济性等方面。

（二）社会属性

随着社会制度的形成与发展变化，土地大部分已依附于一定的拥有地权的社会权力，在不同的社会形态下，增长和社会权力不同程度地是地权的延伸和表达。城市土地的社会属性尤其突出，由于城市土地的稀缺性，土地被集约利用并处于社会强力的控制与调节下。城市用地的社会性，还反映在当土地作为个人、社团或政府的资产所起到的储蓄作用，当土地或是房屋连同土地作为产业投资而民间化或普遍化时，其所具有的社会性作用得以再次显现。

在市场经济条件下，土地是一项资产，由于它具有不可移动性，因而归于不动产的资产类别。我国实行土地的社会主义公有制，即全民所有制和劳动群众集体所有制，全民所有就是国家所有，土地的所有权由国务院代表国家行使。城市市区的土地属于国家所有，农村和城市郊区的土地，除法律规定由国家所有的以外，属于农民集体所有。土地权益的转让都须经过法定程序进行，因而城市用地的社会属性还包括法律属性。

（三）经济属性

土地的经济属性是通过土地自身的价值被社会认可来体现的，表现为城市土地在被利用过程中能直接或间接地转化为经济效益。城市用地主要是非农用地，土地肥力和气候条件对土地价值的影响小于其区位条件所产生的影响。城市用地在经济地理位置上具有一定的差异性，对于处于一定位置的城市土地来说，其距离市中心的远近、与交通道路网络的联结状况等，都对城市土地的经济价值产生着重要的影响。同样一块土地，如果位于市中心的商业区（如上海的南京路、纽约的曼哈顿），其密集的人流、便利的交通就可能使单位面积土地的经济产出达到相当高的水平。城市土地因经济地理位置的不同而表现出的这种差异性，是构成城市土地较大级差地租的根本原因。

城市用地还可因人为的土地利用方式，得以开发土地的经济潜力，土地上的建筑质量与结构等，造成土地价值的差异。可以通过增加土地的建筑容量、完善土地的基础设施等建设条件方式提高土地的建设经济效益。另外，土地的经济属性还遵循报酬递减规律，即对土地进行改造时，超过某一定点之后，每新增一单位资金投入或劳动投入所产生的价值或收益增量开始下降。

三、城市用地与城市功能的实现

（一）城市功能

城市功能是指城市在社会经济发展中所应有的作用和能力。城市作为政治、经济、科技、文化、交通、金融、信息等的中心，人口的集聚地和第二、三产业的密集地，是一个多功能的实体。现代城市的功能是多方面的，主要有以下七个方面：工业生产基地的功能，贸易中心的功能，金融中心的功能，信息中心的功能，政治中心的功能，科技、教育、文化中心的功能，服务中心的功能。城市的上述多种功能互相联系、互相制约，它们都是城市整体功能中的一个分支，相互之间的联系形成了城市功能的综合体。

（二）城市用地的多功能配置

城市的多功能性和功能的整体性作用的发挥，需要依靠城市用地的多功能配置来实现。城市的上述功能的实现需要有特定的场所和设施，而这些场所和设施必须占用一定的土地，即形成了居住用地、公共管理与公共服务用地、商业服务业用地、工矿用地、仓储用地、交通运输用地、公用设施用地、绿地与开敞空间用地、特殊用地等。因而，城市用地的最基本功能就是为城市的各类活动提供承载空间，使得城市功能得以实现，并且这种配置要不断优化。不仅如此，为使国民经济、居住环境、社会文化等得到更好的发展，并使城市建设得更加经济、美化，城市土地必须按照功能划分不同区域，以适合各种不同设施的使用目的和使用要求。

（三）城市用地的优化调整与城市功能的实现

城市功能和城市规模在城市的不同发展阶段会有所变化，城市用地只有进行适应性的调整和优化才能保证城市功能的有效实现。一方面，随着城市经济社会的发展，以及生产规模的扩大，尤其是生产社会化程度的不断提高，部分城市用地由促进城市经济社会发展的因素逐渐转化为阻碍城市经济社会发展的因素，已不符合合理用地的要求。比较典型的有，在老城区，人口密度大、地基占用大、街道狭窄、公共设施不完善、绿地缺乏等状况，与迅速发展的城市经济，居民不断提高的物质、文化等对于美好生活的追求不相适应，在这种情况下，只有及时调整城市用地功能，按照城市经济发展的要求更新完善，才能使城市的经济中心作用不致衰落。另一方面，由于土地资源有限与城市发展需求同时存在，城市用地必须集约和高效使用，城市用地的集约化特征充分体现了城市集聚效益和规模效益的要求。以城市基础设施投资效益为例，一般来说，城市基础设施投资量的大小与城市建成区面积成正比。城市建成区面积愈大，所需要的基础设施投资数量就愈多。在粗放式利用土地的情况下，由于占地面积多而分散，各项基础设施（尤其是道路、供电、供水、通信等）投资量就会增加，因而会降低基础设施的投资效益；而在集约化利用土地的情况下，虽然会在较小的空间范围内相对增加基础设施投资，但由于缩小了基础设施的配置范围，并且可以使建成区内的基础设施得到充分的利用，因而可以提高基础设施的投资效益。

四、城市用地的基本构成

城市是一个承载多种经济活动和社会活动的综合性地域空间。由于各种经济活动或社会活动的内在规律和特殊要求不同，不同国家和地区的城市用地特点也大不相同。就我国城市目前的状况，城市用地组成有两个层面的划分：一是行政管辖区划层面，也称"市域"或称"城市地区"；二是规划建设层面，规划中称为"城市规划建设区"。城市行政管辖范围内的城市用地受规划影响。中小城市用地构成一般包括市区和郊区两部分，而大城市的用地构成就比较复杂了，一般由市区、近郊区、远郊区（市辖县）、远郊新城或卫星城等几部分组成。

从城市建设角度来看，城市用地是指建成区范围内的用地。建成区是城市建设在地域上的客观反映，是城市行政管辖范围内实际建设发展起来的非农业生产建设地段，包括市区集中连片的部分以及分散在郊区、与城市有着密切联系的城市建设用地（如机场、铁路编组站、通信电台、污水处理厂、垃圾处理厂等）。建成区标志着该城市某一发展阶段建设用地的规模和分布特征，反映城市布局的基本形态。在建成区内，根据不同功能用地的分布情况，又可以进一步划分为商业服务区、工业区、居住区、公共服务区等功能区，每一种功能区以某一类城市建设用地为主，实际承担城市功能，共同组成城市整体。

（一）居住用地

城市居住用地是城市各类用地中比例最大的用地。居住用地中除建有房屋外，往往还设置与居民住宅相配套的商店、菜场、绿地、幼儿园等文化、生活服务设施，以及与住宅联为一体的道路、场地等。为了保证居民生活质量，居住用地应环境整洁、交通便利并远离污染源。至于市民到底决定在何处居住，则需综合考虑房屋租金、交通费用等经济因素，并结合社区等级、邻里关系等社会因素而最终作出决定。

（二）公共管理与公共服务设施用地

城市需要划出部分土地专门用于建造政府机关、学校、科研院所、博物馆、科技馆、体育馆、音乐厅、图书馆、医院等各类公共管理与公共服务设施。对于中小学校、医院及其他一些普通的公共管理与公共服务设施来说，其服务对象遍布全城，文化、卫生、教育等类型用地也就分布于全市各区，以接近其服务对象为主；对于高等院校、科研院所、实验中心等专业性较强的科研、教育机构来说，它们又大多要离开交通干道，在远离市中心而又环境优美、宁静舒适的郊区地带修建；对于政府机关用地，在进行选址决策时，一般不考虑租金问题，主要是以交通便利和接近服务、管理对象为准。总的说来，公共管理与公共服务设施用地都对周围环境条件具有较高要求，在其周围不能设置产生污染、噪音的工厂或公共设施。

（三）商业服务业用地

商业服务业用地的状况最能综合反映一个城市商品经济的发展水平及其经济吸引力和辐射力，因而常被称为"城市的橱窗"，商业服务业用地分为商业用地、商务金融用地、娱乐用地、其他商业服务业用地，其中商业用地按照商业经营性质的不同，又可细分为零售商业用地、批发市场用地及公用设施营业网点用地等几类。零售商业用地是商业用地中最重要的部分，大多位于交通方便、行人流量较大的枢纽地带，如市中心、居民小区；对于批发市场用地，由于大量的库存需要较大面积的占地，业务对象主要针对零售商而不是为数众多的消费者，为节约地租支付，也为有效利用城市土地，批发市场一般位于非市中心地带；对于其他从事服务业的第三产业部门，如加油加气站、充换电站、电信、邮政、供水燃气等公用设施营业网点等，由于供给和消费在时间、空间上的同一性要求，就需要尽量接近其客户。服务范围较广的通用服务用地要设在交通便利、顾客易达之地，而服务对象较窄的服务机构则不必接近闹市区，只要与其主要的目标顾客群接近即可。

（四）工矿用地

工矿用地是城市最主要的生产性用地，一般设有各类工矿及其服务性企业、非居住用构筑物以及与生产直接相连的厂内铁路支线、汽车道路、生活服务设施等。按照生产规模和经营特点,城市工业用地可分成两类:小型工厂用地和大型工业用地。前者在城市内地理位置上的跨度比较大,既有位于市中心的,也有处于远郊地区的,这是因为小型工厂的付租能力有很大弹性,对于它们来说,市场和劳动力比租金更为重要,因此,产品档次高低不同的小型工厂,在满足环保、安全等要求的前提下,就依其各自目标市场和劳动力供给的不同而随机地分布于城市内的各个位置。而大型工业企业则往往需占用大量的土地,因此在巨大的地租压力下,大型企业很难在地价昂贵的闹市区立足,再加之生产原料、成品的大量运输、环境污染等问题,大型工业用地通常都位于远离市中心的郊区,而更多接近铁路、高速公路或港口地区。总的来说,在工业化发展较成熟的地区,工矿用地以不超过建设用地总面积的25%为宜。

(五)公用设施用地

公用设施用地对于城市的正常运转至关重要。城市中的变电站、水厂、污水处理厂和垃圾处理厂等公用设施,确保了生产和生活的顺利进行。在土地资源紧张的城市区域,经济活动用地中还必须划分出一部分用于建设水电气热、邮政通信、环卫、消防等市政基础设施。这类用地服务范围广泛,布局分散。随着城市用地市场和价格机制的日益完善,公用设施用地的成本也成为了一个重要的影响因素,这意味着在规划和建设这些基础设施时,除了考虑其功能性和效率性外,还需要考虑其经济性,以确保土地资源的合理利用。

(六)绿地与开敞空间用地

绿地包括公园绿地和防护绿地。其中公园绿地是指向公众开放,以游憩为主要功能,兼具生态、景观、文教、体育和应急避险等功能,有一定服务设施的公园和绿地,包括综合公园、社区公园、专类公园和游园等;防护绿地是指具有卫生、隔离、安全、生态防护功能,游人不易进入的绿地。绿地为居民提供接触自然的空间,同时也是城市生态系统的重要组成部分。开敞空间则是指以游憩、健身、纪念、集会和避险等功能为主的公共活动场地,这些空间为市民提供了休闲、社交和活动的场所。绿地与开敞空间同样是城市中不可或缺的部分,不仅能够提升城市景观风貌和人居环境品质,还有助于维持生物多样性、改善空气质量、减少噪音污染、缓解城市热岛效应等,并为居民提供休闲娱乐场所。因此,在城市规划中,需要合理布局绿地与开敞空间,营造健康、可持续和宜居的城市生态环境。

对比以上几类城市用地可以看到,不同用途的城市用地因其主要活动内在规律不同而提出不同的特定要求。由于各种社会、经济活动具有追求规模经济,聚集经济效益的自动类聚倾向,再加之政府对不同功能城市用地的规划引导,因此,不同用途城市用地基于经济社会发展的具体要求,形成以某种中心功能为主的、相对集中的功能分区,分别承担相应的城市社会经济职能,再综合形成更高层次的、统一的城市空间地域。

五、城市空间结构模式

(一) 同心圆理论

城市土地利用的同心圆模式从逻辑上来说是从屠能的分析而来的，正式形成理论则是在20世纪20年代。该理论认为城市内部空间结构是以不同用途的土地围绕单一核心，有规则地从内到外扩展，形成圈层式结构。当城市人口的增长导致城市区域扩展时，每一个内环地带必然延伸并向外移动，入侵相邻外环地带，产生土地使用的演替，但并不改变圈层分布的顺序。

同心圆理论认为，任何一个城市都是从中心区向外围的同心圆进行辐射性的扩张，土地所处的位置离中心区越远，它的便利性越差，土地的租金越便宜，密集度也越低。从中心区向外，土地的使用呈现多层的同心圆形式：第一环带是中心商务区，是全城的中枢，交通和通信的结合点，是城市社交、文化活动的中心，由于这里的可达性好，聚集经济集中，故而地租最高，在该圈层内，核心部分是购物地区，其他占主导地位还有银行等金融机构、写字楼、宾馆等。第二环带为过渡带，在中心商务区的外围，靠近市中心，由于交通相对方便，故可达性也比较好，但地租要比中央商务区低，这里绝大部分是老式住宅和出租房屋，轻工业、批发商业、仓库占据该环带内一半空间。第三环带是工薪阶层住宅区，租金低，通往市区与通往城外的交通均较好，由于该圈层发展工业的条件比较好，生产性企业有一定分布，工厂的工人大多在此居住。第四环带是中产阶级的住宅区，居住密度低，生活环境好，该圈层是白领阶层聚集的地区，也是城市最主要的住宅区，商业相对发达。第五环带为通勤者地带，位于市郊，为高收入住宅区，该圈层主要是独户的住宅，由于这里的居民以车代步，工作单位往往在中心商务区或过渡区，故称为通勤住宅区。从中心区向外，随着离城市中心距离的增加，移民的迁入、犯罪、贫困和疾病都相应地下降。

同心圆理论是通过对20世纪20年代流行的城市的土地利用结构的经验观察为基础提出的，该理论考虑了各种基本条件是在不断变化的，人口的自然增长、新迁入的移民、经济增长和收入的增加都会使城市区域里的一个环形带向下一个环形带演化，当中心商务区扩张时，原来的中心场所的许多位置优势就不存在，过渡区也许会日益成为一个黄昏区。随着郊区人口的增加，会出现新的"郊区商业中心"，在郊区化的过程中交通系统会更加复杂，这又会进一步影响城市的空间结构。

同心圆理论也招来很多批评，城市内各个地方的土地使用并非完全一致，虽然商店、办公室、工厂和住房对于位置的要求不同，但实际上彼此之间可能靠得很近。考虑到一块土地还有许多其他用途，便利性也许就变得不是那么重要。由于交通路线的影响，同心圆模型会被修正成轴状的发展模型。虽然中心位置不再是最有便利性的，但中心焦点区域仍然只有一个。

(二) 扇形理论

扇形理论是在允许更不规则的模式发展的情况下对同心圆理论的发展。该理论认为，沿着某些特定的交通路线，土地的使用模式更倾向于是扇形的，并且每个具有相对同质性的扇形从中心向外扩张。用途一致的土地毗邻在一起，用途不一致则会相互排斥。居住区会按收入和社会地位等标准划分开来，同时各自在城市的不同位置按不同的方向内外扩张。与同心圆理论一样，扇形理论认为经济和人口的增长也会使扇形区发生演化。但高收入家庭迁离内城区，那么低收入家庭就会填充这些内城区（通常密集度较高）。

到目前为止，城市增长理论认为，同心圆和扇形区域的内层一般都会向外层演化。低收入居住区会向高收入居住区入侵，高收入居住区会向通勤区扩展，产生土地使用演替，但并不改变每个圈层分布的序列。随着在城乡间往返交通费用的增加，内城区又会重新吸引高收入家庭，出现中产阶级向低收入居住区迁移，导致一些低收入人群无家可归。

扇形理论是在同心圆理论的基础上发展起来的，注重交通线路对城市扩展的影响，更符合实际情况中城市发展的不均匀性，扇形理论提供了一种新的视角来观察和理解城市的空间结构，对于城市规划和管理有一定的指导意义，但这一理论也有其局限性，因其主要从经济角度出发，没有充分考虑其他非经济因素，如社会、文化等因素对城市结构的影响。

（三）多核心理论

多核心理论认为城市中心的多元化和城市地域结构的分异是由四个过程的作用组成的：一是各种行业以自身利益为目标的区位过程，二是产生聚集经济的过程，三是各行业利益对比而发生的分离，四是地价和房租对行业区位的作用。与目前的城市增长理论不同，该理论认为城市增长不是仅从一个商业中心区展开而是同时围绕几个不同的商业中心区展开，其中一个主要商业区为城市核心，其余为次核心。

多核心理论认为，城市规模越大，核心越多，越专业化。行业区位、地价房租、集聚效益和扩散效益是导致城市地域结构分异的主要因素。城市中集聚与扩散两种力量相互作用的最后结果通常是复数核心结构，这对现代大城市研究与规划很有启示，因为当今大城市的发展趋势是多核化，多核心模式也反映了按功能区组织城市空间结构和城市向郊区发展的趋势，这为城市规划方案的制订提供了理论依据。

除了上面列举的三种理论之外，各国城市研究工作者结合本国城市的实际情况和现代城市的发展特点，提出了各种理论假说和模式，丰富了对这一问题的研究。

六、当代城市用地空间布局的影响因素

通常，影响各类城市用地的位置及其相互之间关系的主要因素可以归纳为以下几种：

（1）各种用地所承载的功能对用地的要求。例如，居住用地要求具有良好的环境，商业用地要求交通条件便捷等。

（2）各种用地的经济承受能力。在市场环境下，各种用地所处位置及其相互之间的关系主要受经济因素影响。对地租（地价）承受能力强的用地种类，例如商业用地在

区位竞争中通常处于有利地位,当商业用地规模需要扩大时,往往会侵入其临近的其他种类的用地,并取而代之。

(3)各种用地相互之间的关系。由于各类城市用地所承载的功能之间存在相互吸引、排斥、关联等不同关系,城市用地之间也会相应地反映出这种关系。例如,大片集中的居住用地会吸引为居民日常生活服务的商业用地,而排斥有污染的工业用地或其他对环境有影响的用地。

(4)公共政策因素。虽然城市规划需要研究和掌握在市场作用下各类城市用地的分布规律,但这并不意味着对不同性质用地之间自由竞争的放任。城市规划所体现的基本精神恰恰是政府对市场经济的有限干预,以保证城市整体的公平、健康和有序,因此,城市规划的既定政策也是左右各种城市用地位置及其相互关系的重要因素。对旧城以传统建筑形态为主的居住用地的保护就是最为典型的实例。

随着我国城市化推进和经济快速发展,对于城市用地的需求不断增加,而土地本身是一种稀缺的不可再生资源,因而应当充分利用空间,集约利用土地资源。其一,要充分挖掘存量建设用地的内部潜力,鼓励进行城市"三旧一村"(老旧小区、老旧厂房、老旧街区和城中村)更新改造,鼓励进行土地置换,提高土地利用效率。其二,要树立立体的土地利用观,土地利用应包含土地平面利用和土地立体利用,所谓土地立体利用,是指土地的地面、地上和地下空间资源的综合利用。开发利用地下空间资源,具有促进经济社会发展和生态环境资源的持续利用的作用。

七、城市用地功能组织和布局的主要原则

(一)合理划分城市功能分区

城市用地应当根据其功能特性进行合理组织和布局,以促进土地资源节约集约利用和城市功能高效运行。在对于城市建设发展现状进行全面调研分析的基础上,根据城市发展战略和目标,综合各区域的经济发展潜力、自然资源、历史文化等因素,合理确定各区域主导功能,如商业中心、住宅区、工业区等;根据主导功能,确定各功能区范围和布局,各功能区之间应具有一定协调性和互补性,避免功能冲突和资源浪费。规划需留有弹性,以适应未来城市发展和变化的需求,同时定期评估和优化调整功能分区,确保其与城市发展实际保持一致。

合理的功能分区有助于形成清晰的城市结构,促进城市空间有序分布、城市功能互补协同;有助于合理布局居住区和公共服务设施,最大限度地满足居民生活需求,提高居民生活质量;有助于减少交通拥堵,优化交通流线,提高城市交通效率和便捷性;有助于更好地承载人口、经济和社会活动,提高城市的综合承载能力;有助于加强不同区域之间的经济活动联系,促进经济活动的顺畅进行;有助于保护和强化城市特色,促进历史文化的传承和发展;有助于平衡城市建设与生态保护的需要,推动绿色发展,促进人与自然和谐共生。合理划分功能分区是城市可持续发展的基础,不仅关系到城市的经济效益,更关系到居民的生活品质以及生态系统的稳定性和可持续性,提高城市整体运

行效率，保护和改善生态环境。

（二）用地布局集中与分散相结合

集中式城市用地布局通常指的是将商业、办公、文化娱乐等公共设施集中在城市的特定区域，形成繁华的商业中心或中央商务区，这种布局形式有助于提高土地使用效率，提供便捷的设施和服务，并增强城市活力和吸引力，但过度集中可能会带来交通拥堵、环境污染和居住成本上升等问题。分散式城市用地布局则是将居住区和部分工业区分散到城市边缘或郊区，以缓解中心区拥挤状况，促进城市均衡发展，这种布局形式有助于缩短居民通勤距离，减轻交通压力，提高居住环境的舒适度，同时也有利于保护自然环境，促进绿色空间的形成，提高城市生态环境品质。

当前在规划设计领域，越来越倾向于集中与分散相结合的城市用地功能组织和布局形式，充分考虑了城市发展的多样性需求和可持续性原则，旨在发挥两者优势，避免各自弊端。规划在城市中心布置必要的公共服务设施，满足居民生活和工作需求，在城市边缘或郊区规划住宅区和产业区，缓解中心区压力，提供更多的就业机会和更为舒适的宜居环境；鼓励公共交通发展，通过高效交通网络连接集中的商业区和分散的居住区，确保城市运转的流畅性。总的来说，集中与分散相结合的城市用地布局是一种综合性的规划策略，不仅考虑了城市的功能效率和经济发展，还兼顾了居民的生活质量和生态环境保护。

（三）建设用地功能适度混合

鼓励在一定区域内混合住宅、商业、办公等多种用途，提升城市活力、增强社区连贯性和提高土地使用效率，强调在居住区、商业区、工业区以及公共服务设施之间实现一种平衡和谐的关系，而不是严格划分各自界限。功能适度混合能够促进不同社会群体的交流和互动，有助于社会融合和和谐，并能够吸引更多投资和创业机会，推动经济多元化发展。功能适度混合的理念认为，城市不应该被划分为一个个单一功能的孤岛，而是应该鼓励多功能的互动和融合，例如，住宅区可以与小型零售店、咖啡馆、办公室和公园等设施相结合，多功能区域能够满足居民日常生活的多样化需求，增强社区的吸引力和归属感，居民可以在较短的距离内获得所需的服务和设施，减少了对汽车等远距离交通工具的依赖，有助于减轻交通拥堵，降低交通运输带来的环境污染。混合用途的开发模式还可以根据不同时间段的使用需求灵活调整其用途，如白天为商业活动区，夜晚转为休闲娱乐场所，这种模式有效减少单一用途土地的浪费，实现土地资源的高效利用。采用适度混合模式，应综合考虑多种因素，包括居民生活习惯、交通流量、经济发展需求以及生态环境保护等。通过功能适度混合，城市区域能够提供更多的生活、工作和娱乐选择，促进社会互动和文化交流，创造更加宜居、健康和可持续的城市环境。

（四）构建高效交通路网体系

基于对于地形地貌、现有交通基础设施、人口分布、经济活动模式以及未来发展趋势等因素的全面梳理和综合分析，制定最适合当前和未来需求的道路系统布局方案，明确主次干道走向和位置，确定合理的路网密度和道路宽度，建立高效路网系统。城市道路交通系统应与城市公共交通系统紧密结合，设置合理站点间距，提高公共交通覆盖范围和吸引力，提供多种交通方式的无缝换乘，如自行车、出租车、常规公交与地铁等，提高整体通行效率；优化公共交通线路，实现其与住宅区、商业区、工业区等城市功能片区的高效联结，提升城市交通系统的整体效率，增加居民的出行便利性。

鼓励绿色出行，减少对机动车的依赖。设计和建设专用自行车道和人行道，与机动车道相分离，提供连续安全通行环境，在重要交通节点和区域，如商业中心、学校、住宅区等，设置明显的自行车道和人行道出入口；创建串联大中型社区和主要公共设施的步行道和绿道网络，方便居民步行或骑行出行，在绿道中设置休息区、观景点和信息指示牌，提升步行和骑行体验；在交通枢纽、商业区和其他重要区域，提供足够的自行车停车位和机动车停车位，满足不同出行需求，并采用智能化停车管理系统，提高停车效率和便利性；通过政策引导和经济激励措施，鼓励居民使用公共交通工具和非机动车出行，在公共交通站点附近设置自行车租赁站和共享服务，方便居民进行多种出行方式的转换。

（五）推进生态优先绿色发展

遵循自然生态规律，倡导绿色发展。一是尊重自然地形和地貌。在城市用地规划、开发和管理过程中，尽量减少对自然地形的破坏，山脉、河流、湖泊等自然地貌兼具生态价值和美学、文化价值，应予以特别保护；避免大规模的土地平整和改造，以减少对生态系统的干扰，应采取最小化干预措施，并实施相应补偿，如建设新的绿地或恢复受损生态系统。二是保护和修复生态系统。城市开发不应以牺牲生态环境为代价，应当采取有效措施保护现有绿地、湿地和其他重要生态区域，这些区域通常是生物多样性的热点，对于维持城市生态平衡和提供生态服务（如净化空气、调节气候、防洪减灾等）至关重要；对于已经受到破坏或损毁的生态系统，应采取重新植树造林、修复水体、恢复土壤质量等积极的恢复措施，生态系统修复不仅可以提高城市生态质量，还能增强城市的适应能力和抵御自然灾害的能力。在城市规划建设过程中，应将生态保护修复作为核心考量因素，确保城市发展与自然环境和谐共生，通过科学评估和监测，制定合理的生态保护修复政策和标准，引导城市发展向更加绿色和可持续的方向迈进。三是促进生物多样性。创建生态廊道，为野生动植物提供迁徙和扩散路径，在城市与自然区域之间设立缓冲带，减少人类活动对野生动植物栖息地的干扰，提供物种交流的机会；加强对自然保护区、野生动植物园等重要生态区域的保护，保护和增强生物多样性，维持生态平衡。

（六）加强历史文化保护

加强历史文化保护在城市用地布局中占据着至关重要的地位，不仅有助于保持城市的独特性和魅力，对于传承城市文化、提升居民文化自豪感和城市综合吸引力都具有重要意义。一是尊重历史文脉。在规划初期，对于城市起源、历史发展、重要事件、建筑风格和文化特色开展全面调研分析，识别城市中的历史遗迹、文化景观、传统风貌区和其他重要文化遗产，邻近区域的新建项目应与其相适应、相协调，避免文化上和视觉上的冲突。二是保护文化遗产。基于深入调研基础上，识别并划定文物古迹、历史建筑和文化遗址的保护范围，禁止任何可能对文化遗产造成破坏的活动；当城市发展计划与文化遗产保护存在冲突时，应及时调整土地使用规划，优先考虑文化遗产的保护需要。三是维护传统风貌。制定详细的风貌保护规划，明确哪些区域和建筑具有历史、文化或建筑价值，应当被保护，在城市设计中采用与传统风貌相协调的现代设计元素，确保新旧融合，和谐共存；对于传统街区应延续街道肌理和景观特征，确定合适的街道宽度、路面铺装和行道树种植等，新开发项目的功能应与传统街区的定位相兼容，增强街区活力。在保护传统风貌的同时，逐步改善公共空间和完善服务配套设施，提升居民和游客体验。四是促进文化传承。设立专门的文化中心、社区活动场所或露天剧场，为传统节日庆典、手工艺品交易等活动提供场地，保护和振兴传统手工艺，支持和鼓励当地文化的创新发展，使传统文化在现代社会中焕发新的活力。五是合理利用历史文化资源。将历史文化资源作为城市发展的独特资源，通过专业化、精细化、系统化管理和合理利用，使其成为吸引游客、促进旅游业发展和提升城市形象的重要元素；设计专门旅游路线和文化体验活动，开发与当地历史文化相关的旅游产品和纪念品，并通过媒体和营销活动进行推广；在进行旅游开发时，应当对文化遗产进行妥善保护和必要修复，保持其原貌和历史价值。

八、城市用地布局的空间结构形态

城市用地布局的空间结构形态一般可以划分为单核点状（团块状）、带状、多核组团状、星状和轴向发散状（指状）等几种基本形状。这些空间形状又可以归纳为集中紧凑型和分散型两大类，单核点状空间形状是集中紧凑型城市形态的典型代表，轴向发散状（指状）空间形状是分散型城市形态的典型代表。

（一）单核点状（团块状）

单核点状（团块状）城市布局结构的特征是城市建设用地集中紧凑，往往围绕着城市的单一核心（多为城市早期的公共中心）向四周发展。城市路网系统多呈方格网状，或方格网加环路放射状，路网较为完整；各类用地较为集中，便于居民生活设施的集中设置，也便于行政管理。单核点状布局对于城市建设用地节约集约利用程度较高，并有利于降低市政基础设施成本，但是，当城市规模发展太大，城市发展的向心力过强，将可能导致城市中心区的交通日趋紧张、环境生态质量不断下降，从而影响城市功能的有效发挥。为了缓解这些问题，一些城市采用了空间结构优化调整的措施，比如北京为落实国家战略定位、疏解非首都功能、促进京津冀协同发展，充分考虑延续古都历史格局、治理"大城市病"的现实需要和面向未来的可持续发展，在其市域范围内形成"一核一主一副、两轴多点一区"的城市空间结构，着力改变单中心集聚的发展模式，构建北京新的城市发展格局。

（二）带状

带状城市布局结构的特征是城市建设用地呈现长条形状的伸展式分布，这种布局往往与自然地形如河流、山谷或者交通线路紧密相关，城市中心区基本是双中心或多中心，以适应其独特的长条形状和功能需求。相比于集中式的城市扩张，带状城市的发展模式有助于避免城市规模扩大导致的环境问题，由于带状城市的横向宽度有限，居民能够更容易地接触周围的乡村和自然环境，可以更加充分地享受绿色生态空间，然而带状发展模式也有其局限性，由于其在纵向轴线上的过度延伸，往往会增加城市交通压力和服务设施的覆盖难度，此外，带状城市的双中心或多中心布局可能导致城市功能的分散，影响城市的整体协调性和各功能区的相互配合。我国典型的带状城市是兰州，为了缓解带状城市存在的空间结构问题，兰州市在国土空间总体规划中提出构建"双城五带多片区"的市域城镇空间结构，实施北建新区、东拓榆中、西进红古、南联临洮、提升中心、培育两山的空间发展策略，通过规划引导工业向北发展、人口向东转移，构建错位互补、多极支撑的"大兰州"城市格局，为城市高质量发展奠定基础。

（三）多核组团状

多核组团状城市布局结构的特征为城市建设用地因自然条件、矿藏资源、交通干线和环境生态绿地的分割呈组团状分散分布，一般为二到三个组团。多核组团状城市的公共中心比较分散，城市的主中心多位于主要组团，城市的副中心位于其他组团，路网系统在城市的各个组团内部自成系统，各个组团之间以城市干道交通相连接，城市的市政基础设施根据实际情况，各组团自成系统或共用一个系统。多核组团状城市有利于城市功能的分散，减轻单一中心地区的交通压力，从而提高城市的整体运行效率，同时，这种结构也有助于城市规模的合理扩张和新区的开发。多核组团状城市面临的问题主要是城市的各个核心区域之间需要有效的交通连接和协调机制，以确保城市整体的高效运作，此外，各个组团之间的发展可能会面临不均衡的局面，需要通过合理规划来优化资源配置。我国的典型多核组团状城市是重庆，作为一个典型的多核组团状城市，重庆由多个城区组成，每个城区都有自己的商业中心和居住区，主要分布在长江和嘉陵江两岸，形成了独特的立体城市景观。重庆在国土空间总体规划中提出形成"一核两江三谷四山"多中心组团式空间结构，渝西地区规划渝西国际开放枢纽，深化高质量一体化发展，渝东新城与中心城区功能互补、融合互动，规划一批现代化郊区新城。

（四）星状

星状城市布局结构的特征为城市用地呈主城和若干子城星状散布的形态，子城环绕主城不规则地散点分布，城市的中心位于主城，子城有区级中心，城市路网系统大多为放射状干道加各子城独立的道路系统，市政基础设施分散设置。星状城市一般为特大城市中主城和若干卫星城组合而成的形态，随着城市化的进程，星状城市往往会发展为网络状的城镇布局结构或城市群。星状城市的结构有助于城市的有序扩张，能够有效利用土地资源，并且在一定程度上减少城市中心的拥堵问题，但也存在一定局限性，有可能导致城市在扩张过程中出现不均衡的发展，而且该形态对公共交通系统的要求较高，需要有高效的交通网络来连接各个方向。我国没有典型的星状城市，国外典型的星状城市包括荷兰的纳丹、丹麦的卡斯特雷特、意大利的帕尔马洛城、俄罗斯的彼得保罗要塞以及法国的卡雷堡等。

（五）轴向分散状（指状）

轴向分散状（指状）城市布局结构的特征为城市用地沿交通干线、河流或其他的城市发展轴呈多方向发展。城市中心位于中心城区，路网系统沿不同的轴向延伸并自成系统，城市基础设施布置多为集中与分散相结合模式，指状建设地段之间保留着大片绿地。这种城市空间形态的优势在于能够促进城市沿交通轴线的有序发展，同时在各个发展方向之间保留绿地，有助于保持生态平衡和提高居民生活质量，这种布局还有利于城市基础设施建设的集中与分散相结合，使得城市服务更加均衡，但这种结构也可能带来一些挑战，比如可能导致城市在某些方向上的过度延伸，以及交通系统的压力增大。世界上最典型的轴向分散状城市是丹麦的哥本哈根，其城市空间形态呈现出指状发展的特点，被称为"手指规划"。哥本哈根的指状发展模式，在世界城市规划历史上享有标志性的地位，它主导了整整一代人的城市发展理念。自1947年哥本哈根"手指规划"制定以来，这座城市的空间布局在整体区域结构的基础上一直得到了有序的组织，城市沿着铁路系统及放射形道路网络呈指状发展，各"手指"之间镶嵌楔形的绿色开敞空间，这一形态确保了哥本哈根市民能够方便地进入自然休憩区，提高了哥本哈根市中心对整个大哥本哈根地区的可达性，因此受到了广泛的社会认同。

上述各种城市空间结构形态并不存在着绝对的优劣之分。城市规划过程中，对于城市布局形态的确定切忌主观，一定要从实际出发，依据当地城市发展的自然条件、环境状况、发展趋势、经济实力等因素，因地制宜地选择合适的空间结构形态。

九、当代城市用地的立体空间格局

随着经济的发展和城市化水平的提高，生态失衡、资源耗竭、环境污染等问题相伴而生，特别是城市人口的集聚增长与城市规模的快速扩张，许多城市引发了"城市综合症"，在这种背景下，"可持续发展"理念在21世纪受到越来越多的世界各国有识之士的重视，立体空间理念也在国内外城市用地的空间布局中得到越来越多的体现。

城市发展充分向地下延伸是城市现代化建设的鲜明特征之一。从建筑发展史看，19世纪是造桥的世纪，20世纪是城市高层建筑发展的世纪，21世纪则是地下空间开发利用发展的世纪。从地铁交通工程、大型建筑物向地下延伸，发展到地下综合管线廊道、与地下快速轨道交通系统相结合的地下商业、文化体育设施（博物馆、图书馆、体育馆、艺术馆）等复杂的地下综合体，再到地下城，城市地下空间已经成为社会经济发展的重要资源。

（一）地下轨道交通

城市地下轨道交通作为现代都市交通体系的重要组成部分，近年来在全球范围内得到了迅猛发展，在缓解城市交通拥堵、提高市民出行效率方面发挥着至关重要的作用。

在当前发展背景下，城市地下轨道交通已经成为许多大中城市公共交通的主要方式。随着城市化进程的加快，人口密度的增加，传统的地面交通方式已难以满足日益增长的出行需求，因此，越来越多城市开始规划和建设地下轨道交通网络，以期构建更加高效、环保的公共交通系统。目前，全球许多城市轨道交通线路已经形成了覆盖广泛的网络，能够提供快速、便捷的服务。

城市地下轨道交通的优势主要体现在以下几个方面，一是高效率，轨道交通具有专用的行驶轨道，不受地面交通状况的影响，能够保持较高的运行速度并保障准时率；二是大容量，相比于其他交通工具，轨道交通能够承载更多乘客，有效缓解人流密集地区的交通压力；三是节能环保，轨道交通采用电力驱动，相比汽车等燃油交通工具，具有更低的能耗和污染排放；四是安全性高，由于采用了封闭的运行环境和先进的安全管理措施，轨道交通的安全性远高于其他交通方式。

我国城市轨道交通发展迅速，已经成为全球城市轨道交通网络最发达的国家之一。截至2023年12月，31个省（自治区、直辖市）和新疆生产建设兵团共有55个城市开通运营城市轨道交通线路，其中不仅包括地铁，还涵盖了有轨电车、轻轨、跨坐式单轨、悬挂式单轨、市域快轨等多种类型。城市轨道交通的发展为城市居民提供了便捷的出行方式，有效缓解了城市交通压力，同时也促进了城市经济的发展。随着技术的不断进步和城市化的加速，预计未来会有更多城市加入到城市轨道交通建设的行列中，进一步提升我国城市轨道交通的规模和服务水平。

当前，城市地下轨道交通的发展呈现出以下几个特点，一是智能化，随着信息技术的发展，城市轨道交通愈发智能化，包括智能调度、实时信息服务等功能；二是网络化，城市轨道交通正逐渐形成更加完善和密集的网络布局，实现不同线路之间的无缝对接，提供更加便捷的换乘体验；三是多元化，除了传统的地铁和轻轨，还陆续出现了更多新型的轨道交通方式，如磁悬浮列车等，丰富了城市公共交通的选择；四是可持续发展。在轨道交通建设和运营过程中，更加注重环境保护和资源节约，促进其发展的可持续性。

（二）地下基础设施

城市地下基础设施的发展是城市高质量发展的重要基础，城市化的进程伴随着地面空间的日益紧张，城市可持续发展面临着巨大挑战。因此，合理规划和建设地下基础设施，不仅能够有效利用有限的城市空间资源，还能为城市的长期发展提供坚实的基础设施支撑。

作为城市运行的基础骨架，地下基础设施涵盖了多个关键领域，以确保城市的正常运作和居民生活便利。具体来说，这些基础设施主要包括以下几种类型，一是供水系统，将清洁的饮用水输送到住宅、企业和公共设施等；二是排水系统，处理雨水和生活废水，防止洪水和水污染；三是电力网络，为城市提供必需的电力供应；四是通讯网络，包括光纤、电缆等，保障信息的快速传递和联络；五是燃气系统，将天然气输送到需要的地方，供家庭和企业使用。

城市地下空间资源宝贵，传统的管线布置方式往往导致地下空间的分散和重复开挖，造成资源浪费。为了解决传统管线布置方式存在的缺陷，提高城市基础设施建设的效率和质量，越来越多城市开始建设地下综合管廊。地下综合管廊也被称为城市共同沟或地下综合管廊系统，是一种在城市地下空间中集中布置各类工程管线的设施，是将城市中的电力、通信、给排水、燃气等多种管线集中在一起，便于维护和管理，减少地面建设对环境的影响。地下综合管廊的设计与建设一般采用预制构件，管廊内部空间可以容纳各种管线，并且可以根据需要进行扩展或改造，管廊墙壁和顶部通常由钢筋混凝土制成，以保证其结构的稳定性和耐用性。地下综合管廊建设有助于提高城市基础设施使用效率，将多种管线集中设置，可减少重复建设和维修成本，并有助于保护管线免受地震、洪水等自然灾害影响，提高城市安全韧性，同时减少地面建设对环境的影响，释放的地面空间也会带来城市绿化开敞空间的增加，促进城市环境品质提升。

（三）地下商业服务业设施

地下商业服务业设施是城市地下空间开发的一种重要形式，能够有效利用城市空间扩大商业建筑空间容量。地面土地资源紧约束下，尤其是在城市中心区域，地下空间的开发为城市商业活动提供了更多的可能性。地下商业对于提高城市环境品质也具有积极作用，可减少地面交通压力，为人们提供更加舒适的购物和休闲环境。

当前，地下商业服务业设施的建设呈现出多元化和快速发展的特点。地下商业服务业设施不仅包括传统的地下商场、超市和零售店，还涵盖餐饮、娱乐、停车场等多种服务功能。在许多大城市，地下商业综合体已经成为城市商业的重要组成部分，这些综合体通常位于城市的中心地带或者其他人流密集的区域，为市民提供更多的购物、娱乐和休闲场所。

在零售店铺、餐饮服务、电影院等传统业态以外，地下商业服务业设施也越来越多地与文化、艺术展览和公共服务设施相结合，成为具备多重功能的地下商业综合体，形成了一个多元化的综合服务网络。为了提升顾客体验，地下商业综合体的建设更加重视与城市公共交通系统的无缝对接，与周边环境的和谐共生，智能化、绿色化的理念被更多地融入到地下商业综合体的设计和运营中，地下商业综合体在环境设计上也趋向于打造更为舒适、宽敞的空间，采用现代化的通风、照明系统，确保空气质量和光线充足。

（四）地下文体设施

地下文体设施是指位于地面以下的文化和体育设施。地下文体设施为城市提供了更加丰富的文化和体育活动空间。当前地下文体设施在全球范围内已经取得了一定的发展，许多城市建立了地下图书馆、博物馆、展览中心、演艺场所、健身休闲等设施。这些设施通常位于城市商业区、交通枢纽或人口密集区域，便于市民前往使用。在设计上，地下文体设施越来越注重环境的舒适性和空间的开放性，注重与地面建筑的风格协调和功能互补。

通过对地下文体设施进行精心的艺术设计改造，不仅能够提升美观度和功能性，还能够实现经济效益、社会效益与环境效益的有机统一。从经济效益角度来看，地下文体设施的艺术设计改造能够吸引更多游客和市民前往参观和使用，从而带动周边商业发展，增加就业机会，提升地区经济活力，并且能够提高设施使用效率和运营效益，通过合理的规划和管理，降低维护成本，延长设施使用寿命；从社会效益角度来看，艺术设计改造后的地下文体设施成为了城市文化传播的新阵地，不仅为市民提供丰富多彩的文化体验和休闲活动空间，还成为展示城市特色和文化底蕴的重要窗口；从环境效益角度来看，地下文体设施的艺术设计改造往往采用绿色建筑材料和节能技术，改善了地下空间的通风、照明等条件，为市民提供更加舒适健康的活动环境。

十、中国转型期城市空间增长特点

中国转型期的城市空间增长特点体现在社会性增强、增长模式转变、国土空间治理水平提升、产业创新关联度增强以及城乡融合发展等方面。这些特点反映了中国城市发展的新趋势和新要求，旨在促进更加均衡、和谐、可持续的城市化发展进程。

（一）社会性增强

转型期城市空间的增长不仅是物理扩张的简单过程，更是与居民生活、社会结构、文化发展、社会治理和社会公平紧密相连的复杂过程，城市空间的规划和治理需要综合考虑这些因素，促进更加和谐、包容和可持续的城市化进程。

从居民生活与社区建设角度来看，随着城市化进程的加速，大量农村人口涌入城市，城市居民的生活需求体现出多样化的特征。城市空间增长需要满足居民居住需求，建设适宜的住宅区和社区服务设施，为居民提供便捷的生活服务，同时，需要通过优化社区布局和公共空间设计，增强社区的凝聚力和归属感，促进居民之间的互动与交流。

从社会结构与空间分异角度来看，随着经济社会的转型升级，城市社会结构不断发生着变化。新兴的社会阶层和群体的出现，导致城市空间的分异现象产生。例如，富裕阶层倾向于集中在高档住宅区，而低收入群体则聚集在城乡结合部或老旧小区。这种空间分异可能引发社会问题，如教育不平等、贫富差距加大等。因此，城市空间增长需要重点关注社会结构的变迁，通过合理的规划和治理减少空间分异带来的负面影响。

从文化传承与发展角度来看，由于城市空间是文化传承和发展的重要载体，因此在经济社会转型的同时，城市文化也在经历着重塑。城市空间增长需要保护历史文化遗产，利用老城区和传统建筑打造文化景点和创意园区，同时推动现代文化设施建设，如博物馆、剧院、艺术中心等，既满足居民的文化需求，也提升城市的文化软实力。

从社会治理角度来看，随着城市化进程的深入，城市社会治理面临着新的挑战。城市空间增长面临如何提高城市治理效率，解决交通拥堵、环境污染、安全隐患等问题，需要通过引入智慧城市技术、完善公共服务设施、加强社区自治等措施来解决问题。

从社会公平角度来看，转型时期的城市空间增长需要重点关注社会公平问题，确保不同社会群体都能享有均等的发展机会。这意味着在规划布局教育、医疗等公共资源时，要充分考虑到不同群体的需求和利益，避免资源过度集中或边缘化的现象。

（二）增长模式转变

在转型期，中国城市空间的增长模式主要体现以下几个方面的变化。

一是从封闭到开放的变化。传统的城市空间增长模式往往局限于封闭的市区边界内，而转型期的城市空间增长突破了这一限制，呈现出向外扩张趋势，这种开放的空间增长模式与全球化和市场经济发展紧密相关，城市开始积极吸引外资、技术和人才，与全球经济网络更紧密地连接。

二是从单一到多元的变化。过去的城市空间增长通常以单一的方式推动，如工业化或行政力量驱动，在转型期，城市空间增长动力变得更加多元化，除了工业化和行政因素外，高科技产业、文化创意产业等新兴产业也成为了城市空间增长的重要引擎。

三是从粗放到集约的变化。随着可持续发展理念的深入人心，城市空间增长模式也从粗放型向集约型转变，城市发展更加注重提高土地利用效率、保护环境和节约资源，在规划和建设中，人们更倾向于采取绿色建筑、智能交通等环保措施，以实现经济、社会和生态环境的协调发展。

四是从局部到整体的变化。转型期的城市空间增长模式强调整体性和协调性。城市不再是孤立的个体，而是与周边区域、自然环境和社会背景紧密相连的整体，因此，城市规划需要充分考虑区域协调发展战略、生态文明建设要求以及历史文化遗产保护等多方面因素。

（三）国土空间治理水平提升

遵循转型期新的发展要求和目标，深化国土空间治理，提升城市综合承载能力、居民生活质量和可持续发展能力。主要体现在：

一是优化城市内部结构，提高城市运行效率，合理安排工业区、商业区和住宅区的空间布局，减少居民通勤距离，降低交通压力；住宅区与工作地点、公共服务设施之间距离适度，提高居住便利性；均衡分布教育、医疗、文化等各级各类公共服务设施，打造"十五分钟生活圈"，保障所有居民享受均等公共服务。

二是保护与利用历史文化，对具有历史价值的建筑进行修复和保护，防止因城市蔓延而导致的历史遗迹破坏；通过对传统街区的保护和适度开发，既保留历史文化特色，又满足现代生活需求；挖掘和利用城市的历史文化资源，增强城市文化魅力和旅游吸引力。

三是推进生态文明理念的全面融入，划定生态保护红线，保护生态环境；加强城市绿道、公园、湿地等绿色基础设施建设，提高城市绿化率，改善城市微气候，为居民提供更多休闲空间，提升城市环境品质，实现城市发展与生态环境的和谐共生。

四是智慧城市建设，利用大数据、云计算等技术收集和分析城市运行数据，提高城市管理效率和水平；借助集成信息技术和物联网技术，加强城市基础设施的智能监控和管理，实现资源优化配置，提高资源使用效率。

（四）产业创新关联度增强

转型期的城市空间增长与产业创新之间存在着紧密联系。城市空间的扩张和重组为产业集聚和创新提供了必要的物理空间和环境条件，产业创新需要高品质的城市空间作为支撑，产业创新也是实现城市空间可持续增长的重要途径。

从产业集聚角度来看，城市空间增长与创新产业集聚有着密切的联系。城市作为经济活动的重要载体，吸引了大量企业和人才的聚集，这些企业和人才对办公、研发、生产等空间的需求推动了城市空间的扩张。产业园区、高新技术产业开发区等成为城市空间扩张的重要形式，为企业提供了良好的创新环境和配套服务，促进了产业的集聚和升级；城市空间的扩张也为产业发展提供了更多的土地资源和物理空间，为产业集聚提供了必要支撑。

从产业结构调整角度来看，随着经济发展和产业升级，城市需要适应产业结构变化而进行空间重构，传统制造业逐渐向外围地区转移，高端服务业、研发设计、总部经济等新兴产业则在城市中心区域集聚。产业布局的变化促进了城市空间结构的优化，城市中心区域的老旧工业区经过改造升级，转变为商务区、创意园区等新的产业空间，为创新型企业提供了良好的发展环境，同时也提升了城市的文化品质和生活品质。

从产业创新角度来看，产业创新需要高品质的城市空间作为支撑。创新型企业和人才对办公环境、居住环境、交通条件等都有较高的要求，因此，城市需要提供高品质的空间来吸引和留住这些创新型企业和人才，产业创新空间的需求增进了城市空间品质的综合提升，不仅体现在硬件设施的完善上，还体现在软环境的建设上，例如，提供便捷的公共服务、丰富的文化活动、舒适的居住条件等，这些都有助于营造良好的创新氛围，吸引创新型企业和人才的聚集。

（五）城乡融合发展

城市空间的有序增长可为城乡融合提供物质基础和发展空间，而城乡融合的深入推进又为城市空间的可持续发展提供新的动力和方向，因此转型期的城市空间增长与城乡融合发展存在着相辅相成的关系。

从经济互动与产业布局调整角度来看，转型期中国的产业结构正在经历由以传统工业为主向现代服务业和高新技术产业为主的根本性转变，这种变化推动了城市空间的重新优化，也促进了城乡经济的互动。城市作为经济发展的引擎，开始向周边乡村地区辐射，带动了乡村产业的升级和发展，例如，城市边缘的乡村地区可以发展休闲农业、观光农业等与城市市场需求紧密相关的产业形式，从而实现城乡经济的互补和融合。

从交通网络与基础设施整合角度来看，城乡融合发展战略强调了交通网络和基础设施建设的重要性，高效的交通系统是连接城市和乡村的纽带，有助于缩短城乡之间距离，促进资源和信息的流动。城市空间增长过程中，交通网络的规划建设被赋予了新的意义，不仅要满足城市内部的交通需求，还要考虑如何有效地连接到周边的乡村地区。

从生态环境共保共治角度来看，城市空间增长不可避免地会对生态环境造成影响，在城乡融合发展背景下，城市和乡村地区的生态环境保护被视为一个整体，城市需要在扩张过程中保护好自身的绿地系统，同时与乡村地区共同维护区域生态系统的完整性，因此，城市规划应充分考虑生态廊道、绿带等设置，以实现城乡生态的连续性和整体性。

从文化传承与创新角度来看，城市空间增长为文化产业的发展提供了场所和机遇。与此同时，乡村地区丰富的传统文化资源也开始得到重视。城乡融合发展鼓励两者之间的文化互动，城市可以借助乡村文化资源进行创新发展，而乡村则可以通过城市的平台展示和传承乡村文化，城乡之间的文化互动和交融有助于形成更加丰富多彩的地域文化特色。

从政策协同与治理创新角度来看，城市空间增长和城乡融合发展需要政策的引导和支持，政府在土地使用、投资引导、基础设施建设等方面发挥着关键作用。同时需要不断创新治理模式，加强城市与乡村之间的协调和合作，确保政策的连贯性和有效性。

第三节 城市空间与交通模式

一、城市交通与城市空间的演化

城市交通与城市空间演化是相互影响、相互促进的。首先，土地是交通设施的载体，交通设施本身的建设离不开土地，交通设施用地是基本的空间利用方式之一，在《国土空间调查、规划、用途管制用地用海分类指南》中，一级分类"交通运输设施"包含的城市道路交通设施用地有城市轨道交通、各种道路及交通场站等交通运输设施及其附属设施用地。其次，交通投资带来的交通基础设施的发展、交通格局的改善、交通方式的优化等，都会影响土地发展模式，这种影响主要是通过对特定地段或地区的可达性的改变来实现的，城市交通设施建设可以改变城市中某一区域的可达性，使得人们倾向于在该区域进行生产、工作、休闲、购物等活动，工商企业和房地产建设投资会在该区域聚集，这改变了人们经济活动的空间分布，从而改变了城市的空间形态。再次，城市空间演化也影响交通模式，这是因为人们使用交通设施出行的目的主要是参与各种活动，如工作、娱乐、购物等，这些活动都是与一定的空间利用方式和利用强度紧密联系在一起的，而土地利用方式与强度从根本上对交通可达性提出要求，土地利用方式和城市空间演化模式具有强化交通方式选择的功能，产生路径依赖，这种强化和依赖，一方面与二者之间的关联性和适应性有关，另一方面与交通方式的转换成本有关。因此，从这个角度来说，城市交通规划的本质是通过改变特定区域或者城市空间的交通可达性，调整资源配置方式，并对各利益相关主体之间的关系进行事先协调的物质空间结构规划、设计与实施的过程。

二、交通可达性

对交通可达性的理解可以从多个方面进行，没有一个统一的精确定义。可达性为交通网络中各节点相互作用的机会的大小。交通可达性就是指利用一种特定的交通系统从某一给定区位到达活动地点的便利程度。

交通可达性包含有空间的概念，它反映了区域或者城市中不同空间节点之间的空间尺度；可达性也包含时间的概念，即区域或者城市中不同空间节点之间的距离可以由交通系统来克服，而交通所消耗的时间成本反映了不同空间节点可通达的便利程度；可达性还反映了经济价值，到达区域或者城市中特定空间节点的交通所消耗的经济成本越低，则该空间节点的经济价值越明显，吸引力也越大。特定空间节点的交通可达性是描述其作为交通行为的终点相对于其他所有作为起点的空间节点的便捷程度，因此在一定时间限度与经济限度内，能够到达某一特定空间节点的人数占该空间节点所需求总人数的比例，反映了该空间节点有效交通可达性的高低。

而特定空间节点所容纳的各种活动内容和强度与空间利用紧密联系在一起，特定空间节点的可达性尺度是相对于特定活动的目标参与人群而言的，譬如，中小学的交通可达性是相对于中小学生及其父母而言的，而商务办公地段的交通可达性是相对于商务人群而言的。不同的交通工具具有不同的通行能力和通行特点，因此，特定空间节点相对于不同的交通工具和交通方式而言，具有不同的交通可达性，比如，如果强调城市中心区公共交通优先的话，则必须降低城市中心区相对于私人机动交通工具的交通可达性，而提高其相对于公共交通工具的可达性，这些都与交通设施的容量、速度以及人口密度等有关。评价交通可达性的方法有很多，如交通时间评价法、交通成本加权平均值法、机会可达性法、潜能模型法、收益法等。

交通可达性对城市空间布局的影响，主要是通过影响居民和企业的选址行为来实现。交通可达性的提高会引起多个可能的结果，如提高相应区位的土地价值和吸引力、降低相应区位的交通成本、促进城市空间的演化等。对城市居民和企业来说，城市交通与其日常的生活、经营密切相关，显著影响着他们的选址行为，这是因为，城市中的不同位置具有不同的区位优势，其中包括聚集优势和交通优势等，在集聚优势相同的情况下，城市中哪个区域的交通设施完善、可达性好，哪个区域就能吸引更多的居民和工商企业。在市场竞争和完全信息的条件下，人们追求自身效用的最大化，企业追求利润的最大化，而交通条件的改善，降低了居民的出行成本和企业的运输成本，能够给他们带来更多的利益，因此，对居民和企业会产生较强的吸引和影响作用。

三、城市空间的演变与交通工具的发展

城市交通工具的发展与城市空间的演变交织在一起，经历了步行及马车时代——公共电（汽）车时代—轨道交通和小汽车并重时代的发展过程。

步行方式灵活、方便，具有完全的自主性，但速度最慢，只适用于短途出行；自行车方式具有方便、灵活、无污染、短距离（5km以内）可达性好等特点，比小汽车更适

合于高密度的用地模式，能对公共交通起到较好的补充作用；普通公交电（汽）车具有经济、单位能耗低、运量大、适合中长距离（5km 以上）出行等特点，即使在城市空间规模很大时，其运行距离也可横跨整个城市，能促进城市中心向更大范围发展；轨道交通方式具有运量大、单位能耗低、清洁无污染、准点快捷的特点，具有引导城市沿主要交通线路呈线状或指状向外演化的功能；小汽车方式方便、快捷、可达性好、能体现个人的自由，但能耗高、运量有限，适用于分散化、低密度的城市发展模式。显然，交通方式不同，其运行速度和适用范围就不同。

在城市初建期，城市以步行和马车为主要交通方式时，由于速度的限制，人们在一定时间内所能到达的距离非常有限，因此，城市规模小，平面空间密度高，用地紧凑。城市初建期的规模总是以人的尺度为依据而建设，空间尺度以人在一小时内所能达到的距离为限，即城市半径一般在 4km 左右，这反映出城市交通对城市初建期的空间规模有一定的制约作用。随着交通方式的改善，如用马拉轨道车代替普通的马车，用电车或公共汽车代替马车等，交通速度不断提高，在相同时间内，人们的出行距离可以达到更远，城市将沿着电车线路向外延伸。这时，城市空间就出现了扩大的趋势，并以新的可达距离为限向外扩展。就城市交通的影响而言，在城市快速发展的初期，城市交通一般还没有得到充分发展，还不能满足城市居民大规模、远距离的出行需求，因此，大量聚集的人口只能在市内与近郊之间穿行，这样就造成了城市以核心区为中心的单中心连续向外扩展的同心圆演化模式。

在"轨道和小汽车时代"，轨道和小汽车的发展，极大地推动了城市交通的发展和城市空间的演化。大容量的轨道交通能够满足居民大规模的出行需求，给城市土地开发，特别是轨道线路附近的高密度开发提供了极强支撑，相应区域的土地使用强度不断提高。同时，小汽车交通方式因为受线路、轨道及环境状况等的影响较小，更具有快速、舒适、自由度大等特性，使得使用者能够灵活决定出行频率和出行距离，对城市空间的低密度、大范围扩张产生了巨大的推动作用。这些交通方式的发展都极大地促进了城市空间规模的扩张和空间结构的变化，城市空间范围不断扩大，城市空间演化不再局限于单中心形式的扩展，而是出现了多中心、组团式、"星形"、沿轨道交通线路的"带状"等城市空间扩张方式。

四、城市交通与城市空间布局模式

（一）依赖私人机动交通模式

该模式在城市空间布局结构上没有单一的市中心，城市道路没有放射形的道路网，而是呈方格状的网络结构。高速路组成主要的道路网，干道在高速路围成的区域内连接着高速路与其他重要线路，小的集散道路和出入路则起着连接建筑物与干道的作用。这种路网结构能起到平均分配交通流的作用，使城市交通畅通无阻，适用于私人小汽车的出行。在城市空间形态上，这种模式以低密度的蔓延式扩张为特点，在这种模式下，城市中的任何空间节点相对于私人汽车都具有最高的空间可达性，而相对于步行、公共交通等，具有较低的空间可达性，因此对城市中的步行、公共交通等交通模式必然产生抑制作用。这种交通模式道路占地比例较大，与分散的城市空间相对应，交通能耗高。

（二）限制市中心的模式

该模式在城市空间演化上维持一个市中心的重要作用，但限制市中心的规模向外扩展，鼓励郊区中心的发展。通过放射状的铁路和干线网络，为市中心服务，同时，围绕市中心的环形高速路可以减少穿越市区的交通流。这种模式既维持了市中心的繁荣，又改善了市中心的交通状况，在这种空间模式下，城市中心区内部对于步行、公共交通具有较高的可达性，而城市边缘则对于私人机动交通具有较高的交通可达性。因此，在城市郊区中心之间、郊区中心与城市中心之间，私人机动交通依然是主要的交通模式。

（三）保持强大市中心的模式

这种模式在城市空间布局上通常都有一个强大的市中心，市中心有高密度的居住区和商业区，市中心发达的道路系统为公共交通提供了条件。为了适应市中心的交通需求，及时疏散市中心庞大的客流，该模式强调建立完善的放射形轨道交通和高速路网系统。这种空间模式的发展集中于城市中心，城市中心对于步行、公共交通具有较高的交通可达性，会削弱对私人机动交通的需求，而郊区中心的发展受到城市中心的抑制，因此往往发展不够充分，容易形成沿城市铁路与高速公路的大规模、单一结构的居住用地，在郊区与城市中心之间形成强大的通勤交通。对一些古老而人口集中的特大城市，其城市空间规模和结构的特性较为适合该模式的交通网络系统。

（四）低成本的模式

这种模式不主张以大量交通建设来解决交通问题，而是通过对现有城市交通的调整和对城市空间布局的引导，达到城市交通与城市空间演化的协调。该模式强调在市内相应路段及放射形道路上实行公交优先，引导和鼓励沿放射形道路建立城市次中心。

（五）减少与限制交通模式

这种模式在城市建立不同等级的次中心，通过混合开发，使工作、购物、休闲等活动大多集中在相应区域内，以减少交通出行，各次中心之间以及次中心与城市中心之间分别建立完善的环状和放射状的道路及轨道网络。同时，这种模式通过控制市内停车场建设等措施，限制小汽车的使用，大力发展市内公共交通。这种模式的主导思想是"需求端控制"，减少出行需求，限制私人交通，发展公共交通。在这种模式下，无论城市中心区，还是城市边缘区与城市次中心区，对于公共交通，特别是轨道交通具有很高的交通可达性，而对私人机动交通产生抑制作用，同时城市形成由轨道交通连接的多中心的组团状城市。

我国目前城市空间布局模式主要有单核点状（团块状）、带状、多核组团状、轴向分散状（指状）等。大城市空间结构的普遍模式是单核点状即单中心圈层发展式，单中心圈层同心圆适合中小城市布局；带状城市的轨道交通沿城市中心轴扩展，城市扩展模式简单。特大城市典型的规划是城市结构由中心区、环状放射式道路、隔离廊道加卫星城组成。但是随着城市规模的不断扩张，城市发展成不同的模式，有多核组团状，也有沿着轨道交通线路呈轴向分散扩展的。城市的交通模式也处于转变之中，小汽车的发展模式被证明不适合我国的实际国情，因为小汽车发展造成城市摊大饼式的蔓延、交通拥挤、环境污染和能源的大量消耗，是不可持续的，而轨道交通是城市的主骨架，决定着城市的人口分布和空间拓展。顺应城市扩展方向，轨道交通引导的发展成为突破城市"摊大饼式"蔓延发展，降低对私人机动交通的依赖，解决交通拥挤、环境污染、降低能量消耗、降低碳排放的有效方式，是实现城市生态可持续发展的必由之路。

第四节　城市空间与产业发展

市场经济条件下，产业发展和空间配置主要由市场来决定，但市场也存在失灵的情况，尤其是对于公共产品、外部效应比较大的产业，市场作用相对有限。因此，日常生活消费产品和绝大多数工业产品的生产由市场来决定，而对于关系国计民生的行业，政府应进行宏观调控，在空间上要合理布局，对于外部效应比较大的产业（如污染严重的行业），政府也应在发展规模和空间布局上对其加强调控，另外，要注重规划对产业空间布局的引导和调控作用，促进大区域、地区、城市等不同层次产业集聚区、带、轴等经济载体的形成和发展，推动经济持续健康发展。

产业空间布局是指在一定区域内，根据产业发展需要和区域特点，对各类产业空间进行规划和优化的过程，主要是基于区域资源环境和城乡建设基础，以产业发展为导向，将产业发展要求引入区域内各片区，以谋求自然资源合理利用、生态环境有效保护、基础设施高效配置、产业发展良性运行，进而实现区域整体可持续发展，是国民经济建设中具有长远性和全局性的战略任务。

一、产业发展规划与产业空间规划的基本概念

人们无法预知未来，但可以运用理性的分析和经验判断来预见和预想未来。规划不仅仅只有分析和判断，一个成功的规划应包含为实现这种预期的行动内容，以及使规划变为行动的人和组织框架。产业发展规划既体现一种自然的发展过程，也是展现各种组织、集团的利益和期望的有组织的行动结果。

不同于产业增长，产业发展不仅包含产业整体或不同产业量的增长，也包含产业运行质量的提升，换言之，产业发展即产业量的增长和产业结构的升级。古典国际经济学认为产业发展主要取决于一个国家或地区的生产要素，如劳动力、资金和自然资源禀赋的相对优势，具有资源禀赋优势的国家或地区具有更大的发展潜力。发展经济学家认为，产业发展是经济发展的自然结果，工业化是带动一个国家或地区经济发展的主要原因，并会带来经济结构的根本转变，在这个过程中，适应和促进工业化的政府政策对产业发

展至关重要。现代经济学认为，与自然资源相比，人力资本更能决定一国或地区的产业发展，传统生产要素（如劳动力和机械设备）对经济实际增长的作用在降低，相反，技术创新和新的科学知识的应用对经济发展的推动力越来越明显。总之，产业发展有其自身的发展规律和内在成长机制。

（一）产业发展规划

产业发展规划包括区域（地区）产业发展规划和区域（地区）行业发展规划。

区域（地区）产业发展规划对一个国家或地区的经济发展影响意义深远，科学合理、符合国情和当地实情的产业发展规划将促进优势产业和相关产业发展，进而扩大就业，增加税收，带动国民经济和地区经济的发展。产业发展规划是对一个国家或地区未来产业发展的预见和预想，是建立在对一个国家或地区产业发展现状、产业发展的要素禀赋、国际和国内产业发展态势和市场潜力等理性分析和经验判断基础上的。成功的产业发展规划不仅要反映规划者和实施者的理念，也要最大限度地体现不同利益群体的意愿。其中，不同层级的政府决策和行为也是影响和左右产业发展规划的重要因素，而企业家是产业发展规划具体落实的行动者，产业发展规划应充分考虑企业家行为决策，使产业的宏观决策与企业的微观行为有机结合，另外，产业发展规划目标之一是在为公众提供就业的同时，避免因未来某些产业的发展而影响居民的生活环境。正如琳达—道尔顿等的观点，规划不仅必须解决不同背景、价值、期望及需求之间的矛盾，还要解决不同利益集团之间的冲突。

区域（地区）行业发展规划是对各个行业进行的全国性或地方性规划，包括农业规划、工业规划、服务业规划等。农业规划可分为粮棉油等农产品规划、牧业规划、渔业规划、林业规划等；工业规划可分为能源工业、冶金工业、装备制造业等行业规划；服务业规划包括商贸流通业和物流规划、金融业规划、旅游业规划等。行业发展规划主要从行业部门的发展现状和问题出发，根据行业总体发展趋势，确定行业的发展目标、发展重点和空间布局等问题。因此，在行业发展规划中，需要了解和关注各地区和其他行业的发展需求和具体情况，协调不同行业之间、行业与地区之间的关系。

（二）产业空间规划

产业活动必定要落实到具体的地域空间，并形成不同的分布形态、空间联系和组合方式。产业在地域空间上形成和发展的过程，更多的是按照产业发展的自身规律，寻求能够带来最大利益的空间进行布局，但是无论是计划经济国家还是市场经济国家，对产业的空间发展都不会是完全放任和任其自由发展的，尤其是对关系到国计民生的基础性产业，国家必须从全局的角度进行宏观指导和调控。加强产业空间布局引导和调控有利于地区优势产业的发展，以及新的潜力型产业的形成，同时也能有效限制一些对地区环境影响较大或工艺和技术水平相对落后产业的发展。

产业空间规划是对一个国家或一个地区各产业门类的空间部署和调控，包括对各产业的空间安排、调整和管控以及各产业的空间组合。科学合理的产业空间规划需要从一个国家国民经济发展的全局出发，根据国际产业发展态势，以及国民经济和社会发展中长期规划要求并结合国家或地区的具体情况编制产业布局方案。产业空间规划要遵循产业在空间上分布的自身规律，要从宏观视角把握各产业活动的区位特征、产业的空间转移规律、产业集聚与扩散的机制等，从微观角度要了解企业区位决策过程、企业的空间组织和空间扩张等，另外，还要分析产业发展中的一系列经济和技术指标、资源利用、生态和环境保护等问题。

二、产业空间规划的层次和类型

从不同维度进行划分，产业空间规划区分不同层次和不同类型。

（一）产业空间规划的层次

产业空间规划分为三个区域层次，即大区域的产业空间规划、地区产业空间规划和城市内部产业空间规划，主要是从区域角度出发，部署和调控不同区域尺度的产业发展和空间组合，促进产业区内部产业的持续、协调发展，形成合理的产业结构和空间结构。

一是大尺度的区域产业空间规划。一般是指跨地区或跨行政区单元的、对全国产业发展和整体经济社会影响作用较大的区域的产业空间规划。侧重于针对区域行业发展规划所确立的具有国际竞争力和国家意义的核心产业，以及区域内部产业发展、产业分工和合作方向等战略举措，提供空间保障，统筹产业发展空间，引导产业空间合理布局，以提升整个区域的产业发展水平和国际竞争力，这类规划包括长三角产业空间规划、珠三角产业空间规划等。

二是中观尺度的地区产业空间规划。包括省、市、县（区）等不同行政辖区的产业空间规划，为发展和壮大地区优势产业、培植和形成具有地方特色的产业集群提供支撑。统筹产业空间布局是规划的重要内容，规划在综合考虑地理区位、交通运输、市场需求等因素的基础上，结合地区自然资源、能源供应、环境保护等资源环境条件，合理安排产业空间，统筹协调产业与城镇、交通、生态等其他空间的关系，推动实现经济、社会、生态效益的综合平衡。

三是微观尺度的产业空间规划，如城市内部的产业空间规划和特定产业类型区的空间规划。微观尺度的产业空间规划更多是从土地资源的总量约束和建设适宜性平衡的角度落实产业发展的空间要求，明确产业用地性质和规模、开发时序和空间管控措施，同时还注重加强产业园区文化建设和风貌设计、完善园区服务体验，以提升园区整体竞争力，吸引优质企业和人才，助力实现园区综合效益最大化。

（二）产业空间规划的类型

产业空间规划主要包括三个类型，即综合性产业区（带、轴）空间规划、专业性产业区（带、轴）空间规划、政策性产业区空间规划。

1. 综合性产业区（带、轴）空间规划

综合性产业区（带、轴）是不同产业依托一个或若干超大城市、特大城市、大城市或主要交通干线，在一定区域内形成的面（或带）状产业空间分布形态，是在区位条件、

自然资源、历史基础及交通、劳动力、技术、资金、国内外市场等多种自然和社会经济要素的影响下形成的。在不同发展水平下，综合性产业区（带、轴）的产业发展水平、主导产业、产业内外联系、产业分工、产业空间转移趋势等特征明显不同。综合性产业区（带、轴）的形成和发展对国家或大区域的社会经济可持续发展发挥着重要作用。

综合性产业区（带、轴）按照发展水平、影响力和区域范围等可分为不同等级类型。一是具有国际意义的综合性产业区（带、轴），如长三角产业集聚区发展水平位居全国之首，产业结构已经出现服务业化，先进制造业和高新技术产业成为产业区发展的基本导向，大部分产业具有全国影响力，部分产业更具有较强的国际竞争力，其产业影响范围已经超越长三角地区，是引领我国产业融入国际产业分工和合作，形成具有世界水平的制造业中心的核心产业区。二是全国意义的综合性产业区（带、轴），如合肥新型显示产业集群，是国内领先的显示产业基地之一，也是全球显示技术创新的重要发源地，具备从上游装备、材料、器件到中游面板、模组以及下游智能终端的完整产业链，集群规模增长迅速，在创新能力和本地化配套水平方面均处于国内领先水平。区际意义的综合性产业区（带、轴），如关中产业集聚区，不仅对陕西省产业的发展水平和产业的空间联系和分工有影响，也对西北地区其他省区具有一定的影响和辐射作用。三是地方意义的综合性产业区（带、轴），其中的产业具有一定的地方影响力，有些行业也具有区际意义，但就产业整体而言，其对外联系和影响力相对较小，以省、区内为主，尚未形成显著的竞争优势和取得更大范围的引领地位，如皖江江北新兴产业集中区，是安徽省产业发展的重要平台，聚焦于先进制造业与现代服务业的集聚和融合发展，集中区的影响和作用范围目前主要集中在安徽省。当然，不同等级类型的产业区在不同层次的区域空间发挥的作用不同，因此，其规划目标、规划重点和内容等也有所不同，但最基本原则不变，即最大限度地发挥产业区的作用以促进区域的可持续发展。

综合性产业区空间规划是一个涉及多个方面的复杂过程，应综合考虑区域发展战略、产业发展目标、环境保护、交通布局等多个因素。一是衔接区域发展战略：与区域的整体发展战略相协调，确保产业区的发展方向与区域的长远目标一致，例如，合肥市在其滨湖科学城规划中，提出依托现有的合肥科学岛和在建的聚变堆主机关键系统综合研究设施，规划总面积约 19.2km^2 的未来大科学城，以支持合肥综合性国家科学中心的建设。二是明确产业发展目标：根据国家和地区产业政策，明确主导产业和特色产业，制定相应发展目标，通过新技术改造传统产业、聚力发展新兴产业，不断提高产业的国际竞争力；三是确定空间结构与用地布局：从不同产业层次和空间视角，分析各产业在量和质上的特征和比例关系、地区特色和优势产业发展状况、中小企业集群和产业链的发展状况，研究产业在空间上集疏规律和趋势、分布特征等，合理安排用地布局；四是统筹重大专项：包括产业发展、住房保障、公共服务设施、道路交通和市政基础设施、公共空间和开敞空间、环境保护和绿色发展等方面的规划统筹，实现产业区可持续发展；五是制定规划实施保障措施，为产业园区的建设和发展提供支持和引导，保障规划顺利实施并达到预期发展目标。

2. 专业性产业区（带、基地）空间规划

专业性产业区（带、基地）是在全国或地区专业化程度较高的产业部门基础上形成的某类产业部门集聚区，包括矿产资源型产业区、农林产业区、能源、资源加工型产业区、工业区、旅游区、商贸区等，并可在此基础上进一步细分为商品粮、经济作物区、牧区、渔区、林区、煤矿区、油气田区、原材料工业区、冶金工业区、高技术产业区、风景旅游区、度假旅游区、金融区等。

专业性产业区（带、基地）空间规划要突出产业特色，围绕核心产业可适当拓展区域内的产业门类，逐渐形成以专业为核心，多种行业相互依存、相互发展的格局，但对相对细化的专业区而言，仍然要重点突出其专业化的特色。对全国或大区域经济发展影响较大的专业性产业区主要有大型商品粮基地、大型能源基地、大型原材料基地等关系到国计民生的重要产业基地。

专业性产业区（带、基地）空间规划主要内容包括以下几个方面：一是明确产业定位与特色，如高新技术产业园、生物医药产业园等，根据产业特点制定相应的规划目标和策略；二是确定空间结构与用地布局：分解落实国土空间总体规划的目标和指标，指导详细规划编制和调整；三是统筹公用设施与公共服务设施，健全服务设施、提供完备、全面、高效服务，为产业区发展提供支撑；四是完善道路交通体系，提高产业区的可达性和连通性，提高物流效率；五是加强环境保护与绿色发展，践行绿色发展理念，确保产业发展与生态环境保护相协调；六是强化实施保障，制定针对性的实施保障措施，确保规划实施，并助力推进跨区域产业联盟或合作机制的建立，实现资源共享和协同发展，提升整体竞争力。

3. 政策性产业区空间规划

由各级政府划定的、实施特殊政策的产业区，一般多与行政区管辖范围相一致或分属行政区管辖并设有相应管理机构的产业区。按不同的政策目标，又可分为以下三种类型：一是为了利用外资，引进技术和扩大出口，国家有重点、有步骤地选择某些地区实行对外开放的特殊政策而建立的保税区或自由经济贸易区；二是为了加速某些地区的经济发展，由政府划出一片土地，集中开发建设，为投资者提供优惠政策和较好的投资环境，吸引投资者开发土地、发展产业或开发当地优势资源的产业区，如经济技术开发区、高新技术产业园区等；三是某些已开发的地区因存在结构性矛盾而面临经济增长缓慢、就业安排困难、人才外流、技术滞后、环境恶化等各种问题，政府对其采取相应整治措施，以谋求振兴经济、改善环境，如资源枯竭型区域的产业振兴等。这类产业区的发展和规划要最大限度地落实和体现政策优势，由于三种产业类型面临不同的现状问题、发展诉求和调整方向，其规划目标和内容相差较大。

政策性产业区空间规划是一个综合性的规划过程，不仅包括传统的土地利用和基础设施布局，还涉及到政策落实、产业发展、环境保护、社会责任等多个方面。主要内容包括：一是明确功能定位，结合国家和地方相关政策和发展战略，深入分析市场需求、产业发展趋势，评估产业区资源条件，确定主要产业方向、发展模式和目标市场；二是

合理进行空间布局，根据产业区规模和功能定位，充分考虑交通便利性、建设强度、用地节约和环境保护等相关因素，统筹安排产业用地、道路系统、配套设施等，实现园区内各类用地之间的协调布局和有机连接；三是注重环境保护，合理安排公园绿地、河湖水面等生态要素，实施产业绿色发展策略，提升环境监测和治理能力，推进生态环境质量持续改善和生态效益提升；四是加强协同发展，形成以产业区核心区为中心，其他区域协同发展的产业空间布局，打造具有区域特色的产业集群；五是强化实施保障，加强政策集成创新，寻求新突破，适应"新常态"，制定合理的规划实施措施，提出具体实施步骤和时序安排，以保障规划实施、促进产业区高质量发展。

三、产业空间规划的方法

产业空间规划是产业发展在空间上的具体落实，结合全国和各地区产业布局现状，依据产业发展和布局相关理论，发挥产业特点和各自优势，按照市场经济规律与政府宏观调控相结合的方式，以最大限度利用空间资源、促进各产业协调和持续发展为目标，进行空间上的合理有序安排。

（一）产业空间引导

产业或企业的区位选择主要依靠市场来调节，能够最大限度地利用各种资源和生产要素，并可以获得最大利益的空间是产业或企业的最佳投资空间。规划在引导产业获得最大利益的基础上，尽量避免产业发展和布局造成地区土地、水、矿产等资源的浪费，减少产业发展对生态环境的压力，形成产业空间配置相对平衡、促进地区经济发展和增加就业水平的良好发展态势。规划根据不同地区的发展条件、发展背景和区域功能定位，通过产业政策建立行业准入机制，引导不同类型产业在相应区域发展和布局。例如，在大区域中主要发挥生态服务功能的区域，其产业引导方向应限制污染类产业，重点鼓励发展文化旅游、休闲康养等生态友好型产业；对于关系国计民生的基础行业，除了考虑行业自身发展条件和发展目标外，还应统筹考虑区域协调、产业基础和相关产业配套等因素加以空间引导；对于日常消费类行业主要依托目标市场决定其投资区位，并通过用地、税收、环境保护等政策工具进行调控。

（二）产业空间集聚

产业在空间上的分布并非均衡展开，在一些区位条件优越的城市（或地点）以及交通干线两侧，倾向于形成不同规模、等级的产业集聚点和集聚轴（带），这些产业集聚点（轴、带）是不同层次区域经济发展的重要依托和支撑，也是各类产业发展的核心区。遵循市场经济规律，最大限度地利用各区域资源优势，促进产业集聚点（轴、带）的形成和发展是产业空间规划的重要研究内容。

（三）产业空间管控

产业在空间上的发展应充分考虑生态环境约束和人居环境发展相关要求，针对重要的生态保护区、居住区、文物保护区、风景名胜区等区域，制定严格的产业发展、布局的限制政策，形成不同层次的空间管控区。根据管控区类型特征，按照强制性、指导性、引导性等政策手段进行分类指导，以实现产业发展与生态建设和环境保护相协调。

（四）基础设施支撑

产业发展和规划的实施需要交通运输、供电和供水系统、智能化管理服务系统等基础设施支撑。规划围绕重点产业集聚区（带、轴），按照市场规则和适度超前原则，建设和完善产业发展必需的基础设施，形成跨区域共建共享机制，促进产业可持续发展。

1. 道路交通系统

构建高效、快捷的综合交通运输体系，推动铁路、公路、城市道路等多种交通方式的深度融合，形成统一高效的运输服务体系，以加强产业集聚区（带、轴）内部及与外部的交通联系，强化产业发展的交通支撑。

2. 供电系统

供电系统对于产业发展至关重要，特别是高耗能产业，如重工业、化工、信息技术和数据中心等，这些产业对电力的依赖度高，供电能力、电力成本和供电稳定性等对于保证生产活动连续性、保持产业竞争力有着显著影响。电源点和供配电网的建设应确保供电系统的可靠性和经济性，保障产业持续健康发展。

3. 给排水系统

完善供水系统，建设和升级水处理厂，提高供水能力，扩大供水管网覆盖范围，提高供水系统的效率和可靠性，保障生产用水；建立和完善污水处理设施，对工业废水进行处理，达到排放标准；提高产业用水的循环利用率，促进水资源可持续利用。

4. 信息通信系统

选择适合产业区发展的技术路线，如光纤网络的部署、移动通信基站的共建共享等，以实现资源的高效利用和技术的前瞻性布局，建设完善的通信网络，确保信息的快速传递和处理。

5. 安全防灾体系

包括消防、防洪、地震等防灾设施规划，构建产业区防灾体系，有效降低自然灾害和人为事故风险，提高园区安全水平，确保园区安全运行，提升园区整体竞争力和吸引力。

6. 智能化管理服务系统

利用现代信息技术，如物联网、大数据等，提高产业区智能化管理服务水平，提高运营效率，降低运营成本，提升企业及员工的工作和生活体验；通过搭建统一的数据中心，实现各功能模块之间的数据共享和互联互通，提高系统的协同效应，适应产业发展新趋势。

（四）规划实施保障

通过法律、经济、行政、社会等方式和手段，实现产业发展和规划目标，落实产业空间规划。

1. 法律法规手段

政府通过法定程序制定或修订与产业空间规划相关的法律、法规，法律、法规应能充分反映产业空间规划有关土地利用、环境保护、建设标准等方面的目标和要求，为规划实施提供明确的法律依据，保障规划顺利实施。

2. 经济手段

运用经济手段组织、调节和影响产业活动，保障规划实施，包括政府投资、设立基金、财政补贴、税收优惠、奖励与罚款等经济杠杆、价值工具、经济责任制等方式，促进规划目标和规划重点的落实。

3. 行政手段

各级行政管理部门在规划实施过程中，有效运用政策规定、指导意见、管理办法等政策工具，并将产业空间规划的要求融入到相关政策中，加强政策协同效应，通过多元化的政策工具组合，引导和促进规划实施，实现区域经济发展目标，优化产业结构，提升区域竞争力。

4. 公众参与

强化公众参与，建立有效反馈机制，及时回应公众的关切和问题，持续监测和评估公众参与的效果，及时调整和完善公众参与的方式和手段，同时鼓励社会组织积极参与到规划编制实施过程中，发挥桥梁和纽带作用。通过多种方式提高公众参与度，平衡各方利益，提高规划的可接受度和可实施性。

四、产业空间规划与相关规划的关系

从规划体系来看，产业空间规划属于专项规划，是以综合规划的目标定位、战略策略为依据，具体细化、落实综合规划中关于产业空间规划的内容。

（一）产业空间规划与国民经济和社会发展规划

国民经济和社会发展规划是全国或者某一地区经济、社会发展的总体纲要，是具有战略意义的指导性文件。国民经济和社会发展规划统筹安排和指导全国或某一地区的社会、经济、文化建设工作，明确政府工作重点，引导市场主体行为，是未来五年经济社会发展的宏伟蓝图和行动纲领，是政府履行经济调节、市场监管、社会管理和公共服务职责的重要依据，因此，国民经济和社会发展规划是一个指导各类综合和专项规划的统领性、战略性和全局性的综合规划，对所有的总体规划、专项规划都具有直接或间接的指导作用。产业空间规划是国民经济和社会发展规划在产业发展和空间布局方面的具体落实。

（二）产业空间规划与区域规划

区域规划是指一个国家或地区为了促进区域经济发展，通过控制不合理开发，保护生态环境和国土空间，提高区域综合效益和可持续发展，而对国内某一区域或特定地区实施区别于其他地区的政策和规划的行为。区域规划包括区域发展、产业发展、国土空间利用、城镇体系等多方面的内容。产业空间规划应加强与区域规划的衔接，遵循区域规划的基本原则和内容。

（三）产业空间规划与国土空间总体规划

国土空间总体规划是国家空间发展的指南、可持续发展的空间蓝图，是各类开发保护建设活动的基本依据；国土空间总体规划的核心目标是加快形成绿色生产方式和生活方式，推进生态文明建设，建设美丽中国；国土空间总体规划不仅为空间利用提供了方向性的指导，还确立了空间治理的框架，有效推动资源的合理配置、生态环境的有效保护以及经济社会的可持续发展。产业空间规划是国土空间总体规划中有关产业发展和规划内容在空间上的进一步细化和落实。二者之间相互影响、相互作用，国土空间总体规划不只是简单地从用地角度对产业布局进行引导，而是把产业作为城市发展的主要支撑力来考虑产业发展和空间配置。

（四）产业空间规划与主体功能区规划

主体功能区规划是根据资源环境承载能力、开发强度和发展潜力，统筹考虑未来人口分布、经济布局、国土空间利用和城镇化格局，将国土空间划分为优化开发、重点开发、限制开发和禁止开发四类，确定主体功能定位，明确开发方向，控制开发强度，规范开发秩序，完善开发政策，逐步形成人口、经济、资源环境相协调的空间开发格局。产业空间规划遵循主体功能区的类型进行相应的产业发展和空间布局。优化开发区域要限制大量消耗资源和大量排放污染的产业集聚，重点发展高新技术产业、现代服务业等产业，提升区域产业结构，积极参与国际产业分工，增强产业国际竞争力，使其成为引领我国产业发展的核心区；重点开发区域着重加快工业化进程，积极发展先进制造业，鼓励发展各具特色的产业集聚，使其逐步成为支撑全国产业发展和集聚的重要载体；限制开发区域在坚持保护优先、适度开发、点状发展原则的基础上，严格限制污染严重、资源消耗量大的产业发展，并且适当发展一些与区域资源环境承载力相适应的特色产业、生态和环境友好型产业；禁止开发区域除适当进行旅游发展外，严格禁止其它各类型产业的发展。

第四章 生态城市的建设和治理

第一节 生态城市的建设

一、生态城市建设内容

建设生态城市包含生态安全、生态卫生、生态产业、生态景观、生态文化五个层面。

生态安全：是指一个国家或地区的生存和发展所依赖的生态环境没有受到或很少受到破坏和威胁，能够保持其结构和功能完整，对人类活动具有持续的支撑能力。生态安全一方面是指生态系统的结构是否遭到破坏，以及自然功能是否健全，一个安全的生态系统应该能够维持物种多样性，能量流动和物质循环等自然过程；另一方面是指生态系统能否为人类提供必要的资源和服务，如清洁的空气和水，食物供给，以及自然灾害的调节和缓冲能力，涉及到生态系统对环境变化的适应能力和恢复力。

生态卫生：通过高效率低成本的生态工程手段，对生产、消费、生活和其他活动中产生的各类废弃物进行处理和再生利用。生态卫生不仅关注单一的环境保护问题，还涉及到公共卫生、资源循环利用、生态保护等多个方面，是实现可持续发展和生态文明建设的重要手段。通过生态卫生的实践，可以有效减少环境污染，提高资源利用效率，促进人与自然的和谐共生。

生态产业：是一种与环境保护和可持续发展密切相关的产业形态。强调在生产和经济活动中模拟自然生态系统的循环方式，通过资源的高效利用、废弃物的回收再生和生态环境的保护，实现经济效益与环境效益的双重提升。生态产业促进产业的生态转型，强化资源的再利用、产品的生命周期设计、可更新能源的开发、生态高效的运输，在保护资源和环境的同时，满足产业发展需求。

生态景观：是一个涉及自然、经济和人文因素的复合生态系统，反映了一个区域内生物和非生物组分之间以及与人类社会之间的相互作用。通过城市景观风貌塑造，为居民提供舒适优美的人居环境。生态景观不仅是自然生态系统的组成部分，还包括了人类活动的结果，它是一个复杂的多维网络，其研究和保护对于维持生物多样性、保持生态平衡和促进可持续发展具有重要意义。

生态文化：帮助人们认识自身在与自然的关系中所处的位置和应负的环境责任，尊重地方文化，改变传统消费方式，引导消费行为，增强自我调节能力，维持城市生态系统的高质量运行。

二、城市的生态安全建设

（一）城市生态安全的内涵

生态安全包括两层基本含义：一是防止由于生态环境的退化对经济基础造成威胁，主要指环境质量状况低劣和自然资源的减少和退化削弱了经济可持续发展的支撑能力；二是防止由于环境破坏和自然资源短缺引发人民群众的不满，特别是环境难民的大量产生，从而导致国家的动荡。

生态安全所表征的是一种存在于相对宏观尺度上的不受胁迫的安全状态与和谐的共生关系，主要包括资源安全、生物安全、环境安全与生态系统安全等，其终点是人类安全。

城市生态安全是生态安全的一个重要方面，是指城市赖以生存发展的生态环境系统处于一种不受污染和不受危害或破坏的良好状态，城市保持着完善的结构和健全的生态功能，并具有一定的自我调节与净化能力。城市生态环境是人类从事社会经济活动的物质基础，是城市形成和持续发展的支持系统，因此，城市生态安全也必然是城市安全的基础条件。

城市生态安全始终是可持续发展的核心任务。城市建设要设法避免一些对城市生态安全造成不利影响的因素，如大气污染、水系污染、热岛效应、土地污染、光污染、噪声污染、城市建筑综合征、传染性疾病等间接或直接危害人们身心健康的不安全因素，同时注重城市生态系统功能的恢复与完善。因此，如何在城市化进程中重视城市生态安全方面的建设就显得越来越重要，一方面大规模建设产生出巨大的生命力和生产力，另一方面也在进行相当多的大尺度的破坏，这就要求城市的更新与发展在强调以人为本的同时，必须协调自然生态安全、经济生态安全和社会生态安全，构建一个复合人工生态安全系统，保障人们在生活、健康、休闲、基本权利、必要资源、社会秩序和人类适应环境变化的能力等方面处于不受威胁的状态。

城市生态系统是一个不断发展的复合系统，从时空尺度上分析，城市生态安全具有动态特征。城市规模随时间的推移呈不断扩大趋势,城市结构从低层次向高层次发展,城市发展的驱动力是经济社会的发展,发展过程中对于自然资源的过度占用,是城市生态安全问题产生的根源,不同发展阶段具有不同的经济社会发展水平,对于自然生态系统造成的损毁程度也随之不同,经济社会发展从粗放型到集约型,再到循环生态型,粗放型的社会经济发展模式下,城市的生态安全性较低,而循环经济的发展模式则给城市带来较高的生态安全性。另外,从空间尺度上分析,不同的空间尺度有不同的自然条件,并决定着不同的城市生态安全水平。

(二)城市生态安全问题分析

1. 城市生态安全问题

城市生态系统的发展需要自然生态系统的强大的服务功能的支持。然而城市化进程对生态环境造成了严重的胁迫,使自然生态系统遭到前所未有的破坏,导致城市生态安全问题的产生。支持城市发展的生态环境条件主要包括资源和环境两个方面,因此,城市生态安全问题主要表现为环境污染、资源供给短缺、自然灾害等带来的不安全性。

城市的发展无论是产业发展还是城市建设,都需要利用各种自然资源。资源是城市发展的物质基础,人类在利用资源的过程中也造成了对资源供应的压力,一方面由于利用使不可再生资源的储量减少,或是利用过度破坏了可更新资源的更新能力而造成了可更新资源的短缺,另一方面是由于环境污染对资源造成的破坏。资源短缺威胁着城市的进一步发展。

目前,水污染、大气污染、土壤污染等环境污染阻碍了城市的持续发展。大气中的污染物包括二氧化硫、氮氧化物、颗粒物等在达到一定浓度时都会对人体健康造成危害,而污染导致自然生态系统服务功能的丧失,破坏了人类生存发展的基础,如水体污染使人类失去清洁水源、土壤污染使人类失去健康的食物来源,因此,环境污染是一个重要的城市生态安全问题。此外,人类活动也诱发了众多生态灾难,水土流失及沙尘暴等也威胁着人类的生存。

2. 影响城市生态安全的基本因素

影响城市生态安全的基本因素主要有自然灾害和人为灾害两个方面,前者更多是加以预防而很难避免,后者则可以通过科学决策来避免或减少灾害带来的影响。

(1)自然资源方面。自然资源对城市生态安全的威胁主要表现在以下方面:水土流失严重造成河道淤积,从而给城市供水系统带来威胁;土地荒漠化加剧而产生沙尘暴影响城市大气环境;农业用地大幅度增加使耕地资源不断减少有效粮食安全;城市迅速蔓延,保持生态平衡的大批耕地、河湖水面、林地、湿地等遭到不同程度破坏。目前,我国城市生态安全的外部环境面临挑战,不容乐观,生态环境基础损耗居高不下,尤其在城市化进程持续推进的今天,城市生态安全面临的形势更为严峻,因此,应从城市生态安全的战略角度,制定改变中国基础损耗高的措施,尽快降低资源与生态环境的基础损耗。

（2）人为灾害方面。大量事实反复证明，人为因素的作用，特别是不合理的开发建设活动是造成生态破坏的重要原因。急功近利、盲目追求"高速度"等错误思想观念，导致过去很长一段时期，环境保护被长期排斥于经济社会发展战略、政策和计划之外，对于生态环境产生极大影响。较为典型的是，城市由于盲目求大而采用摊大饼式的蔓延，不仅造成耕地减少，还导致原有自然生态平衡被打破，新的生态平衡尚未建立，人工生态世界无法代替自然生态功能，造成了生态空白，给城市生态带来了极大的不安全因素。

①技术因素

现代城市建设中使用了大量的新技术，改善了城市居民生活条件与生活质量，但这些技术也具有"双刃剑"效应，给城市带来了不安全的因素。即使在人类知识十分发达的今天，人类智力的发展最终还要通过资源物质的载体来体现，而高科技产业发展所代表的正是这种资源深度化加工的最新进程。随着人类对自身利益和生存环境的再认识，可持续发展观念的深入人心，各种防污治污意识、能力和技术的相应提高，城市的发展必将步入生态环境的改善阶段，朝着城市生态安全的方向迈进，成为人类社会进步与发展的动力。

②决策失误

决策失误导致的生态破坏是最大的破坏。当前行政权力机关应进一步加强生态保护教育，正视存在的城市生态环境问题，切实做到经济建设与生态环境保护协调发展，同时要进一步增强全民生态意识，让广大民众认识到生态环境恶化的严重性和后果，从自身做起，保护生态环境。

生态破坏加剧了贫困，影响了社会安定乃至国家安全。据有关机构的初步估算，我国在治理污染和保护、修复环境上的投入，已数倍或数十倍于从污染和破坏环境中所达到的经济收益的总和。因此，西部面临的城市化更不能以牺牲城市生态安全为代价，在宁夏、内蒙古一些沙化严重的地区，生态环境对城市安全带来了一定的负面影响，就连城市出现的民工潮也与某些地方的生态危机不无关系；而另一方面，大批外来流动人口会加剧城市的生态危机。

③城市化进程

城市化是人类社会经济和文化发展的产物，是社会发展的趋势和文明的标志。城市化进程使人类逐步从自然生态系统分离出来形成以人为中心的城市生态系统，城市生态系统的形成使人类从适应自然规律的生存理念转向改造自然的生存理念。由于自然生态系统的强大的生态服务功能的支持，在相当长的时期里，人类城市化进程为人类提供了丰富的物质和舒适便利的生活条件，但是城市化进程对自然生态系统的胁迫随着粗放型经济的发展而日趋严重，森林毁坏，耕地占用，环境污染等使自然生态系统遭到了严重的破坏，逐渐削弱了生态系统的服务功能，人类生存受到严重威胁。城市化加剧了人类活动对生态环境的胁迫而导致严重的人类生存危机，促使人们开始关注城市生态安全问题。

3. 城市生态安全问题的应对策略

（1）引入生态安全评价体系，及时掌握城市生态安全状况

常用的评价方法是生态足迹法。生态足迹法显示在现有技术条件下，一个城市需要多少具备生物生产力的土地和水域，来生产所需的资源和吸纳所衍生的废物。通过比较一个城市的生态足迹与该城市实际可利用的生态承载力，可以分析生态盈亏情况，即是否超出了自然环境的再生能力和废物处理能力。生态足迹既反映出城市的资源消耗强度，又反映出城市的资源供给能力和资源消耗总量，也揭示了人类持续生存的生态阈值。

生态足迹的意义在于可以定量判断城市可持续发展的状态，以便对未来人类生存和社会经济发展做出科学规划和建议。生态足迹有助于城市管理者及时掌握关于生态系统服务的安全格局、生物多样性的保护情况以及生态敏感性等方面的城市生态安全状况，并采取相应措施改善和保护城市生态环境。

（2）推行清洁生产，建立循环经济系统

实现城市可持续发展，实施清洁生产、建立循环经济体系是基础。清洁生产要求从生产的源头，包括产品和工艺设计、原材料使用、生产过程、产品使用和产品使用寿命结束以后的各个环节都采取清洁措施，预防污染的产生或者把污染危害控制在最低程度，"低消耗、低污染、高产出"。清洁生产的理念从 20 世纪 90 年代初被引入中国后，受到了高度重视。

自 20 世纪 90 年代以来，循环经济在发达国家已经成为一股潮流和趋势，一些国家更是通过立法的方式加以推进。循环经济是人们模仿自然生态系统的物质循环和能量流动规律所建构的经济系统，并使得经济系统和谐地纳入到自然生态系统的物质循环过程中。传统经济对于资源的利用常常是粗放的和一次性的，导致了许多自然资源的短缺与枯竭，并酿成了灾难性环境污染后果。与此不同，循环经济倡导的是一种建立在物质不断循环利用基础上的经济发展模式，经济活动按照自然生态系统的模式，形成物质反复循环流动的过程，生产和消费过程中基本上不产生或只产生很少的废弃物。循环经济为工业化以来的传统经济转向可持续发展的经济提供了战略性的理论范式，从而本上消解长期以来环境与发展之间的尖锐冲突。

从清洁生产和循环经济两者关系来看，清洁生产具体表现为单个生产者和消费者的行为，这种微观层次的清洁生产和消费行为，通过发展为工业生态链和农业生态链，进一步实现区域和产业层次的废物和资源再利用，并通过政府、企业、消费者在市场上的有利于环境的互动行为，上升形成循环经济形态。就此而言，清洁生产是循环经济形态的微观基础，循环经济则是清洁生产的最终发展目标，各种产业的、区域的生态链和生态经济系统则构成清洁生产到循环经济系统的中间环节。衡量清洁生产是否达到目的，仅仅衡量某个企业或某个行业是不够的，应当看其是否在区域、国家层面形成生态经济系统。

（3）做好产业规划，优化产业结构

合理布局产业空间，避免过度集中或分散而引起的资源浪费和环境污染；优化产业结构，重点发展低污染、高附加值的高新技术产业，加快发展金融、保险、咨询等资源

消耗相对较低、经济效益相对较高的现代服务业，积极发展新能源、新材料、生物医药等发展前景良好、环境影响较低的战略性新兴产业，逐步淘汰高污染、高耗能产业，减少对生态环境的负面影响，同时释放更多资源用于支持新兴产业发展。城市产业发展应体现多元化、生态化，促进城市经济走向生态经济，充分利用资源，提高生产效率，减少污染排放，实现经济发展与生态环境保护的双赢。

（4）加强人口管理，提高人口素质

人类在城市发展过程中一直处于主导地位，适宜的人口规模是保障城市生态安全的关键。首先，科学评估城市的人口现状，利用人口容量的水桶理论计算城市人口容量，作为评估城市人口状况的基础，在评估基础上采取引导、优化人口分布的措施，如城市郊区和部分不发达的小城镇，可建设卫星城市来减轻大城市中心城区的人口压力。其次，加强人口管理，包括人口数量调节、质量提高、结构调整、分布迁移调控等。城市人口管理的难点和重点是对流动人口的管理，可采用的措施包括：改变对流动人口的观念；宏观的总量控制、中观的职业技能培训和微观的服务性管理相结合；建立流动人口行业协会和劳动工会；加强流动人口子弟学校办学审批，建立完善全国统一的流动人口子弟学校的学籍认证制度；将流动人口管理纳入属地人口管理统一体系。另外，应建立人口管理信息系统，利用城市人口发展模型掌握城市人口动态，做好城市人口预测。再次，在加强人口管理的基础上不断提高人口素质，提高义务普及程度，并将生态环境保护教育融入知识教育中，从儿童开始抓起，营造城市生态文化氛围，增强人们生态意识。

三、城市生态卫生建设

生态卫生建设是应用生态学原理，以无害化、减量化、资源化为准则，建设生态卫生设施，将无害化处理后的各类废弃物合理地加以资源化利用，并在无害化处理过程中节水、节能、节省土地资源等，从而达到健康保护和生态平衡的目的。生态卫生的社会生态功能表现为：健康、清洁、卫生、方便、减轻市政工程的处理负担；经济生态功能表现为：低投入、低运行费、节水、节土、节能、节省资源；自然生态功能表现为：使大气、水污染，使用化肥，蚊虫、病毒和碳排放等最小化或零排放。生态卫生系统是由相互影响、相互制约的人居环境系统、废物管理系统、卫生保健系统、农田生产系统共同组成。

城市生态卫生是生态城市建设的一个重要方面，在城市规划和建设中应遵循生态学原理，建立高效、和谐、健康的城市环境，实现社会、经济和自然的协调发展，包括优化城市布局，提高资源利用效率，减少污染物排放，保护生物多样性，保护和改善城市生态环境质量。城市生态卫生强调有效的环境资源利用和可持续发展的生产方式，在城市发展过程中，需要平衡经济增长与生态环境保护的关系，确保不牺牲生态环境质量来换取短期的经济利益，实现人与自然的和谐共生。推进城市生态卫生建设还应从制度上解决经济与环境发展的可持续性问题，包括完善绿色生产制度设计，构建绿色技术创新体系，制定和执行相关的环保法规和政策。城市生态卫生不仅仅是对于城市环境卫生的管理，更是一种全面的城市可持续发展策略，在城市发展中应综合考虑生态保护、资源节约和环境友好，以促进城市的健康、可持续和绿色发展。

（一）城市生态卫生问题分析

城市生态卫生问题是一个复杂的议题，涉及以下多个方面。

1. 资源过度消耗

资源过度消耗是指人类对自然资源的使用超出了地球生态系统的自我恢复能力，导致资源枯竭、生态环境破坏和生物多样性丧失等一系列问题。在城市化进程中，由于人口集中和工业发展，资源（如水、能源、土地）的需求量大幅增加，导致了资源的过度开采和消耗，一是石油、天然气和煤炭等化石燃料的大量燃烧，导致能源资源逐渐枯竭，同时产生温室气体和其他污染物，加剧了全球气候变化和空气污染；二是由于工业用水、农业灌溉和城市供水需求不断增加，许多地区出现了地下水超采、河流干涸和湖泊萎缩等现象，导致水资源短缺和水生态系统受损；三是对于地球上重要的生态系统之一的森林的过度砍伐导致了生物多样性减少、土壤侵蚀、碳储存能力下降和气候调节功能受损等问题；四是不合理的空间利用，如过度开垦、城市扩张和工业用地增加，导致耕地流失、土壤退化和生态环境破坏；五是过度捕捞和不合理的海洋资源开发导致许多海洋生物种群的衰减甚至灭绝，影响海洋生态系统的健康和稳定；六是矿产资源的过度开采不仅导致资源枯竭，还引发了地表塌陷、水体污染和生态风险等问题。

资源过度消耗的后果是多方面的，不仅威胁到人类自身的生存和发展，也对其他生物和整个生态系统产生了严重影响。因此，实现资源的可持续利用已成为全球共同关注的问题，应采取节约资源、提高资源利用效率、开发可再生能源、实施循环经济等多项措施，以减少资源的消耗和环境的影响。

2. 环境污染

人类活动或自然过程产生的有害物质如工业排放、汽车尾气、生活垃圾等进入环境中，对城市空气、水体和土壤造成严重污染，导致环境质量下降，从而对生态系统、人类健康和社会经济发展产生不利影响。环境污染的常见类型包括空气污染、水污染、土壤污染和噪声污染等。

空气污染，又称大气污染，是指由于人类活动或自然过程导致某些物质进入大气中，当这些物质的浓度足够高且持续时间足够长时，会对人类健康和生存环境造成危害。空气污染可以来自多种源头，包括工业排放、汽车尾气、燃烧化石燃料、农业活动、建筑施工等，这些活动释放的颗粒物、二氧化硫、氮氧化物、一氧化碳、臭氧和挥发性有机化合物等，是造成空气污染的主要原因。空气污染对人类健康的影响是深远的，短期暴露可能导致呼吸道疾病、心脏病发作和急性症状的加重，长期暴露则可能增加患肺癌、心血管疾病和慢性呼吸系统疾病的风险；除了对人类健康的威胁，空气污染还会对环境造成损害，如酸雨、全球气候变化、植物生长受阻和水体污染等；空气污染还可能导致农作物产量下降、可见度降低、旅游业受损和医疗费用增加等社会经济问题。

当有害物质进入水体，导致水质恶化，就造成了水污染。工业排放中含有的有害化学物质，如酸、碱、重金属（铜、镉、汞、砷等）和有机毒物（苯、二氯乙烷、乙二醇等），会严重影响水生生物的生存，并可能影响人类的饮用水安全；水中的有机物在被微生物分解时消耗溶解氧，导致水生生物因缺氧而死亡，同时也会破坏水体的自净能力。水污染影响人类饮用水安全，并对水生生物造成毒害，影响生态平衡，还将破坏风景区景观。随着城市化进程的加快，一些地区出现了污水处理设施不足、排污系统不完善等问题，导致污水未经处理就直接排放到河流中，加剧了水污染的状况。

当污染物进入土壤并积累到一定程度，导致土壤质量恶化并对生态系统和人类健康造成危害，就造成了土壤污染。使用未经处理或处理不充分的污水进行农田灌溉，可能导致土壤中的有害物质含量增加；固体废弃物如城市垃圾、工业废渣等，如果不当处理，这些废弃物中的污染物进入土壤，将造成土壤污染；过量或不合理使用农药和化肥也将导致土壤中残留化学物质，进而影响土壤质量和农作物安全；空气中的污染物如重金属、多环芳烃等通过雨水等途径沉降到土壤中，同样会造成土壤污染。

噪声污染是指由发声体无规则振动产生的声音，在传播过程中对人们的正常生活造成干扰的现象。噪声污染的特点包括暂时性和分散性。当噪声源停止发声时，噪声便会消失，而且环境噪声源通常分布较为分散，影响范围相对局限。然而，长期暴露在噪声污染中，即使是暂时性的，也会对人的健康和生活质量产生负面影响。

3. 垃圾处理问题

随着城市人口的增加和消费水平的提高，我国垃圾产生量逐年增加，对垃圾处理设施和处理方法提出了更高的要求，垃圾的收集、运输、处理和处置成为城市生态卫生的一大挑战。当前我国正在稳步推进垃圾分类投放、分类收集、分类运输和分类处理，对于提高垃圾处理效率和资源回收利用率具有重要意义，但垃圾分类工作面临着分类标准不一、群众常识不足、处理体系不完善等问题，需要尽快得到解决；另外，由于用地紧张和二次污染，传统的填埋方法已经出现瓶颈，无害化焚烧处理量快速增长，但部分地区的垃圾焚烧设施推进不力，存在渗滤液收集处理不善、填埋场地下水污染、垃圾违法倾倒等问题，且不同地区的垃圾处理能力和效果存在差异，一些地区可能面临设施运行难、处理成本高等问题。垃圾处理是一个复杂的环境和社会问题，不仅关系到环境保护，也关系到资源的有效利用和经济社会的可持续发展，需要政府、企业和公众共同努力，及时采取有效措施，实现垃圾的减量化、资源化和无害化处理。

4. 绿地和开敞空间缺乏

城市扩张往往牺牲了公园绿地和开敞空间，导致"城市热岛效应"和生态环境退化，影响生物多样性和居民生活质量，城市中绿化面积不足，无法满足居民健康休闲、生态环境保护需求。造成绿地和开敞空间缺乏的原因，一是规划不尽合理，在一些城市规划中，绿地缺乏整体性和系统性，导致绿地布局和规模无法满足城市居民需求；二是设计理念滞后，部分城市的绿地规划还采用传统的景观设计理念，没有充分考虑可持续发展的要求；三是实施力度不足，即使有了合理的规划，但在实施过程中可能会因为种种原因导致执行不力，进而影响绿地的建设和使用；四是老旧小区受早期经济社会发展和规划理念的影响，绿地和开敞空间占比不高，绿地率大多低于25%，且绿地斑块破碎、不成体系。

绿地和开敞空间在城市中的作用不仅仅局限于提供休闲娱乐场所，还承担着维护生态平衡、改善环境质量、促进人与自然和谐共生的重要角色。因此，当城市中的公共绿地面积不足时，将直接影响到城市居民的生活质量和城市的可持续发展。生态文明理念强调人与自然和谐共生、绿色发展、循环发展和低碳发展，这一理念要求我们在城市规划和建设中，不仅要注重经济效益，还要充分考虑到生态环境的保护和可持续发展，在这种理念指导下，增加城市绿地面积、提高绿地质量、推广"绿地+生态"的模式成为践行生态文明理念的重要途径。

5. 水资源短缺与污染

许多城市面临水资源短缺的问题，同时水质污染也严重影响了水生态和人体健康。我国虽然水资源总量排名世界第六，但人均水资源量仅为世界平均水平的35%，并且约有三分之二的城市存在不同程度的缺水问题，这一状况在很大程度上归因于以下几个原因：一是地理分布不均，水资源在我国的分布极不均衡，南水多北水少的局面导致了北方地区水资源的天然短缺；二是利用效率低下，由于技术限制和管理不善，水资源的利用效率普遍不高，导致了大量的水资源浪费，进一步加剧了水资源短缺的问题；三是污染治理技术相对落后，技术落后限制了污染控制和水质改善的效果，工业发展和城市化进程中出现的水污染问题未能得到有效控制，水质恶化使得可用水资源进一步减少。清洁的水资源对于维持生态平衡、保护生物多样性和维持人类社会的可持续发展至关重要。因此，解决这一问题迫在眉睫。

6. 生态退化

生态退化是指生态系统在自然因素或人为干扰下，逐渐演变为低水平状态的过程。生态退化通常是由于人类活动导致的自然资源过度和不合理利用，例如过度放牧、森林砍伐、工业污染、城市扩张等，这些活动破坏了生态系统的结构，导致功能衰退、生物多样性减少、生物生产力下降以及土地生产潜力衰退。生态退化表现为生态系统对干扰的抗性降低，缓冲能力减弱，系统的敏感性和脆弱性增加，从而导致生态系统服务水平下降。生态退化对生态环境保护和经济社会发展具有深远的影响，不仅威胁到生物多样性，还可能引发土地沙化、水土流失、气候异常等一系列环境问题，进而影响人类的生活质量和经济活动。近年来，随着环境保护意识的提高和生态文明建设的推进，我国在一些地区实施了一系列生态保护和修复工程，生态环境得到了一定程度的改善。例如，水土保持、湿地保护、矿山修复等措施有效地减缓了生态退化的趋势。

7. 公共卫生问题

公共卫生问题是指影响、威胁或危害人群健康的各种因素和情况，包括传染病的预防与控制、环境卫生、食品药品安全等。引起公共卫生问题有多种原因，一是疾病谱变化，随着经济社会发展和生活方式的变化，非传染性疾病如心血管疾病、糖尿病等的发病率显著增加,而这些疾病在公共卫生系统中的准备不足,导致了疾病负担的增加;二是全球化影响,全球化加速了疾病的国际传播,使得一些地区性的健康问题迅速成为全球性的挑战,例如,新冠肺炎疫情的快速传播就体现了这一点;三是社会经济因素,经济条件、教育水平、社会保障和医疗资源分配不均等因素都会影响公共卫生状况,贫困和教育水平低下可能导致健康知识的缺乏和不良生活习惯的形成;四是环境因素,环境污染、气候变化和生态系统破坏等都是影响公共卫生的重要因素,空气污染、水质污染等环境问题会直接影响人们的健康;五是政策与立法,有效的公共卫生政策和立法对于预防和控制疾病至关重要,如果相关政策缺失或执行不力,可能会导致公共卫生问题的发生和扩散;六是卫生服务可及性,医疗服务的可及性和质量直接影响到公众健康,一些地区,由于医疗资源的稀缺或分布不均,导致居民无法获得及时有效的医疗服务;七是科技发展,科技进步为改善公共卫生提供了新的工具和方法,但同时也可能带来新的挑战,如抗生素耐药性问题的出现;八是人口老龄化趋势,人口老龄化导致慢性病患者数量增加,对公共卫生系统提出了更高的要求。公共卫生问题与经济社会发展之间存在密切的关系,它们相互影响、相互制约,应制定和实施全面的公共卫生策略和计划,以有效提升整个社会的健康水平,促进经济社会的全面发展。

8. 气候变化影响

气候异常对于经济社会发展的影响是深远和多方面的。气候异常对社会发展的影响主要表现在对公共健康、生活环境和社会安全等方面的冲击。气候异常导致的极端天气事件,如热浪、寒潮、洪水等,会直接影响人们的健康,例如,热浪可能增加热射病和中暑的风险,而洪水可能导致饮用水源受污染,增加水传播疾病的风险,此外,空气质量的下降也是气候异常的一个后果,可能导致呼吸系统疾病的增加,而气候异常对于自然生态系统造成的破坏,将影响生物多样性,进而影响人类健康。气候异常还可能导致生活环境恶化,如海平面上升威胁沿海社区,极端天气事件导致基础设施损坏,影响居民的正常生活和工作,这些变化可能导致人口迁移,增加城市压力,甚至引发社会不稳定。气候异常也将加剧社会不平等,尤其是在资源分配不均的地区,贫困地区可能缺乏应对极端天气的能力和资源,从而加剧贫困和不平等问题,此外,气候异常也对粮食安全产生影响,导致食品价格上涨,进一步影响社会稳定。气候异常对农业、旅游等特定行业的影响尤为显著,可能导致经济增长放缓,增加政府在灾害响应和预防方面的财政压力。气候异常还可能导致资源争夺加剧,如水资源短缺可能引发跨国冲突,影响国际关系。

气候异常对经济发展的影响主要表现在农业生产、企业经营、金融体系等方面。气候异常,如干旱、洪水、寒潮等极端天气事件,会直接影响农业生产,导致作物减产甚至绝收,进而影响粮食供应和价格稳定,例如,美国德克萨斯州的寒潮导致电力中断,影响了农业生产,给当地经济带来了巨大损失。气候异常可能导致公司的物理资产损坏,生产中断,从而影响公司的盈利能力和信用状况,在一些极端情况下,如德州电力公司的破产案例,经济损失高达数千亿美元。频繁的自然灾害会导致保险公司面临超出预期的索赔频率和金额，可能出现巨额保险赔付，影响保险公司的财务稳定性，此外，气候异常还可能引发金融市场的波动，增加金融体系的系统性风险。气候异常作为一种负外部性因素，不仅影响单个国家或地区，还对全球经济增长造成损害。联合国政府间气候变化专门委员会（IPCC）的报告指出，人为造成的气候变化已经对自然界和人类社会造成了广泛的影响。为了应对和适应气候异常，政府和企业需要投入大量资金进行基础设施建设、应急预案制定等，这些都会加大社会成本，减少可用于其他领域投资的资金。气候异常对最不具备应对能力的人群和生态系统的打击最为严重，将加剧社会贫困和不平等问题。

为了应对气候异常带来的各种风险，应采取一系列适应和减缓措施，加强国际合作与政策协同，以保障经济社会持续稳定发展。

9. 经济社会因素

贫困、不平等、教育水平低下和缺乏生态意识等经济社会因素也会加剧城市生态卫生问题。经济发展水平的提高可以增加环境保护和生态卫生的投入，包括技术、资金和人力资源等，有助于改善环境质量，提升生态系统的健康水平，但是如果经济发展过度依赖资源消耗、并带来环境污染，那么生态系统将面临巨大压力，导致生态卫生问题加剧。随着工业化和城市化进程的加快，大量工业废水、废气和固体废物排放到环境中，造成空气、水和土壤污染，不仅影响人类健康，还对生态系统造成破坏，威胁生物多样性；同时，城市化进程中的土地开发和建设活动也可能导致自然生态系统的破碎化和退化；农业生产中使用的化肥、农药等化学物质可能通过地表径流和地下渗透进入水体，导致水质恶化；此外，不合理的土地利用和植被破坏也会影响土壤侵蚀和水源涵养能力，进一步影响生态卫生。传统的能源消费模式依赖于化石燃料的燃烧，产生大量温室气体和其他污染物，温室气体排放导致全球气候变暖，而其他污染物则对空气质量和人类健康造成直接影响。政府制定的环境保护政策和法规对生态卫生有着重要影响，有效的政策和法规可以促进企业和个人采取环保行动，减少污染物排放，保护生态系统，相反，不完善的政策和法规可能导致环境监管不力，加剧生态卫生问题。公众的环保意识和教育水平对生态卫生也具有重要影响，提高公众的环保意识和参与度可以推动社会更加关注生态卫生问题，并采取行动来改善环境质量，教育水平的提高则有助于培养人们的环境责任感和可持续发展意识。总的来说，经济社会因素与生态卫生之间存在着复杂的相互作用关系。为了实现生态卫生的持续改善和生态系统的健康运转，需要综合考虑经济发展、环境保护和社会福祉之间的关系，并采取协同的政策和措施来促进可持续发展。

（二）城市生态卫生问题的应对策略

1. 提高资源利用效率减少资源过度消耗

着力提升科技创新能力，开发和推广更高效的生产技术，优化生产工艺，以减少原材料的使用量和能源消耗；推动闭环生产和消费模式，使产品和材料在经济系统内循环使用，减少废物产生，建立并逐步完善废物分类和回收体系，提高资源回收率，减少对原生资源的依赖,在产品设计阶段应采用易于回收的材料,设计易于拆卸的产品,以便在其使用寿命结束后能够方便地进行回收利用;推广绿色建筑和低碳技术,减少建筑能耗。持续推进产业升级与结构调整,促进产业结构向高附加值、低资源消耗的方向转型,淘汰落后产能,减少对资源的无效和低效消耗。除了在生产和消费的全过程中加强节能减排外,还应实行智能化管理,利用大数据和物联网技术优化资源配置,提高生产和物流的效率,减少生产过程中的浪费。建立健全政策激励与约束机制,制定激励政策,如税收优惠、补贴等,鼓励企业和个人提高资源利用效率;实施资源税和环境税等经济手段,促使企业减少资源消耗和环境污染。构建资源节约宣传教育长效机制,通过教育和宣传,提高公众对资源节约的认识,鼓励和引导消费者选择高效能、低耗能的产品。通过多方式多途径提高资源利用效率,减少资源过度消耗,促进经济可持续发展。

2. 减少污染排放改善环境质量

优化能源结构,减少对化石燃料的依赖,推广清洁能源和可再生能源的使用,如太阳能、风能、水能等,从而减少温室气体和其他有害气体的排放;应用先进的污染控制技术,如烟气脱硫、脱硝、粉尘收集等,有效减少工业排放;推动垃圾分类收集和循环利用,减少垃圾填埋和焚烧产生的污染;发展公共交通,鼓励步行、自行车等低碳出行方式,推广新能源汽车,减少机动车尾气排放;制定和执行严格的环境保护法规和标准,对企业和个人的污染排放进行监管和限制;引入排污权交易、碳交易等市场机制,激励企业减少污染物排放;对受污染的土地、水体进行生态修复,恢复生态系统的服务功能,提高环境质量;提高公众环保意识,鼓励公众参与环境保护活动,如植树造林、社区绿化、环保志愿服务等;加强国际交流与合作,共享环保技术和经验,共同应对全球环境问题。通过上述综合措施,有效减少各类污染物的排放,改善空气、水体和土壤质量,保护生态环境,促进人类社会健康和可持续发展。

3. 推进垃圾分类集运提高垃圾回收利用率

普及垃圾分类知识,鼓励公众参与垃圾分类,提高垃圾的资源化利用率。提高垃圾处理设施的建设和管理水平,确保垃圾得到有效处理。引入和发展先进的垃圾处理技术,提高处理效率,降低处理成本。对于有机垃圾,如食物残渣和园林废物,实行堆肥化处理,将其转变为肥料,用于土壤改良和农业生产;对于不适合回收或堆肥的垃圾,可以通过焚烧来减少体积,并通过热能回收转换成电力或热能;对于无法回收、堆肥或焚烧的垃圾,采用现代化填埋场进行处理,确保不会对周围环境和人类健康造成危害;针对电子垃圾采取特殊策略,包括回收贵重金属和其他可回收材料,同时确保有毒成分得到妥善处理。制定和完善相关法律法规,严格执行垃圾处理标准,对违法行为进行处罚。通过媒体和教育机构加强对公众的环保意识教育,提升公众对垃圾处理重要性的认识,鼓励消费者减少使用一次性产品,选择可重复使用或可回收的商品,推广环保购物习惯,全面实现垃圾的减量化。通过科学规划和有效管理,推动实现更为可持续的生产和消费模式。

4. 拓展城市绿化空间提升人居环境品质

在国土空间规划中，合理布局各类绿地，形成完善绿地系统，构建生态网络体系；选择适合本地气候和土壤条件的树木、花草，增加植物种类，丰富生物多样性，打造层次分明的绿色空间；通过利用建筑物的墙面、屋顶、阳台等进行垂直绿化，增加城市绿化面积、改善城市小气候；对城市中的废弃地、污染地进行生态修复，建设成为绿地或公园；采用智能灌溉系统和现代化养护技术，提高绿化植物的成活率和养护效率；建设绿道网络，连接城市中的公园、广场、自然保护区等，为居民提供休闲、运动的空间，并为动植物提供良好生存环境，有利于生物多样性保护；引入先进的园林绿化技术和材料，如使用耐旱植物、透水铺装等，提高绿化的可持续性；鼓励居民参与植树造林、花园管理等社区绿化活动，增强居民的生态文明意识和归属感；另外，还应制定和完善相关法律法规，确保绿化空间不被随意侵占，维护绿化成果。加强绿化建设是传播生态文明理念、推动实现碳达峰碳中和的有效途径，通过科学规划、技术创新和社会参与，共同推动城市绿化建设和生态文明建设。

5. 加强水资源节约高效利用缓解水资源短缺问题

在城市规划和建设中，充分考虑水资源承载能力，合理确定城市规模，避免因城市过度扩张导致水资源短缺；积极开发利用非常规水源，如再生水、雨水收集等，增加水资源供应；加强跨区域水资源合作，实现水资源的优化配置，提高整体水资源利用效率；建立健全水资源管理制度，加强水资源的分配和调度，实行严格的水权交易和管理制度，确保水资源的合理利用；加强水环境保护，防止水污染，保护水资源生态系统，确保水资源的可持续利用；推广应用现代节水技术，如滴灌、喷灌等高效灌溉方法，提高农业用水效率，在工业领域，推广循环水使用和高效冷却技术，减少工业用水量；优化调整产业布局，发展低耗水产业，减少高耗水产业比重，通过政策引导和经济手段，鼓励企业采用节水技术和设备；通过教育和宣传，提高公众的节水意识，倡导节水型生活方式，如使用节水器具、合理安排用水等；制定和完善节水激励政策，对节水效果显著的企业和个人给予奖励，对浪费水资源的行为进行处罚，以此来促进全社会的节水行为；加大水资源管理的监督检查力度，确保各项节水措施得到有效执行，对于违反水资源管理规定的行为，要及时查处并公开曝光，形成强大的威慑力量。采用多元化方式节约高效利用水资源，建设节水型社会，可有效缓解水资源短缺、推动水资源可持续利用、保护水生态环境。

6. 加强生态保护与修复力度加快遏制生态退化趋势

针对已经退化的生态系统，如荒漠化土地、污染水体、退化森林等，实施系统性的生态修复工程；在生物多样性丰富或具有特殊生态价值的区域建立自然保护区，禁止或限制人类活动，保护生态系统免受破坏；鼓励采用生态农业模式，减少化肥和农药的使用，保护土壤健康和生物多样性；倡导消费者选择环保产品，减少对自然资源的过度消耗和浪费；利用现代技术手段，如遥感、GIS等，加强对生态环境的监测，及时发现生态退化的趋势和问题，并采用有效应对措施；制定严格的环境保护法规，通过法律手段确保自然生态系统得到有效保护，对破坏生态环境的行为进行严厉惩处；加强不同政府部门之间在生态保护和修复方面的协调与合作，形成合力，加强与其他国家和国际组织合作，共享生态修复的技术和方法，共同应对全球性的生态问题；另外，政府应提供必要的政策支持和财政投入，确保生态保护和修复工作的顺利进行。通过这些措施，可有效遏制生态退化趋势，保护和恢复生态系统的健康，从而避免新环境问题的出现。

7. 加大公共卫生服务管理力度提升公众整体健康水平

加强对于重大疾病包括传染病（如结核、艾滋病、SARS、新冠肺炎等）的预防、监控和治疗，及时采取疫苗接种、健康教育、早期检测和隔离感染者等有效的疾病预防措施；加强食品、药品安全标准的制定和执行、环境污染的监测和管理等环境卫生监督工作，加强饮用水质量控制和垃圾处理，加强对于市场上流通产品的质量检测，确保食品、药品、饮用水安全、维护公共环境卫生，防止因污染和不洁引起的疾病、防止不合格产品对公众健康造成威胁；完善医疗卫生服务体系，优化医疗资源配置、提高医疗服务可及性和可承载性，提供高质量的基本医疗服务，确保所有人都能获得必要的健康服务，针对社会经济地位较低的群体，提供必要的医疗援助和支持，减少健康不平等现象，对于儿童、老年人、孕妇等重点人群，提供特别的健康保护和促进措施，确保这些易受健康风险影响的群体得到适当的关照；发展中医药服务，结合现代医学与传统医学的优势，为公众提供更多元化的健康管理选项和疾病治疗方案；建立健全应急管理体系，有效应对如疫情爆发等突发公共卫生事件；通过健康教育和宣传活动提高公众的健康意识，鼓励健康生活方式，减少慢性疾病的发生；加强与医疗保健提供者、非政府组织、教育机构和私营部门之间合作，实现更全面、更有效的公共卫生服务，加强国际卫生合作，应对跨国公共卫生威胁；定期评估公共卫生策略的效率和效果，提出调整优化措施。通过制定和实施全面的公共卫生策略和计划，可有效应对公共卫生问题，保障人民健康和安全，适应不断变化的健康挑战。

8. 有效应对气候变化减轻经济社会发展影响

多举措减少温室气体排放，加快从化石燃料（煤炭、石油和天然气）向可再生能源（太阳能、风能、水能、地热能等）转变，改进建筑物的保温性能、使用节能设备和优化工业生产过程，提高能源效率，减少能源消耗；调整农业种植方式和作物种类，实行精准农业、有机耕作，实现高效、环保的农业生产方式，以适应气候变化带来的干旱或洪水；在交通领域，发展低碳交通模式，以电动汽车、混合动力车等替代燃料车辆，同时改善公共交通系统，鼓励步行和自行车骑行，减少私家车依赖。提高气候变化适应能力，建立和完善早期预警系统，提高对极端天气事件的预测和响应能力；加强基础设施的气候韧性，确保其能够抵御极端天气事件的影响；保护和恢复生态系统，如湿地、森林和草原，以提高其对气候变化的自然适应能力；强化社会和健康系统的应对能力，提高公共卫生系统应对能力，化解气候变化可能带来的健康风险；加强教育和培训，提高公众对气候变化的认识和理解，促进可持续生活方式的采纳；加强国际合作与政策协同，在全球范围内加强合作，共同应对气候变化的挑战，包括技术转移、资金支持和经验分享，在国家层面制定和实施长期的气候战略和政策，确保经济社会发展与环境保护的协调一致。

9. 转变经济社会发展模式实现生态环境持续改善

从依赖重工业和制造业向服务业和知识经济转型，通过政策引导和市场机制，逐步减少对重工业和传统制造业的依赖，促进服务业和高科技产业的发展，包括金融、保险、健康医疗、教育、旅游、文化创意以及信息技术服务等，加大对科技创新的投资力度，提高国家或地区在全球创新体系中的地位，鼓励企业和高校进行基础研究和应用研究，推动知识产权保护，利用云计算、大数据、人工智能和其他数字技术改造传统产业，提升生产效率和服务品质，促进数字化转型。从高能耗、高污染的发展模式向绿色、低碳的发展模式转型，提高可再生能源在能源消费中的比重，减少对化石燃料的依赖，通过技术创新和政策激励，提高工业、建筑、交通等领域的能源使用效率，鼓励企业采用环保材料和清洁生产工艺，减少污染物排放，实施循环经济，建立碳排放权交易市场或征收碳税，使排放成本内化于生产成本中，促使企业和消费者转向低碳选择，共同推进绿色低碳发展。从以GDP增长为核心目标向以提高人民生活质量和社会福祉为目标转型，制定包含社会、文化、环境等多方面指标的综合发展计划，而不仅仅是着眼于经济增长率，开发并应用更全面的衡量指标如幸福指数、人类发展指数（HDI）等，替代单一的GDP指标评价国家的发展水平，建设完善的医疗保障、养老保险、失业救济等社会保障网络，减少社会不公和贫困问题，增加对教育、公共卫生、文化设施的投资，提升服务质量，促进公民整体素质和幸福感的提升。从过度消耗自然资源向可持续发展和循环经济转型，通过技术创新提高资源使用效率，减少原材料浪费，实现更少的资源投入产出更多的产品和服务，推广产品设计、生产、使用和回收的闭环系统，鼓励产品设计初期就考虑其整个生命周期，包括易于维修、升级和回收再利用。随着经济社会发展模式的转变，将推动生态环境的持续改善，逐步实现经济社会发展与生态环境保护的和谐共生。

四、城市的生态产业建设

生态产业是按生态经济原理和知识经济规律组织起来的基于生态系统承载力，具有高效的经济过程及和谐的生态功能的网络型进化型产业。与传统产业相比较，生态产业具有显著特征，通过两个或两个以上的生产体系或环节之间的系统耦合，使物质、能量得以多次利用、高效产出，资源环境得以系统开发、持续利用。产业发展的多样性与优势度，开放度与自主度，力度与柔度，速度与稳定度达到有机结合，污染负效应变为正效益。

生态产业实质上是生态工程在各产业中的应用，从而形成生态农业、生态工业、生态三产业等生态产业体系。生态工程是为了人类社会和自然双双受益，着眼于生态系统，特别是社会－经济－自然复合生态系统的可持续发展能力的整合工程技术，促进人与自然和谐，经济与环境协调发展，从追求一维的经济增长或自然保护，走向富裕（经济与生态资产的增长与积累)、健康(人的身心健康及生态系统服务功能与代谢过程的健康)、文明(物质、精神和生态文明)三位一体的复合生态繁荣。

(一) 生态工业

1. 生态工业的内涵与理论基础

(1) 生态工业的内涵

目前在学术界尚无普遍接受的生态工业定义,根据联合国工业与发展组织的定义,生态工业是指在不破坏基本生态进程的前提下,促进工业在长期内给社会和经济利益作出贡献的工业化模式。生态工业是指仿照自然界生态过程物质循环的方式来规划工业生产系统的一种工业模式。在生态工业系统中,各生产过程不是孤立的,而是通过物料流、能量流和信息流互相关联,一个过程的废物可以作为另一过程的原料而加以利用。生态工业追求的是系统内各生产过程从原料、中间产物、废物到产品的物质循环,达到资源、能源、投资的最优利用。

生态工业的实质就是以生态理论为指导,模拟自然生态系统各个组成部分(生产者、消费者、还原者)的功能,充分利用不同企业、产业、项目或工艺流程等之间,资源、主副产品或废弃物的横向耦合、纵向闭合、上下衔接、协同共生的相互关系,使工业系统内各企业的投入产出之间像自然生态系统那样有机衔接,物质和能量在循环转化中得到充分利用,并且无污染、无废物排出。

(2) 生态工业的理论基础

生态工业的理论基础是工业生态学。虽然工业生态思想产生得较早,但将它作为一门科学进行研究还是近几年的事情。

工业生态学理论的主要思想是把工业系统视为一类特定的生态系统。同自然生态系统一样,工业系统是物质、能量和信息流动的特定分配,而且完整的工业系统有赖于由生物圈提供的资源和服务,这些是工业系统不可或缺的。工业生态系统的核心是使工业体系模仿自然生态系统的运行规则,实现人类的可持续发展。

2. 生态城市的实践形式——生态工业园

(1) 生态工业园的内涵

生态工业园是依据循环经济理论和工业生态学原理而设计成的一种工业组织形态,是生态工业的聚集场所。生态工业园遵从循环经济的 3R 原则,其目标是尽量减少区域废物,将园区内一个工厂或企业产生的副产品用作另一个工厂的投入或原材料,通过废物交换、循环利用、清洁生产等手段,通过不同企业或工艺流程间的横向耦合及资源共享,为废物找到下游的"分解者",建立工业生态系统的"食物链"和"食物网",最终实现园区内污染物的"零排放"。

(2) 发展生态工业园的策略

我国目前正在经历新一轮科技革命和产业变革下的工业化浪潮,迫切需要尽可能地减少工业化过程中付出的巨大环境成本。生态工业园中的诸多设想和国外实践对于指导我国当前区域经济发展有着重要意义。结合我国现实国情，发展生态工业园须做好以下几方面工作。

①完善环境保护相关法规

我国工业系统的环境保护法律法规主要是针对污染防治，特别是末端治理，显然不适于以高效的资源循环利用和污染零排放为目标和基本特征的生态工业的发展，因此有必要建立和完善与生态工业发展相适应的法律法规，如规定工业系统资源循环利用责、权、利的法律法规、规定工业企业采用环境无害化技术和清洁生产工艺的法律法规等。

②定位好政府的作用

目前，政府在生态工业园的规划建设中起着重要作用。生态工业园的运作是在遵循市场经济的规则下获得经济利益和环境绩效的共同发展，定位好政府在园区规划建设中的作用将有利于园区的发展。

③企业层面的要求

企业层面的要求主要包括以下几个方面：企业内部的物料循环，要求企业注重单个企业本身的清洁生产，使用清洁的能源、清洁的生产工艺、制造绿色的产品，且要求园区内各企业实现企业内部物料的循环；整个园区内的循环，即在更大的范围内实施循环经济的法则，把不同的工厂联结起来形成共享资源和互换副产品的产业共生组织；建立园区静脉产业。

④生态工业园

最初的建设重点不应该放在建立能源、水和废物交换上，而应该放在建立有利于园区发展的公共设施上，因为和废物交换设施相比，公共设施相对来说需要较少的投入，但同时却能产生合理的经济和环境效益。当这些项目建好后，企业可以尝试建立共生的能源、水和废物交换系统。生态工业园的发展是一个长期的过程，为了刺激其发展，建立一些低成本、高效益的、设施"简单"的交换中心非常重要。

⑤财务管理

在生态工业园的规划建设中，财务管理不能只是由政府来操作，企业也应该积极地参与进来。这样的目的一是提高财务透明度，二是增强企业在项目实施过程中的责任。

⑥开展国际合作，制定新的融资方案

很多些国家和地区在生态工业园规划建设方面已经先行一步，积累了较多理论基础和实践经验。我们应当本着全人类可持续发展的精神，在生态工业园规划建设中广泛开展国际合作，多渠道引进资金、技术和人才，建设高起点的、高效率的国际化生态工业园。

⑦旧工业园改造

对于旧工业园进行生态工业园的规划是可能的。首先应培养企业（特别是国有大中型企业）对市场的敏感度和参与精神，同时对已有企业进行筛选，不具备市场潜力和发展活力的企业将自行淘汰，筛选出对区域发展影响重大、有区域竞争优势的一个或几个支撑企业进行重点培养，并围绕重点培养企业通过政府、专业协会或委员会为生态工业园组织可能的废物流动关系。

⑧新兴生态工业园的建设

以高新技术和人才为基础建设新的生态工业园，运用大量新兴环保技术和生态工程推动园区成员合作，依靠政府和市场的双层引导进行生态工业园的规划建设。

（二）生态农业

1. 生态农业的内涵、特征及模式

（1）生态农业的内涵

生态农业指遵循生态学和经济学的原理和规律，按照系统工程的方法，运用当代先进的农业科技和现代管理手段，建立的人类生存和自然环境间相互协调、相互增益的经济、社会、生态效益有机统一的现代化农业体系。生态农业是全面规划、总体协调、良性循环的整体性农业，是无废弃物、无污染、集约、高产、优质、高效农业，持续发展是当今世界农业发展的一种新战略、新趋势，是对石油农业和替代农业反思的结果，世界各国都在为此做出努力。生态农业的目标，一是积极增产粮食；二是促进农村综合发展，增加农村劳动力的就业机会和收入；三是合理利用和保护资源，改善生态环境。我国生态农业战略与世界持续农业战略，在思想上完全吻合，符合世界农业持续发展潮流。

（2）生态农业的特征

生态农业能实现农业的高产、优质、高效、持续发展，达到生态和经济系统的良性循环以及经济、社会、生态三大效益的综合平衡。我国生态农业是具有中国特色的可持续发展的现代化农业。

①综合性

生态农业强调发挥农业生态系统的整体功能，以大农业为出发点，按"整体、协调、循环、再生"的原则，全面规划，调整和优化农业结构，使农、林、牧、副、渔各业和农村一二三产业综合发展，并使各业之间互相支持，相得益彰，提高综合生产能力。

②多样性

生态农业针对我国地域辽阔，各地自然条件、资源基础、经济与社会发展水平差异较大的情况，充分吸收传统农业精华，结合现代科学技术，以多种生态模式、生态工程和丰富多彩的技术类型装备农业生产，促进各区域扬长避短，充分发挥地区优势，各产业根据社会需要与当地实际协调发展。

③高效性

生态农业通过物质循环和能量多层次综合利用和系列化深加工，实现经济增值，实行废弃物资源化利用，降低农业成本，提高效益，为农村大量剩余劳动力创造农业内部就业机会，提高农民从事农业的积极性。

2. 都市型生态农业

（1）都市型生态农业的内涵

都市型生态农业是一种以中心城市发展为核心的区域性生态农业，是资源、环境、生态、经济社会等协调发展的可持续农业系统，是依靠科技进步和创新发展的高科技现

代农业产业,是具有充分比较优势并有较强市场竞争力的农业。都市型生态农业系统具备三大功能:一是生态功能;二是经济功能,最基本的是生产性功能;三是社会文化功能。根据三大功能,都市型生态农业可持续发展的内涵主要包括三方面的内容,即生态环境可持续发展、经济可持续发展和社会可持续发展。都市型生态农业内涵主要有以下四点:

①协调城市与乡村同步建设发展关系,按城市生态系统,建设山、水、城、林、田为一体的自然生态圈。

②加强生态环境治理,协调人与自然的关系,综合治理城乡生产、生活环境,建设绿色屏障,形成公园式乡村、园林式城镇的人居环境。

③利用城市特有功能,开发农业综合生产,协调城乡互动互利关系,引进人才技术、资金和设施,加速科技成果转换,带动农业产业化发展。

④建设农业生产基地,开发绿色(有机)食品生产,协调自然再生产与社会再生产的关系,以基地建设扩大农业生产规模,以绿色食品生产扩大销售市场,达到服务城市、富裕农村的目的,实现农业可持续发展。

(2)都市型生态农业的特征

都市型生态农业建设伴随城市化进程而不断调整农业生态系统。系统调整的核心是生物种群,通过生物与环境的互相作用,和人为调控,形成新的农业生态系统。在具体实施过程中,依靠生态农业工程技术应用来实现。因此,都市型生态农业特征具有以下四点:

①生态调控性,按城市生态系统进行调节和控制,将农业自然资源高效持续地转化为城乡市民所需的各种农产品。

②生态稳定性,通过生物对自然条件的选择,扩大优势生物种群在该区域的种植和养殖,进而形成规模生产能力。

③高效性,在都市型农业生产区域内,选用的生物种群多数是人为选择的高产、高效的品种,加之先进的生产管理和技术推广,促进了物质与能量的快速转化,达到高效益生产的目的。

④双重性,都市型生态农业生产既要服从于自然生态环境,又要服从于城乡社会与经济发展。也就是说,一方面在自然条件下,调整生物种群,选择高产、高效、高品质的生物种,另一方面按照市场经济规律和城乡人民需求发展生产。

(3)建设都市型生态农业的基本途径

①建立有区域特色的生态农业,满足生态城市建设的需要

首先要满足城市生态环境建设的需求,完善城镇绿化系统,提高绿地及生态功能建设管理水平,逐步形成总量适宜、分布均衡、生物多样性(特别是植物)特色鲜明的大都市和小城镇生态环境。生态城市的建设为打造都市及城镇生态环境、美化庭院甚至家庭客厅、阳台与卧室以及苗木、花卉提供了广阔的市场特色。生态林业、花卉业以及花卉服务业是都市型生态农业的重要选择。其次要满足城市居民的主、副食品的需要,重点在品种开发更新,调优种植结构,推行农业标准化,强化生态技术,按照近郊发展都

市农业、远郊发展特色生态农业的思路，兼顾整体性和区域性，做大做强区域特色生态经济。

②利用都市辐射效应，发展观光旅游生态农业

观光旅游生态农业以农业和农村为载体，包括观光农园、休闲农场等，形成具有第三产业特征的一种农业生产经营形式。发展观光旅游生态农业，首先应依托都市市场需求和消费能力，发展具有地方特色的农产品，如有机蔬菜、绿色水果、特色养殖等，通过建立品牌，提高产品知名度，吸引都市居民前来购买和体验；其次要结合当地的自然风光和文化特色，开发乡村旅游项目，如乡村民宿、农家乐、农事体验活动等，这些项目能够让都市居民近距离接触自然，体验农村生活，从而促进当地旅游业发展；再者可以在都市周边建立生态农业示范区，采用先进的生态农业技术和管理模式，展示生态农业发展的可行性和效益，生态农业示范区不仅能成为都市居民休闲观光的好去处，也能提升当地农产品的品质和价值。

（三）生态服务业

生态服务业也可称为生态第三产业，也就是第三产业生态化。第三产业是指以服务形式投入的产业，包括商贸、金融、服务、通讯、管理、科研、教育和卫生等多部门，从功能上来看，这些产业又都属于社会发展的范畴。经济学家认为，在人均GDP达到1000美元之后，人们消费要求提高的同时必然会遇到需求多样化的问题，尤其是对于公共教育、公共卫生、环境保护和休闲旅游等方面的需求将会大大增加。这些需求增长的领域都属于第三产业，因此，服务业的发展在一定程度上标志着社会发展的水平，只有服务业发展了，才能体现出社会的进步，只有第一、第二、第三产业协调发展了，才是经济与社会的全面发展。

随着城市经济的发展，第三产业在国民经济总值中的比重将越来越大，但第三产业尤其是商业服务业、房地产业、交通运输业、旅游业等迅速发展所带来的区域环境影响也日趋广泛和深入，必须采取措施改变经营观念，将生态经济的思想融入整个第三产业的发展进程中，采取循环经济的发展模式，建立低耗、低废、高效、和谐的产业组织结构，产业内部物流、能流畅通，与城市其他组分之间融洽、协调，并共同构成平衡稳定、协调发展的生态城市。

1. 服务业的环境影响

（1）商业、饮食业、广告业和娱乐业等行业的发展对生态环境的影响

①白色污染

都市化生活给环境带来了"白色污染"，"白色污染"是以一次性或是不能长久使用的塑料制品为主体的，如塑料袋、塑料瓶、一次性饭盒、塑料包装品等，这些塑料制品在自然状态下至少需要200年才能完全降解为无害物质。这些不能降解的一次性饭盒和废旧塑料大多被简单地压埋在垃圾场中，不仅占用大量土地，而且产生废气、滋生细菌，甚至可能引发剧烈爆炸。

②饮食文化的影响

随着经济社会的发展，人们生活水平的提高，对于餐食的需求越来越高，致使许多受法律保护的野生动物被滥捕滥杀，加速了其灭亡步伐，导致了许多疾病的发生。

③光、噪声污染对人体的伤害

色彩斑斓的彩灯和日益增多的灯箱广告，对人类的身体健康产生了危害。彩光灯产生的紫外线大大高于阳光，长期处于其照耀下，可诱发多种疾病，对人的心理也会形成一定压力。娱乐业产生的噪声不仅对人的听力、视力有伤害，还会导致心动过速、血压升高、恶心呕吐等症状。

（2）旅游、房地产业发展带来的环境污染

房地产开发挤占了宝贵的绿地及耕地资源，往往造成植被破坏、一些珍贵的不可再生资源的衰退和灭亡；建筑施工、装修噪声及垃圾对居民的生活产生影响；玻璃幕墙大量使用，形成的光辐射、风影区和"热岛""风岛""雾岛"效应也危及人身健康及环境质量。

（3）交通运输对环境的影响

交通运输对环境的影响主要体现在噪声、垃圾、汽车尾气等方面。

（4）信息产业发展带来的环境污染

大功率高压输电、无线电通信、电视和广播等在人们周围生成大量电磁波，各种电子设备、家用电器、电脑也会产生强度不等的电磁波。电磁波污染看不见和摸不着，被称为"无形杀手"。

2. 生态服务业的发展对策

为使第三产业发展不影响和破坏生态环境，并把生态环境作为第三产业发展的内生变量，进而使生态环境具有更新自身的经济基础，得以维持物质与能量的循环，为人类生存提供一个良好的生产、生活环境，就必须大力发展环保型（生态型）第三产业，确保经济社会的可持续发展。

（1）树立第三产业发展的生态观

从优化投资环境、美化居住环境、强化经济社会可持续发展的高度，来认识发展生态服务业的现实意义，通过各种形式，学习和宣传现代经济理论和环保知识，摒弃传统的发展观，树立起防止污染先于治理，综合利用先于最终治理的生态环境保护超前意识，使第三产业的发展既不浪费资源，又不影响和破坏环境，同时还能充分满足人们需要。

（2）完善法律体系，加大执法力度

加强对市场新情况和新问题的研究，根据保护生态环境的需要，适时新增法律法规和实施细则，在环境受到影响和破坏之前就有章可循要，同时加大执法力度，对违反法律法规的行为，应及时予以惩处。

（3）顺应绿色趋势，培育新的经济增长点，促进生态型第三产业发展

政府从政策层面给予支持和引导，通过制定税收减免、财政补贴、绿色信贷等优惠政策，鼓励企业投资环保技术和产品研发，或者设立绿色发展基金，支持生态型第三产

业发展，为相关企业提供资金支持；企业自身也需要积极转型升级，通过技术创新，开发符合绿色标准的产品和服务；公众的生态意识提升也是推动环保型第三产业发展的关键因素，通过教育和宣传，提高公众对生态环境问题的认识，激发他们选择绿色产品和服务的意愿，有助于形成良好的市场需求环境，并能促使企业更加重视生态环保责任，从而推动整个产业的绿色升级。

五、城市的生态景观建设

（一）城市生态景观的内涵与特征

1. 生态景观的内涵

生态景观是社会-经济-自然复合生态系统的多维生态网络，包括自然景观（地理格局、水文过程、气候条件、生物活力）、经济景观（能源、交通、基础设施、土地利用、产业过程）、人文景观（人口、体制、文化、历史、风俗、风尚、伦理、信仰等）的格局、过程和功能的多维耦合，是由物理的、化学的、生物的、区域的、社会的、经济的及文化的组分在时、空、量、构、序范畴上相互作用形成的人与自然的复合生态网络，不仅包括有形的地理和生物景观，还包括了无形的个体与整体、内部与外部，过去和未来以及主观与客观间的系统生态联系。生态景观强调人类生态系统内部与外部环境之间的和谐，系统结构和功能的耦合，过去、现在和未来发展的关联，以及天、地、人之间的融洽性。

生态景观的作用不仅仅是提供视觉审美效果，或者是单纯为城市居民创造一个休憩、娱乐的场所，更需要在现代科学技术的基础上，创造性地引入自然的、具有新时代人文要素的景观作品，以回应城市高速发展所带来的人、城市、自然之间的矛盾。生态景观是改善城市生态环境、提高城市品位、促进旅游购物、吸引投资的重要途径，对实现经济社会可持续发展，推进城乡一体化建设具有现实意义。

2. 生态景观的特征

城市作为一个复杂的社会-经济-自然复合生态系统，其中包含各种构成要素，共同作用形成具有当地特色的人居环境，而一个人居环境舒适的城市，其生态景观具有以下几个特性。

（1）和谐性

生态景观强调人与自然、人与其他物种、人与社会以及社会各群体间的和谐共生。这种和谐体现在强调人类活动与自然环境相协调，追求人与自然之间的共生关系，同时通过维护和恢复生态系统的多样性来保障其他物种的生存空间，并考虑社会各群体间的关系，满足均等化需求。生态景观不仅仅是物理环境的设计，还包括人的精神层面，如美学体验、文化传承等，追求形与神的和谐，既发挥生态功能，也满足人们的审美需求，实现功能与美感的统一。

（2）区域性

每个生态景观都具有独特的区域特征，这些特征是由该地区的物理、化学、生物、社会、经济和文化因素共同决定的，反映了特定区域内自然环境与社会经济活动之间的相互作用和影响。一个区域的地形、地貌、水文过程以及气候条件等都会对生态景观产生影响，这些自然因素决定了景观的地理格局和物质流动方式；而森林、河流、农田、山脉等不同类型斑块的聚合体构成了区域景观的特定性；人口分布、体制、文化、历史等人文因素，能源、交通、基础设施、土地利用和产业过程等经济因素，以及不同区域文化背景的差异，都不同程度地对生态景观产生一定影响，在生态景观中体现出不同的表征。

（3）多样性和动态性

多样性体现在物种多样性和生境多样性。生态景观中存在多种不同的植物、动物和微生物，每种生物都在生态系统中扮演特定的角色，并包含森林、湿地、草原等多种生境类型，每种生境都支持不同的生物群落。同时，生态景观是动态变化的，随着时间的推移而发展和演替，可能会因气候变化、自然灾害或人为活动而发生变化。

（4）可持续性和自然性

生态景观注重可持续性，确保自然资源得到合理利用和有效保护，生态系统具备稳定性和恢复力，能够持续提供生态服务，同时，生态景观强调保持自然本质，保护和展现自然景观之美，提供人们亲近自然的机会，并利用生态系统净化空气和水质、调节气候、提供栖息地等自然服务，而非依赖人工设施。

（5）互联性

生态景观中的各个组分之间存在着复杂的相互作用和联系，物质流、能量流、信息流在这些组分之间传递，形成了一个复杂的网络结构。在生态景观中，各个生态系统之间通过物质的循环和流动相互联系，这种物质交换是生态景观内部互动的基础；能量的传递通常遵循食物链的顺序，从生产者到消费者再到分解者，每一步都有能量的损失，这个过程中能量的流动连接了不同的生物和生态系统；信息交流也广泛存在于生物之间以及生物与非生物环境之间，植物通过化学信号进行交流，而动物则可能通过声音、视觉或嗅觉信号来传递信息；另外，生态景观中包含的不同生态系统的分布和配置，支持不同物种之间的相互作用和流动性，保障了生态连通性。

（6）功能性

生态景观支持生物多样性，生态系统中的多样化生境有利于不同物种的生存和繁衍，从而维持和增强生物多样性，例如，森林景观不仅提供丰富的植物群落，也为动物提供栖息地，促进生物多样性的保护。生态景观能够提供诸如净化空气和水质、调节气候、提供休闲娱乐场所等多种生态服务，通过植被吸收空气中的污染物和二氧化碳，释放氧气，同时减少水土流失，保持水质清洁；绿地和水体等自然元素有助于调节局部气候，降低城市热岛效应，提高空气质量；自然环境如公园、绿地等为人们提供休闲娱乐场所，有助于提高生活质量、有益于身心健康。生态景观具备的独特美学价值，增强了环境的视觉效果，丰富了人们的视觉体验和美感享受。良好的生态景观还能够促进人与自然的和谐共处，提升社区凝聚力，促进社会和谐。

（二）城市生态景观的构建原则

1. 以人为本的原则

人是城市活动的主体，任何景观都应以人的需求为出发点，体现对人的关怀，满足人的各种生理和心理需求，营造优美的人居环境。一个城市生态景观构建的成败、水平的高低，取决于在多大程度上满足了人类户外活动需要，是否符合人类的户外行为需求，是否顾及人与社会群体的交往交流、人与自然环境的和谐相容。

2. 尊重地域历史文化和地域特色的原则

历史性和地域性是构筑城市生态景观的前提，要充分尊重地域文化与艺术，注重具有历史人文价值和艺术价值的景观，突出自身历史文化和风土民情特色，保持自身特有风格，探寻传统文化中适应时代要求的内容、形式和风格，塑造新的形式，创造新的形象，注重人文景观的地方性、历史性与现代性相结合。

3. 生态原则

尊重自然，保护自然生态系统，避免因人为过度干预而导致的生态退化和生物多样性的丧失；通过多样化的植物配置和生境创造，增强生态系统的稳定性和抵抗力，提高生物多样性；增加绿化及开敞空间，改善城市微气候，提供生物栖息地，增强生态功能。

4. 保持整体性原则

城市生态景观既要体现城市形象和个性，讲究变化中求统一，统一中有变化，又要着眼全局，结合现状地形地貌，合理进行景观点、线、面和人文活动空间体系的建立以及建筑风格、色彩、风貌等的管控，从整体出发使景观构建与区域自然地理特征和经济社会发展相应，谋求生态、社会、经济效益的统一。

5. 生态景观构建的多样性原则

城市景观中自然生态要素较少，通过适当补充自然组分、优化景观结构、丰富景观风貌；同时，通过不同类型与尺度的斑块的组合，维持景观的空间异质性，有助于实现生物多样性和生态系统的持续服务。

（三）城市生态景观的构建途径

1. 保护和建立多样化的乡土生境，体现城市生态设计的地方特色

人类不断从环境中获得生活的一切需要，如水源、食物、能源等，生活空间中的一草一木都是人类长期与自然环境相互作用的结果，人类对环境的认识和理解是自身经验的有机衍生和积淀。物种的消失已成为当代最主要的环境问题，因此保护和利用地带性物种是时代对城市景观设计的要求，乡土物种不但最适宜于在当地生长，且管理和维护成本少，要依据当地乡土材料，充分利用当地植物和建材，保护和建立多样化的乡土生境系统进行生态景观设计。

当代人的需要与历史上该场所中的人的需要不尽相同，因此，生态景观设计决不意

味着模仿和拘泥于传统的形式，新的设计形式应以场所的自然过程为依据，依据场所中的阳光、地形、水、风、土壤、植被及能量等，设计的过程就是将这些带有场所特征的自然要素融入设计之中，维护场所健康，适应场所自然生态过程，所以，生态景观设计，必须尊重传统文化和乡土生境系统，体现地方特色或传统文化给予生态景观设计的启示。

2. 合理和节约利用自然资源，加强生态环境保护

要实现人类生存环境的可持续发展，必须对不可再生资源加以保护和节约使用，即使是可再生资源，其再生能力也是有限的，也应采用保本取息的方式加以利用。生态景观设计依循自然生态过程，将极大地提高能源、土地、水、生物资源的使用效率，新技术的采用也可能数倍地减少能源和资源的消耗，同时还应采用适宜的物种和合适的植物配植方式来降低能源资源消耗。

在城市化的发展进程中，保护自然景观元素和生态系统是至关重要的。城区和城郊的湿地、自然水系以及山林等都是城市生态环境中不可或缺的部分，应加以重点保护。另外，生态景观的维护和保养也是需要重点关注的问题，应尽量减少灌溉用水、少用或不用化肥和除草剂，将有助于保护环境、节约资源并维持生物多样性。

3. 强化城绿耦合组构关系，提升生态空间自然生态本底价值

生态景观构建应与城市整体空间格局有机结合，通过建立廊网交织的生态空间体系，连接区域生态空间，形成网络化生态系统，以提高城市生态环境的整体性，增强生态系统的服务功能。以蓝绿空间为中心，精细化构建沿绿梯度空间，使建筑形态与自然环境相协调，提升城市美观性和生态价值。除了空间上的耦合，还将城市开发空间与公园绿地的功能和业态进行有效结合，实现多功能的土地使用，体现"公园+"的公园城市建设理念，提高土地使用效率、提升生态环境质量、促进城市绿色发展。

生态景观空间是多种生物的栖息地，对于保护生物多样性、维持生态平衡起到重要作用；植被通过吸收二氧化碳释放氧气来净化空气，植物的表面还可以吸附空气中的颗粒物，减少空气污染；绿地和水体的蒸发作用有效降低城市温度，减少热岛效应；另外，生态景观空间还支持防洪、土壤保持、水源涵养等多种生态服务。因此，加强生态景观建设，保护既有自然生态系统，可有效提升生态空间自然生态本底价值，对于提升生物多样性、调节城市气候、提供多样化生态服务具有重要意义。

六、城市的生态文化建设

从生态学角度看，文化是人类适应所处环境的重要手段，是人类对所处环境的一种社会生态适应。环境在进化，人类文化也在发展。文化与环境协调进化则人类文明就发展，否则，就可能造成生态危机，导致文化的退化和人类文明的衰亡。

生态文化自古有之，从采集狩猎文化到农业、林业、城市绿化等都属于生态文化的范畴。由于历史的原因，在很长一段时间内人与生态的矛盾尚未突出出来，生态文化一直是融合于其他文化之中，而未能成为一种独立的文化形态，更谈不上成为社会的主流文化，直到工业文明带来生态危机，生态学和环境科学研究的深入，环境意识的普及，

可持续发展成为指导世界各国经济、社会发展的战略，生态文化才得到很大发展，并作为现代文化的基础层，与其他文化一起共同构成现代文化体系。随着人类社会的日益生态化，人类文明不断向生态文明演进，生态文化将不可抗拒地成为可持续发展社会的主流文化。

生态文化是生态城市的软件，完善的生态文化软件环境是生态城市顺利运行的保障。生态文化的建设必须从其层次性着手，对物态文化、行为文化、体制文化和心智文化进行全面建设，最终实现生态文化体系的整体性提高这一目标。生态文化建设的核心是生态文明意识的培育，通过面向全社会各阶层的生态教育以及广泛的宣传，使人与自然和谐发展的思想深入人心。此外，生态体制的建立和完善是生态文化体系建设的有力保障，政府应该从国土空间规划到具体的经济、社会发展决策中体现绿色的体制和机制，为城市生态文化支撑起一个绿色的骨架，使城市生态文化能切实地在各个层次顺利开展。

（一）城市生态文化的内涵和意义

1. 城市生态文化的内涵

生态文化就是以人为本，协调人与自然和谐相处关系的文化，反映了事物发展的客观规律，是一种启迪天人合一思想的生态境界，是诱导健康、文明的生产生活消费方式的文化。生态文化是吸取各种文化精华的现代文化，是物质文明与生态文明在人与自然生态关系上的具体表现，是要求人与自然和谐共存并稳定发展的文化。生态文化与其他文化相比有两个不同。

（1）生态文化的对象指向于生态

生态文化关心的是人类的任何活动是否有利于生态的平衡、生态的保护。在生态文化看来，凡是有利于平衡生态的保护活动是值得肯定的、大力提倡的，凡是不利于生态的平衡、生态的保护的活动是应该反对的、予以禁止的。

（2）生态文化是全球文化

人类只有一个地球，人类要想更好地生存和发展，必须爱护地球，保护生态，保护生态符合全人类的共同利益。生态文化作为处理人与生态关系的手段、工具、准则，在社会伦理价值上是中立的，可以为不同地区、种族、国家、阶级共同拥有，为不同层次的价值主体共同接受，它是人类共同的文化财富，是全球文化，没有民族性、国民性、阶级性。

2. 城市生态文化的意义

（1）生态文化为生态城市建设提供理论根据

人们只有掌握了生态规律，运用科学的理论作指导，才能更好地适应生态化要求，实现人类与环境协调发展。生态文化的不断创新，生态学、环境科学的发展，将加深人们对生态规律的认识，从而为生态城市建设提供坚实的理论基础和依据。可以说，人们对生态规律的认识程度即生态文化的发展程度决定和体现着生态城市建设的水平，要建设生态城市必须大力宣传普及生态知识，不断发展创新生态文化。

（2）生态文化为生态城市建设提供动力

生态文化的形成和发展将凝聚起巨大的精神力量，对生态城市建设发挥巨大的推动作用。生态文化中的生态产品、生态产业，能克服现代工业在创造物质文明的同时带来生态危机的弊端，使经济效益和生态效益及社会效益相得益彰，使经济整体和长远增效；生态文化中的生态制度，对人们的活动有约束力，约束人们遵循生态规律，并最终化为自觉的行动。这些都可化为可持续发展的动力源泉，尤其是生态文化中的生态精神，更是有巨大的激励和教化作用，能够把人心凝聚到关注生态、保护生态上来，促使人们讲求生态道德，激发人们热爱大自然、拥抱大自然、与自然和谐进化的情感和美感，激发人们自觉为生态保护和建设、为可持续发展贡献自己的聪明才智和热血汗水。

（3）生态文化为生态城市建设提供手段

生态城市不是凭空想当然、仅靠人的愿望就能实现的，需要具体的手段、途径、工具和方法。生态文化中生态产品和生态技术的创新，将为可持续发展提供有效的手段、途径、工具和方法。如污染预防控制处理技术的发展，将使人们能从技术上有效地预防污染的发生，及时处理控制污染，使大自然还蓝天、绿色于人们。

（4）生态文化为生态城市建设提供新的生长域

从生态角度看，人类社会发展的每个方面（无论是吃和穿、还是住和行），每个领域（无论是生产、流通、还是消费领域），每个产业（无论是第一产业、第二产业、还是第三产业），都存在生态创新的新领域。生态文化中的生态产品、生态技术、生态产业的不断创新和发展，将为生态城市建设持续提供越来越多的新的生长域，既不破坏生态，又能满足人们的发展需求，并为人们提供新的就业机会。

（5）生态文化为生态城市建设提供规范

生态城市建设需要有一套有利于其发展、保障其发展的规章制度。生态文化中生态制度的创新，将为人们提供行为规范，约束人们的行为，保护生态环境、建设生态城市。

（二）城市生态文化的特点

1. 层次性

城市生态文化既有精神要素也有物质要素，具体分为物态文化、体制文化、行为文化、心智文化四个建设层次。

物态文化是城市生态文化的物质载体，是在人们的生态文明意识的指引下，运用生态化的方法规划和建设城市，促进传统文化与现代文化的结合。在城市建设中推广生态建设理念，美化城市景观，建设地方特色鲜明，生态系统良性循环的城市环境。

体制文化是城市生态文化建设的保障体系，是指管理社会、经济和自然生态关系的体制、制度、政策、法规、机构、组织等。生态城市的体制文化建设必须建立经济、法律和行政等一整套的绿色城市管理制度链，并为生态城市的运作建立指导性框架。

行为文化是城市生态文化的外在表现，是指生态化的生产方式和生活方式。生态化的生产方式包括清洁生产和绿色营销，在企业的生产和经营中考虑环境效应，通过各种手段建立企业的生态新形象。生态化的生活方式就是转变消费模式，倡导绿色消费，这种消费模式主要包括绿色餐饮、绿色购物、绿色出行、绿色家居等。

心智文化是生态文化的灵魂根源，是生态文化发展的内在推动力，主要包括生态意识和生态思维。通过提高人们对生态文化的认知水平来转变人们的价值取向，培养人们的生态伦理观念，产生对可持续的生产和消费方式的主观需求。

2. 整体性

心智文化、体制文化、行为文化和物态文化这四个领域分别从内在动力、保障体系、外在表现和物质载体等不同的深度来建设城市的生态文化，它们既相互区别，又相互影响，共同组成城市生态文化的一个循环整体。心智文化指导着制度文化的建设，制度文化又约束着人们的行为文化，行为文化作用于外界环境，物化为城市的物态文化，而人与自然和谐共处的物态文化又陶冶了人们的情操，启迪着心智文化的建设，各个层次在循环往复的作用之中，共同提高城市生态文化的建设水平。

（三）城市生态文化建设

1. 生态文化建设的原则

（1）继承性与创新性原则

生态文化建设应该遵循文化的继承性原则，继承传统文化的优点，特别是吸收古代朴素的生态文化观念。在博大精深的中国传统文化中，积累了许多质朴的生态伦理智慧。此外还有大量的热爱自然、赞美自然的诗歌、散文、游记、小说等文学作品。对这些生态智慧结晶，我们要提倡"古为今用"，在生态文化建设中要联系实际，将批判继承与发展创新有机结合起来。

（2）科学性原则

生态文化是综合自然科学、经济科学和人文科学的文化，生态文化建设必然涉及生态学、环境科学、技术科学和社会科学等多学科的知识。在建设过程中需要遵循这些学科本身的科学规律和法则。

（3）时代性原则

生态文化具有导向性，需要符合时代发展的规律。因此，生态文化建设应对基于生态保护和建设的现状，在此基础上建设适合现阶段的生态文化。

（4）循序渐进性原则

生态文化建设是生态城市建设的重要组成部分，生态城市建设是一个长期的过程，生态文化建设必须围绕生态城市建设的目标任务有步骤地进行，而且文化建设本身就是一个循序渐进的过程，特别是公民的思想观念的转变需要整个社会经济和知识水平的提高等多方面的推动。

（5）个性化原则

每个区域都有各自的发展特点和区域特色，因此各个区域的生态文化建设的重点也就不同。在经济比较落后的地区，如在西部大开发中，要充分考虑生态文化带来的经济效益，以效益带动生态文化前进，要最大限度地提高生态文化建设的经济绩效；在经济发展水平高的地区，如东部沿海的发达地区，要将重点放在人居环境的安全和人的健康和精神需求上。由于历史的沉淀和发展过程的不同，每个地区都有自己的特色文化，生态文化建设就是要挖掘本区域的特色文化，发挥优势。

2. 生态文化建设策略

生态文化是生态城市建设的软件，它的建设重点在于人们的思维方式和城市的组织结构，在建设的途径上应该以教育和宣传手段为主，建立完善的生态体制，同时辅以经济手段，给以必要的物力和财力支持。

（1）通过生态教育的普及，积极培育生态意识

生态教育应该是面向全社会公众的，既有儿童的基础教育，又有青年的高等教育，还包括广泛的社会教育以及决策层的培训等。

生态基础教育则主要针对小学生和幼儿，也包括初级和中级学校的学生，进行较为系统的生态保护科普知识、生态保护法律法规知识和生态道德伦理知识教育。首先应以渗透教育为主，根据任课教师对生态环境保护的认知程度，结合自然、生物等相关学科的教学活动向学生渗透生态保护知识，其次还可以开办生态保护特色学校和特色课程，并组织业余生态保护团体，丰富第二课堂（课外活动）的生态保护教育内容。

生态保护高等教育既要注重大学生生态意识的提高，又要完善生态环境的科学技术教育。大学生是未来社会生产的主体，应使他们清楚认识到当前生态环境所面临的危机，要转变传统价值观念，形成人与自然和谐发展的价值观。对大学生进行生态文化教育，必须创造一门高度综合的、能够充分体现生态文明思想精髓的学科，这门学科应当融自然科学与人文社会科学于一体，此外，还要强化应用型生态技术的科研和教育，为生态产业的发展提供技术支持。

对于政府人员的生态保护教育主要是在岗培训，有利于他们系统地掌握生态保护的基础知识；另一方面，开展定期考核，把相关知识的贯彻实施引入具体工作中，并与政绩考核挂钩，作为业绩的一部分加以考察。

城市是人类居住的密集地区，要在全社会推行生态文化，必须进行社区的生态教育。要让公众了解目前城市存在的生态环境问题，并且通过在社区便利店设立绿色产品专柜、在小区放置不同颜色的垃圾桶等措施，来鼓励小区居民进行绿色消费和垃圾分类等绿色生活方式，另外要提高居民对政府和企业行为的监督能力，使得生态保护的公众参与能真正落到实处。

（2）通过生态宣传的扩大，加强引导生态意识

宣传手段信息量大，涉及面广，可以很好地弥补生态保护教育的不足。媒体作为信息流动的主要渠道，对社会舆论和民众生活的影响日益扩大，几乎达到了无孔不入的地步，成为影响民众生活方式或思想情绪的主要因素之一。因此，需要改变原有的宣传策略，一方面加强对于生态保护政策的宣传，提高生态环境管理的透明度；另一方面，利用媒体对于公众消费的导向作用，引导人们的消费行为向绿色消费转化。

除了媒体的信息发布，社会活动也能够起到很好的宣传作用。例如丹麦首都哥本哈

根开展了生态市场交易日活动,这是该市在进行生态城市建设时所采用的改善生态环境的又一个富有创意的活动。日益涌现的环保组织可以改变由官方作为单一的生态宣传者的情况,扩大生态宣传的影响面,但是必须理顺环保组织与政府之间的关系,环保组织应该协助政府,带动公众共同保护生态环境。

(3)通过生态体制的建立,确保生态文化的推行

一个城市的发展离不开政府政策的正确引导,城市生态文化建设同样离不开生态体制的保障和支撑。政府应该从国土空间规划到具体的经济、社会发展决策中体现绿色的体制和机制,为城市生态文化支撑起一个绿色的骨架,使城市生态文化能切实地在各个层次顺利开展。

首先,要在国土空间总体规划的高度确立生态城市建设的目标,实施生态与发展综合决策;其次,调整经济发展制度,用以指引"绿色经济"的发展;再次,进一步完善生态保护法规,加强生态保护执法力度;同时,还要畅通信息反馈渠道,增加体制的透明度,建立政府管理体制中的公众参与制度。

在政策体制的建设中着力于建立引导性的生态保护政策,目的是合理引导企业、公众和社会团体的生态保护意愿和行为,运用经济刺激、利益刺激和教育引导等方法促使其共同参与生态环境的保护。目前正在推广的有企业环境行为的信息公开化制度,政府部门运用信息手段将企业的环境行为向公众发布,然后由公众对企业施加压力迫使其改进环境行为。通过引导性的生态保护政策,不仅很好地约束了企业的行为,更可以有效地引导公众参与生态环境保护。

(4)借助经济手段,鼓励采取生态行为

城市是经济和文化等各类活动的密集之地,生态文化建设要求人们采取生态化的行为方式,然而环境的外部性却是生态行为普及的阻碍之一。政府采取补贴等经济手段,能有效激励人们采取生态行为,从而推动生态文化的建设。

绿色补贴是对于保护生态环境的绿色行为进行经济上的补助,政府对企业主动治理环境的行为采取补偿政策,补偿的方式包括减税、贷款优惠、低息补贴等,受补贴的单位必须检查自己的生态保护行为,资源能源的利用状况,并定期向有关政府部门报告。此外,政府还可以根据情况,对投资环保产业的企业和个人给予资金资助,例如,日本政府对城市修建垃圾处理设施者提供财政补助,向修建一般废弃物处理设施、产业废弃物处理设施或其他废弃物处理设施者提供必要的资金援助和其他援助。

除了补助措施以外,还可以建立绿色账户。所谓绿色账户就是记录一个城市、一个学校或者一个家庭日常生活的资源消费情况,以便确定主要的资源消费量,并为有效削减资源消费和资源循环利用提供依据。

第二节　生态城市的治理

一、生态城市治理的内涵、特点与原则

（一）生态城市治理的内涵

城市生态治理强调绿色治理理念，将环境保护和生态平衡作为城市发展的重要基础，强调采用绿色、低碳和循环的发展模式，实现经济发展与生态保护的协调统一。

城市生态治理是一个系统工程，不仅关乎城市的自然生态环境，更与经济社会发展的各个方面紧密相关，一个健康的城市生态系统能够为居民提供更好的生活质量，促进经济可持续增长，保护和改善自然环境。城市规划是城市生态治理的基础，不仅涉及到城市的物理空间布局，还包括对于城市功能、结构、土地利用、环境保护等多维度的综合考虑，为经济社会可持续发展提供基础支撑。城市经济发展应强化与生态保护相协调，推动绿色经济的发展，鼓励低碳产业和循环经济实践，降低环境污染和资源消耗。

城市生态治理还涉及到自然资源和能源的供需保障，以及城市所处的人工环境系统、经济系统和社会文化系统的状态，是以人的发展需求和能动作用为主导，以自然环境系统为依托，以资源流动为命脉，以社会体制和管理体系为支撑，需要政府、企业和公民三方面共同努力，协调推进，通过综合性的策略和措施，构建起一个既满足人类活动需求，又和谐共存于自然环境中的城市生态系统，为实现可持续发展目标奠定坚实基础。

城市生态治理的本质就是调整人们自身在生态环境中的位置，在总结过去失误的教训的同时，按照自然规律重新建立起人与自然和谐发展的规则；通过对人类活动方式的全面梳理，将生态治理与恢复的重点转移到减少人类活动对城市系统的压力上。未来的城市，应该是人与自然和谐共处的美好家园，这是我们共同的愿景，也是我们不懈的追求。

（二）生态城市治理的特点

1. 政府规制的强制性

生态治理作为公共管理的重要领域，从经济学角度来看，是一种典型的"公共物品"或"公共服务"，而对于公共产品及共享资源，因在使用和消费上不具有排他性，市场系统本身不具有反映这类资源社会稀缺性的作用，从而导致市场既无生产足够量的动机，也缺乏保护和投资的刺激机制，所以市场无法自发地提供这类公共物品。由于生态环境物品所具有的公共物品性及其本身所具有的外部经济性、广泛性和长远性特点决定了政

府在生态治理过程中的主导作用，生态治理必须得到系统化、规范化的统一管理，需要依靠政府的宏观调控和领导，通过政府实施的强制措施（包括使用经济手段、法律手段、行政手段、技术手段等）对城市生态系统进行保护和治理，限制人类破坏生态的行为，才能使有关生态安全、生态卫生、生态产业、生态景观、生态文化等的城市生态问题得到控制或解决。依靠政府管理职能的强制手段，通过进一步加快制度建设，并按照有关法律法规行使统一的行政监督管理，持续增强监管力度，才能有效缓解严峻的城市生态问题。

2. 市场机制的调节性

在生态治理问题上，政府的干预有时会出现失灵的情况，也就是说，在生态治理上，政府所采取的行政措施有时不能增进生态治理绩效且不能产生公平分配的结果。特别是政府生态治理政策的缺陷会导致价格扭曲，或者缺乏足够强的手段和强制措施达到生态治理目标，或者在生态治理中出现"寻租"行为等，此时需要发挥市场机制的作用来弥补政府"有形之手"的不足，作为政府失灵的补充。

基于市场调节的生态治理是通过一定的市场化调节手段和激励方式，让污染主体自发地减少影响城市生态的行为发生，从而达到对生态负面影响的最小化。与政府管控的强制性相比，运用市场化手段治理城市生态具有很大的灵活性，市场机制是一种基于价值规律的制约关系和调节作用，主要包括价格机制、供求机制和竞争机制，这些机制通过市场价格的波动、市场主体对利益的追求以及市场供求的变化来调节经济运行。

目前，生态治理需要大量的资金投入保证其建设和运行，生态城市的建设、运行、管理需要市场化运营的模式。为进一步促进可持续发展和保护城市生态，使市场价格准确反映经济活动造成的生态代价，需要与生态治理有关的各方利益主体按市场经济规律和市场机制运行，充分发挥经济手段和市场机制的调节功效。

3. 公民社会的参与性

现代城市生态治理需要一个良好的公民社会作为支撑，公民社会的参与不仅能够提高生态政策的有效性，还能促进公众生态文明意识的提升和生态保护行为的改变。公民社会又常常被称为市民社会和民间社会，强调公民的公共参与和公民对国家权力的制约。公民社会的组成要素是各种非政府和非企业的公民组织，包括公民维权组织、各种行业协会、民间公益组织、社区组织、利益团体、互助组织、兴趣组织等等，由于它既不属于政府部门（第一部门），又不属于市场系统（第二部门），所以被看作是介于政府与企业之间的"第三部门"。随着社会民主意识的提高和公众生态意识的觉醒，在生态治理中，公民社会参与的范围和程度不断提高，通过积极介入和影响政府和企业等主体的决策和治理行为，公民社会在生态治理领域中的作用越来越重要。公民社会通过正规的、合法的利益表达机制将自己的生态诉求引入政府日常生态治理决策过程，将会对生态治理体制机制的完善起到推动促进作用。

(三)生态城市治理的原则

1. 全面统筹,整体谋划

城市生态治理应坚持系统思维,将城市整体视为一个复合的生态系统,包括自然生态系统、人工环境系统、经济系统以及社会文化系统,各系统内部的物质循环、能量流动和信息传递应该是相互联系和支持的;应坚持跨领域合作,包括城市规划、生态环境保护、经济发展和社会管理等多个方面的协同工作。城市生态治理强调城市作为一个开放系统的互联互通,从全局考虑城市整体利益,统筹谋划生态治理的战略举措,合理布局城市空间,打造城市产业生态链,加强绿色基础设施建设,发展可持续交通系统,促进智慧城市技术应用。

2. 明确责任,各担其责

城市生态治理的主体呈现多元化的趋势。强调城市治理主体的多元化,是要综合运用国家机制与政府组织、市场机制与营利组织、社会机制与公众组织三套有利于城市健康发展的城市治理工具,构建一种全民参与的现代城市治理体制,是城市政府部门与非政府部门和个人相互合作促进城市良性发展的过程。城市生态治理的主体由单一的政府为主体转变为以政府、企业、公众共同参与,任何一个主体都不能也不应该主宰整个城市治理系统,多元主体之间应建立平等、密切的联系,形成城市治理网络,原来由政府承担的职能逐渐由社区、企业、居民等构成的自治网络来承担。为了真正实现生态环境保护,维护各主体利益,必须明确各自职责并切实履行相应义务,同时还应遵循以下几点:一是地方政府在各自辖区内有责任监督生态治理质效,作为城市的管理者,有责任和义务在治理工作中发挥最积极的作用,并明确其他治理主体的责任和义务。二是损害者付费原则,城市生态是全体参与者的共同权益,任何人或组织都没有权利去破坏,如果产生了破坏城市生态的现象,损害者应当承担相应的责任和经济赔偿责任,且不允许损害者将处罚内容转嫁给他人。三是受益者分摊原则,该原则与上一条相呼应,在城市生态治理工作中得到的收益,应由参与者分摊,不得由少数主体占为己有,否则会影响人们参与生态治理工作的积极性。

3. 预防保护为主,反对事后补救

城市生态治理应当以预防和保护为主导,不能依赖于事后的补救措施。这是因为,许多生态系统的损害是不可逆的,或者至少在人类的时间尺度上难以恢复,通过预防性措施,能够减少这种不可逆损失;另一方面,提前预防环境问题的成本远低于事后修复的成本,一旦城市生态遭到破坏,恢复其原有状态可能需要巨大的经济投入,且可能涉及长期而复杂的修复过程。遵循"预防保护为主,反对事后补救"这一原则,有助于显著降低城市生态失衡的风险,减少负面影响;有助于推动经济发展模式的转变,从粗放型向集约型、低碳环保型发展,实现资源的有效利用和生态环境的长期可持续性;有助于提高公众的生态文明意识,促进公众参与生态治理,形成良好的生态保护文化;有助于促进更加科学和合理的政府决策过程,最大限度地避免未来可能出现的生态问题。总的来说，城市生态治理应当注重预防和保护，通过科学决策、规范管理和严格执行，构建一个有利于生态保护和资源集约利用的生态治理体系，实现城市的可持续发展和生态平衡。

4. 强化法治，综合治理

城市生态治理应依托法律框架，采用多维度、跨领域的手段来管理和保护城市生态系统。制定和修订能够全面覆盖城市生态治理各个方面的相关法律、法规和标准，不断加强生态治理执法力度，保障相关法律法规得到严格执行，并运用遥感监测、大数据分析等现代技术手段，提高执法的效率和准确性。同时，要实现不同政策之间的协同一致，避免政策冲突，统筹协调经济发展与生态保护目标；建立跨部门合作机制，促进城市规划、交通、能源、水务、林业、园林、文化、卫生、环保等部门之间的信息共享和资源整合，形成统一的治理策略和行动计划，形成合力推进城市生态综合治理。

5. 分类指导，突出重点

充分利用当地特有优势，根据不同地区的自然条件、经济水平、文化背景和生态环境问题，采取差异化的生态治理策略，促进城乡和谐发展，平衡城市与农村之间的资源配置和发展机会；根据优化开发区、重点开发区、限制开发区和禁止开发区等不同功能区的要求，制定相应的生态治理策略，并完善评价指标体系。城市生态治理应突出重点，关注碳达峰和碳中和"双碳"目标实现，探讨在建设美丽中国的大背景下，城市治理的进程和未来发展趋势，以及如何适应和引领这一趋势；研究面向人与自然和谐共生的城市生态治理新范式和典型案例，探索如何建立和维护城市生态系统中人与经济社会、人与自然的平衡关系，制定新发展阶段城市生态治理的路线图，明确实施路径，确保城市生态治理工作的有序进行和有效实施。

二、生态城市治理的结构和机制

（一）生态城市治理的结构组成

城市生态治理是一个复杂的系统工程，涉及多个利益主体和多层次的协调机制。在内部治理方面，城市政府、企业、公众和社会机构等主体围绕着社会、经济发展、环境保护和资源消耗等问题进行相互作用和协调，这种内部治理的关键在于各利益相关者之间的利益整合和相互作用，以实现城市的可持续发展。外部治理则涉及到城市与周边城市和区域，以及中央政府之间的协调与互动，在经济全球化的背景下，跨国公司等跨区域经济组织直接参与城市建设，对城市发展起到了重要作用，城市政府需要与中央政府、其他政府组织以及跨区域组织相互作用，以实现城市的外部治理。

为了实现城市生态治理的目标，需要建立多主体共同参与的决策机制。这种机制应该充分表达各方的利益诉求，并通过充分的协商达成一致，以防止简单的政府行政命令代替民主决策过程。在决策过程中，应采取听证会、公众咨询、公示等方式，广泛征求企业、专家和市民的意见，形成生态城市目标体系，并以目标为导向，确定政策、金融、技术等保障措施，以促进生态城市的建设和发展。

总的来说，城市生态治理的内部治理和外部治理是相辅相成的。内部治理注重城市内部各个利益主体的协调与平衡，而外部治理则强调城市与外界的关系和互动，两者共同构成了城市生态治理的整体框架，为实现城市的可持续发展提供了重要支撑。

（二）生态城市治理的推进机制

城市生态治理具有目标导向的特点，要建立以目标为导向的治理机制，核心是根据每个指标的实施路径和关键环节，分析政府各职能部门、企业、公众和社会机构等主体在建设、运营阶段中的作用和特点，进一步确定各主体应当承担的责任和要求；围绕目标的实现，通过采用政策工具、技术手段和金融工具等配套措施，以及城市政府职能的转变和制度的创新，建立保障体系，实现综合指标体系指导下的各个分支指标，从而达到生态城市的总体发展要求。在这一过程中，目标分解为指标，进而转化成为与实施主体相对应的具体责任以及行为规则，形成"共同但有区别的责任"，促进各主体行动的协同，以保证总体目标的落实和实施。

城市生态治理的途径是基于目标分解和责权利分配，使各利益主体通过合作，参与城市的规划、建设及运营。从政府方面看，城市政府应该以公共利益代表者的身份出现，具有核心主体地位。城市政府的权力和可利用的资源相对有限，但承担的治理职责却十分广泛，为了适应这种新形势，要创新城市公共管理模式，建立一种"决策、执行、监督"相分离的"行政三分制"管理体制，完善相应的体制职能和组织架构，对企业、公众和社会机构的合理利益需求要加强引导和疏导，使其他城市利益主体的利益需求趋同或趋近于公共利益，共同参与和推动生态城市的治理。从企业方面看，企业需要在政府的政策指导下，参与到生态城市规划建设及运营之中，分解指标同样需要给予这些行为政策支持和控制要求。从公众方面看，公众进行决策参与、过程监督、结果评价也需要分解指标提供管理规定和评价标准。为了切实达到生态城市的治理目标，除了政策、技术和金融工具配套，还需完善目标导向的治理机制。

三、生态城市治理的实现路径

（一）健全点面结合的城市生态质量持续改善的工作体系

建立健全重点（点）和全面（面）结合的工作体系，持续改善城市生态质量。

1. 制定长远的城市生态治理规划

（1）明确长远目标

建设生态文明城市，构建和谐共生的城市生态系统，实现人与自然和谐共生，提高城市生态环境品质，打造宜居宜业的人居环境。

（2）设立阶段性目标

分阶段实施生态治理措施，逐步改善城市生态环境，提高生态治理水平。近期，减少污染物排放，改善空气质量和水质；中期，提高城市绿化覆盖率，增强城市生态系统的稳定性；远期，实现城市生态治理的可持续发展，形成绿色低碳的城市发展模式。

（3）制定具体政策措施

制定生态安全、生态卫生、生态产业、生态景观和生态文化等领域的具体政策措施，保障生态治理目标的实现。生态安全方面，加强生态系统的保护和修复，保障生物多样性；生态卫生方面，提高城市环境卫生水平，加强垃圾处理和污水处理；生态产业方面，推动绿色产业发展，鼓励企业采用环保技术和生产方式；生态景观方面，保护和塑造城市自然景观，提高城市美学价值，保持生物多样性；生态文化方面，培育生态文明理念，加强生态教育和公众参与。

2. 建立全面的生态治理监测与评估体系

（1）实时收集生态数据

建立生态监测网络，利用遥感技术、物联网(IoT)传感器、无人机等现代技术手段收集城市生态数据，确保数据的实时性和准确性，为生态治理提供科学依据。

（2）定期评估城市生态质量

制定评估指标体系，定期对城市生态质量进行评估，及时识别异常情况或分析趋势变化，评估生态治理成效，将评估结果与国家或国际标准进行对比，确定城市生态治理的相对水平，为政策制定提供参考。

（3）发现问题并调整策略

根据评估结果，及时发现生态治理中的问题，分析问题原因，调整生态治理策略，制定针对性的改进措施，确保生态治理目标的实现。

将生态治理监测与评估体系视为一个动态过程，定期回顾和修订监测方法和评估标准，确保能够反映当前的生态环境挑战和生态治理需求，以便城市管理者可以更好地理解城市生态系统的状态，及时发现和解决问题，从而有效地改善和提升城市生态质量。

3. 鼓励和支持生态治理理念创新和技术创新

（1）污染防治技术创新

提供资金和政策支持，激励企业和研究机构开发新型的污染防控技术，提高污染物处理效果，降低污染排放；促进先进污染处理技术的应用，如利用纳米材料提高过滤效率，使用生物技术降解有害物质，支持研发低能耗、低排放的清洁生产技术，减少生产过程中的污染；支持大数据和人工智能在污染源监测和预警系统中的应用，不断提高监测系统的准确性和预警能力，实现智能化环境监控。

（2）生态修复技术研发

鼓励生态系统恢复和重建的研究，提高生态系统自我修复能力，促进生态平衡，如开发能够促进生物多样性的植被恢复技术；支持自然化解决方案（Nature-based Solutions,NbS）的开发，利用自然力量解决环境问题；推广土壤修复、水体净化等生态修复项目，提高受损生态系统的自我恢复能力。

（3）景观风貌塑造理念创新

系统规划布局集休闲、娱乐、避险、净化空气等多重功能于一体的绿地开敞空间，规划中融入生态廊道、绿带、湿地等自然元素，形成生态网络，增强城市的生态系统服务功能，促进野生动植物的迁徙和繁衍，并尽量采用本地适应性植物，提高生态系统的自维持能力和生物多样性；制定政策鼓励屋顶绿化，为建筑物提供隔热保温、减少雨水径流和美化环境的功能，在城市建筑的墙面、阳台、露台等处实施立体绿化，增加城市绿化空间，提供技术支持和经济激励，如补贴或税收减免，以促进屋顶和立体绿化的普及；将生态保护作为城市规划和建筑设计的核心原则，通过创新的设计理念和技术手段，提升城市的美观性和生态功能。

（4）绿色产业发展模式推广

推广绿色产业发展模式，制定政策鼓励企业采用节能减排的生产方式，如使用高效能源设备、优化生产流程等，支持绿色供应链管理，鼓励企业在采购、生产、销售等环节实施绿色标准；提高资源利用效率，通过技术创新提高原材料的利用率，减少生产过程中的资源浪费，促进废物资源化利用；支持企业实施循环经济战略，通过设计使产品易于回收、重用或再制造，推广清洁生产技术，减少有害物质的使用和排放；提供资金支持和政策激励，鼓励企业和研究机构开发节能设备、可再生能源技术等绿色产品，支持绿色技术的商业化过程，包括市场准入、品牌建设和营销策略等；为采用绿色技术和实施绿色改造的企业提供税收减免或退税，提供财政补贴支持绿色产品的生产和推广，降低企业的经营成本；建立绿色金融体系，发展绿色信贷和绿色债券，为绿色产业提供专项融资渠道，设立绿色投资基金，吸引私人资本投资绿色产业项目；强化市场机制运用，通过碳交易、排污权交易等市场机制，为企业减排提供经济激励，实施绿色标准和认证，提高绿色产品的市场竞争力；完善公共采购政策，政府和公共机构在采购过程中优先选择绿色产品和服务，引导市场趋势，带动市场需求。

（5）绿色低碳生活方式倡导

通过教育和宣传活动，提高市民对绿色低碳生活的认识，利用媒体、社交平台和教育机构普及绿色低碳生活的重要性和实践方法；倡导节能行为，鼓励公众在日常生活中节约用电、用水，如使用节能灯泡、合理规划用水等，推广智能家居系统，通过技术手段优化能源使用，减少浪费；推广绿色出行，提倡步行、骑行和使用公共交通工具，减少私家车的使用，支持新能源汽车的推广，提供购车补贴、免费停车等激励措施；引导绿色消费，遵循3R原则（减量化、再利用、再循环），鼓励消费者购买环保产品，如有机食品、可回收材料制成的商品等，倡导减少不必要的消费，重用物品，积极参与回收活动，在社区设置分类回收点，方便居民进行垃圾分类；推动生态足迹教育，通过案例研究和互动体验，让公众了解自己的生活方式对环境的影响，开展生态足迹计算工具的普及，让个人能够量化并跟踪自己的环境影响，有意识地减少生态足迹；制定政策和法规推广绿色低碳生活方式，如限制一次性塑料制品的使用，鼓励可持续的消费模式，提供税收优惠或补贴，支持绿色住宅和可再生能源的家庭应用。

4. 加强生态治理宣传教育

（1）提高公众生态文明意识

利用电视、广播、报纸等传统媒体以及社交媒体、网络平台等新媒体进行宣传，制作和发布形式多样的公益广告、教育短片、海报等，丰富互动性内容，增加宣传的趣味性和吸引力，吸引全龄积极参与；开展公共艺术和文化活动，举办生态保护主题的艺术展览、摄影比赛、文学创作等活动，展示生态平衡美学和生态破坏影响，引发公众的情感共鸣；邀请专家学者分享生态保护的知识和经验，提供权威的信息源，组织专题工作坊，让公众参与到实际的生态治理项目中，体验生态治理全过程。通过多渠道宣传教育，提高公众生态文明意识。

（2）形成全社会共同参与的良好氛围

鼓励全社会共同参与生态治理，形成人人关心生态环境、共建美好家园的良好氛围。在学校教育中加入生态环保课程，培养学生的生态意识和行为习惯；在社区活动组织中增加环保活动，如垃圾分类指导、社区绿化、清洁行动等，鼓励居民参与社区环境监测和保护计划；强化企业责任担当，鼓励企业通过CSR（企业社会责任）项目参与生态治理宣传，引导企业采用环保包装和产品，减少对生态环境的影响；政府官员应成为生态治理的榜样，通过公开演讲和参与公益活动传播生态文明理念。

（二）完善长效立体的城市生态治理组织制度体系

1. 建立多层次治理结构

在市级层面成立专门生态治理机构，负责制定全市生态治理规划和政策，统筹协调生态治理的各项工作，该机构行使跨部门协调工作职责，以确保环保、规划、林业、商务、文化等相关部门的信息共享和工作协同，通过联席会议、工作组等形式，解决跨领域生态问题；在市辖区级别设立生态治理部门，负责执行市级生态治理机构的政策和规划，根据本区域的特点和需求，制定具体的实施方案和管理措施；在街道和社区层面设立生态治理点或工作站，作为最基层的生态治理单位，负责日常的生态环境监督、宣传教育和居民参与等工作。建立上下联动的管理体系，确保信息流通和资源共享；建立跨部门协作平台，促进不同职能部门之间的协同合作。加强人才引进和培养，确保生态治理工作有足够的专业知识和技术支撑；对各级生态治理机构的工作人员进行专业培训，提高业务能力和服务水平；建立绩效评估体系，定期评价各级生态治理机构的工作效果，根据评估结果进行调整和优化，确保治理工作的目标性和有效性。建立多层次治理结构，实现城市生态治理工作的连贯性和有效性，实现从宏观到微观的全方位管理，为城市的可持续发展提供坚实的组织保障。

2. 制定全面的政策法规

制定和完善生态治理法规，建立起一个全面、有效、更新及时的生态治理法规体系，确保生态治理工作的法制化、规范化，通过立法手段明确生态保护的权责，为生态治理提供法律支持。初期先开展立法调研与评估，深入调研、全面梳理生态系统现状，评估现有生态问题和潜在风险，收集公众意见，特别是受生态问题影响的社区居民和企业的意见；根据调研结果，制定全面的生态治理立法框架，明确立法目标、基本原则和关键领域，确保立法框架与国家相关法律符合一致，同时符合地方特点和实际需要；通过立法手段明确政府、企业、公众在生态治理中的权利和责任，规定生态治理的标准和要求，以及违反规定的法律责任；制定生态治理具体法规，涵盖生态安全、生态卫生、生态产业、生态景观、生态文化等多领域。

应确保法规制定过程的透明化，让公众了解法规内容和制定依据，通过各种渠道普及生态治理法规知识，提高公众的法律意识；建立强有力的监督机制，确保法规得到有效执行，包括政府部门的监督、社会监督以及媒体的舆论监督；定期对法规的实施效果进行评估，收集反馈信息，根据评估结果和环境变化，及时修订和完善法规；加强国际合作与交流，参考国际先进的环保法规和实践，吸收借鉴适合本地的经验，参与国际环保合作项目，提升本地法规的国际兼容性。

3. 强化监督和执法

建立健全监督机制，设立专门的监督部门，负责对生态治理工作进行全面监督，引入第三方评估和民间组织参与，提高监督的独立性和公信力；建立生态治理信息公开制度，及时发布相关统计数据，公布生态治理政策执行情况，接受公众监督；利用传统媒体和新媒体传播生态治理信息，提高公众对生态文明建设的关注，鼓励媒体对生态问题进行深入报道，充分发挥监督作用；建立便捷的生态违法举报系统，鼓励公众举报违法行为，保护举报人的隐私和安全，对公众的反馈和建议给予回应，形成良性互动；建立有效的举报奖励机制，支持非政府组织（NGO）和志愿者参与生态治理监督。

加强执法人员的专业培训，提高其业务能力和法律素养，采用现代化的监控技术，如遥感监测、无人机巡查等，提高执法效率；对于违反环保法规的行为，依法进行严厉处罚，包括罚款、停产整顿、吊销许可证等，对重大违法行为，依法追究相关责任人的刑事责任；将执法结果公之于众，接受社会监督，增加执法透明度，通过媒体发布执法信息，提高公众对生态保护法规的认识和遵守意识；实行激励与约束并重，对表现良好的企业和个人给予奖励，对违规者实施市场准入限制，增加其违法成本；加强环保、公安、法院等部门之间的协作，形成联合执法机制，通过信息共享和案件移送，提高处理违法案件的效率。

4. 推动公众参与

鼓励公众参与生态治理决策过程。建立生态信息公开制度，通过政府网站、公告板等多种渠道，定期发布生态环境质量报告、政策文件和项目信息，畅通公众实时了解生态状况和政府工作进展的渠道；定期举办公开日、环保讲座、研讨会等活动，增进公众对生态治理的了解，增加政府与公众之间的互动；创建在线论坛、社交媒体账号等，为公众提供表达意见和建议的平台，在重大生态治理政策制定和项目实施前，举行听证会，收集公众意见，通过民意调查了解公众对生态问题的关注点和期望；全面梳理公众提出的意见和建议，并在政策制定中予以反映，定期向公众反馈他们意见的采纳情况和政策调整的结果，提高公众的参与感；对于积极参与生态治理的公众给予表彰和奖励，增强其持续参与的动力，通过志愿服务等形式，让公众直接参与到生态保护治理活动中，发挥公众在生态治理中的积极作用。

5. 建立生态治理绩效评价体系

制定量化和定性评价指标，指标应具有可衡量性、相关性、可比性和时效性；建立综合性评价框架，明确评价的目的、方法、频率和责任主体，包括自我评价、同行评价和第三方评价等多种方式；建立准确、完整、及时的数据收集系统，并利用GIS（地理信息系统）和大数据分析等信息技术提高数据处理能力；定期对各级政府和相关部门的生态治理工作进行绩效评价，通过公开发布评价结果，增加政府工作的透明度，将评价结果反馈给相关政府部门和工作人员，用于改进工作，与公众沟通评价结果，接受社会监督；根据评价结果，调整不符合预期目标的政策和措施，优化资源配置，确保有限的资源能够得到最有效的利用；实行激励与问责制度，对于表现优秀的部门和个人，给予表彰和奖励，激励其继续保持良好表现，对于绩效不佳的部门和个人，实施问责机制，要求其提出改进措施。绩效评价是一个持续改进的过程，应不断更新和完善评价指标和方法，鼓励创新思维，探索更为有效的生态治理理念和技术。

（三）建立风险防范与事件应急并重的生态环境安全管理体系

1. 建立风险防范与事件应急并重的管理体系

（1）制定基于生态风险评估的应急预案

进行全面的生态风险评估，识别潜在的生态风险和可能的危机情景以及对生态系统造成的短期和长期影响；根据风险评估结果，确定关键的生态风险点和敏感区域，制定应急预案，明确责任机构和人员、资源调配、信息通报机制和公众参与流程，确保在不同类型的生态风险事件发生时有明确的应对策略；定期进行应急演练，通过模拟不同类型的生态风险事件，检验和提高应急预案的实战能力，提高政府部门和相关机构的应急反应能力和效率。

（2）完善资金、人员队伍、物资装备保障体系

确保有足够的财政资金用于应急准备和响应，包括建立专项基金或预算安排，探索多元化融资机制，如政府与私营部门合作（PPP模式）、保险机制等；建立专业应急管理人员队伍，开展专业培训，提升专业技能；储备必要的物资和装备，以便在紧急情况下迅速部署。

（3）建立生态风险监测预警网络

建立和完善生态风险监测系统，利用传感器、卫星遥感等技术实时监控生态状况；发展先进的数据分析和模型预测能力，预测潜在生态风险和未来生态趋势；建立有效的预警机制，一旦检测到风险迹象，能够及时通知相关部门和公众。

（4）实行信息报告、公开发布制度

完善生态信息报告系统，确保及时准确地收集和记录生态风险事件信息；建立公开

透明的信息发布机制,及时向公众通报生态风险和应急响应情况;通过媒体、社交网络等多种渠道广泛传播信息,确保公众能够获取关键的生态安全信息;增强公众参与和反馈,鼓励公众提供生态风险的目击报告和反馈,建立公众报告机制。

2. 强化源头防控

强化源头防控是降低生态风险发生、减少生态风险损失的有效手段。

(1)生态安全方面

加大生态系统保护力度,保护自然生态的完整性和稳定性,实施生物多样性保护计划,维护物种多样性和生态系统多样性,对受损生态系统进行修复和恢复;提高生态系统的抗风险能力和自我修复能力,通过生态建设增加生态系统的冗余度和弹性,采用适应性管理和生态工程手段提高生态系统抵御自然灾害和人为干扰的能力。

(2)生态卫生方面

制定严格的环境标准和排放限制,建立健全法律法规和政策体系,对污染物排放进行严格控制,通过限制和监管污染源头,减少环境污染产生,保护生态系统健康;推广清洁生产技术和循环经济模式,鼓励企业采用先进清洁生产技术减少生产过程中的污染,支持循环经济的发展,促进资源的再利用和回收,通过政策激励和技术支持帮助企业实现绿色转型;加强生态环境卫生管理,预防和控制生态环境污染和疾病传播;提高城市污水处理和垃圾处理能力,减少对环境的污染负荷;推广绿色基础设施和生态城市建设,改善人居环境。

(3)生态产业方面

鼓励发展低碳、环保产业,减少对环境的负面影响,提供政策支持和税收优惠,吸引投资面向清洁能源、节能技术和环境友好型产业,通过补贴和政府采购等手段,支持绿色产品和服务的市场推广,制定和实施更为严格的能效标准,推动产业升级和结构调整;支持绿色技术创新和绿色金融,增加对绿色技术研发的投入,包括政府资助和私人部门的激励措施,发展绿色金融市场,为生态环保项目提供贷款、信贷担保、绿色债券等金融产品,建立绿色投资基金,吸引社会资本参与生态环保产业的发展;实施生态补偿机制,设立生态补偿基金,对生态保护和修复的投入给予补偿,通过市场机制,如排污权交易,让污染排放者为其排放的外部成本付费,对于采取有效环保措施的企业,提供税收减免、财政补贴等激励。

(4)生态景观方面

保护和恢复自然景观,加强对森林、湿地、草原等重要生态系统的保护,禁止或限制破坏性活动,通过植树造林、退耕还林等措施增加绿色覆盖,提高生态系统服务功能;发展生态旅游,加强宣传教育,提高游客对生态保护的认识,鼓励负责任的旅游行为,利用生态旅游作为工具,提升公众对生物多样性保护的意识;加强城乡规划生态网络体系构建,融合绿色空间设计,提升生态景观价值,促进城市绿地系统和乡村绿色空间的互联互通,形成生态网络,增强城市生态功能。

（5）生态文化方面

培育公民生态文明理念，培养公民环境保护意识，通过教育和宣传促进公众参与；保护传统文化中的生态智慧，挖掘和整理传统文化遗产中关于自然和谐、资源节约的智慧和实践，结合现代科技，将传统生态智慧融入现代生活，推广可持续的生活方式；举办生态文化活动和节庆，增强社会对城市生态治理的关注和支持，通过艺术和文化的形式，如电影、音乐、文学等，传播生态保护的信息和价值观，提升公众的生态文明素养。

3. 提高应对突发环境事件的能力

（1）提升应急组织指挥能力

建立高效、专业的应急指挥体系，明确各级组织的职责和权限；加强应急指挥人员的培训和演练，提高其专业素质和协同作战能力，确保在突发生态风险时能够迅速启动应急预案，组织相关部门和人员进行紧急处置。

（2）建立应急信息技术体系和共享平台

加强技术体系建设，提升信息收集和监测系统能力，实时监测突发事件发生，及时掌握事件情况；建立健全应急信息共享平台，整合各类应急信息资源，提高信息准确性和时效性，为决策提供准确的数据支持。

（3）加强资源调配和协同配合能力

建立资源调配机制，合理配置应急救援物资和设备，确保在突发生态风险时能够及时调动相关资源，进行有效的救援和应对工作；加强各部门、地区之间的协作和配合，建立跨部门、跨地区协同工作机制，明确各自的职责和任务，确保在应对突发事件时能够迅速形成合力，共同应对突发生态风险。

（4）完善损害评估技术方法体系和生态破坏损害赔偿制度

建立科学的损害评估技术方法体系，准确评估生态系统受损程度和修复成本，为赔偿和修复工作提供科学依据；建立健全生态破坏损害赔偿制度，明确生态破坏行为者应承担的责任和赔偿标准，确保对生态系统造成损害的行为者承担相应的责任。

（5）加快生态修复技术体系建设

研究和开发适用于不同生态系统的生态修复技术和方法，提高生态修复的效果和效率；加强对生态修复工作的监督和管理，确保受损的生态系统能够得到及时和有效的修复。

（四）营造绿色发展氛围，促进生态参与，优化城市生态治理格局

着力构建政府引导、社会协同、公众参与的城市生态治理格局，建立高水平、全覆盖、管理科学、运转高效的城市生态治理体系，是实现城市可持续发展的重要途径。

1. 政府引导

（1）制定城市生态治理政策和长远规划

开展全面的生态系统评估，了解城市面临的生态问题和挑战，基于评估结果，确定城市生态治理的重点领域和优先方向；制定长期的城市生态治理规划，包括具体的目标、指标和时间表；确保政策的连续性和稳定性，以便长期规划能够顺利实施并取得实效。

(2)通过立法和规章确立法律责任和义务

制定或修订生态环境保护法律和地方性法规，明确各级政府、企业和公众的生态环保责任；设立生态环境监管机构，加强对生态环保法规的执行和监督；对违法行为设定严格的处罚措施，以有效遏制违法行为。

(3)提供财政支持和税收优惠

为绿色技术和可持续项目提供专项资金支持，降低其发展成本；通过税收减免、补贴等方式鼓励企业和个人投资于环保项目，并为采用清洁生产和可再生能源的企业提供政策扶持。

(4)建立跨部门协调机制

成立跨部门的生态环境协调委员会，统筹各部门的资源和职能，形成合力；通过信息共享、联合执法等方式，提高政策实施的效率和效果；定期召开跨部门会议，促进各部门间的合作与协同，高效解决生态治理中的重大问题。

2. 社会协同

(1)鼓励企业采取环保措施

通过奖励机制，激励企业实施生态治理措施和技术创新；设立认证制度，对符合生态治理标准的企业给予认证和宣传，提高其市场形象和竞争力，同时，通过提供财政和税收优惠政策，支持企业开展生态风险评估，提高其生态治理水平。

(2)支持民间环保组织和非政府组织(NGO)

提供政策支持和资金援助，帮助民间组织增强能力建设；可利用民间组织在社区动员、生态教育和公众宣传中的优势，与其开展合作；为民间组织提供参与生态治理政策制定和评估过程的平台，鼓励其积极参与社会监督和生态治理行动

(3)促进公私合作(PPP)模式

开发公私合作项目，将私人资本的效率和公共部门的资源结合起来，共同推进城市生态治理；在项目设计、融资、建设和运营等各个环节引入私营部门参与，分担风险，共享收益；确保PPP项目的透明度和公平性，防止腐败和利益冲突，应建立有效的监管和评估机制。

(4)加强信息共享和沟通

建立定期沟通和信息共享机制，可以通过召开定期会议、建立在线平台等方式，促进和加强政府、企业、公众和民间组织之间的合作，分享经验和最佳实践，形成合力，推动生态治理和可持续发展。多方合作机制可以促进资源的有效利用，提高生态治理效率和效果，实现经济、社会和生态的协调发展。

3. 公众参与

(1)提高公众生态意识

通过教育和宣传活动，如环保课程、研讨会、公益广告等，增强公众对生态保护的系统认识；依托自然保护区、生态公园创建生态教育基地，通过亲身体验自然环境，增

强公众对生态保护的直观认识；鼓励公众参与世界环境日、地球小时等国际性环保活动，共同关注生态环境问题，提高生态保护意识。

（2）建立公众参与机制

在生态环境影响评估过程中，确保公众有机会参与听证会和公众咨询，对可能影响他们生活环境的项目发表意见；成立社区生态环境委员会，让居民能够在本地生态保护治理决策中发挥作用；创建生态保护志愿者组织，适度开放生态治理项目，支持公众直接参与生态保护治理实践活动。

（3）利用技术手段提升参与度

开发移动应用程序和在线平台，使公众能够轻松访问生态环境信息、监测数据和政策动态，并为公众提供讨论、报告和反馈生态环境问题、参与在线调查和环保活动的平台。

4. 管理科学

（1）利用大数据和智能技术

利用卫星遥感、社交媒体、公共记录等多种渠道收集生态环境数据，应用机器学习和人工智能算法，如分类、回归、聚类、神经网络等，从大量数据中提取有用的信息和模式，科学预测生态治理趋势和模式，提高城市生态治理的精准性和效率。

（2）建立生态环境监测网络

部署传感器和监测设备，建立覆盖城市各个角落的生态环境监测网络，开展实时监测，快速识别污染源和生态风险；利用物联网 (IoT) 技术实现设备间的互联互通，实时收集和传输环境数据，采用云计算平台，为大量数据的存储和处理提供支持。

（3）采用生态系统服务评估方法

识别城市生态系统提供的主要服务，如空气质量调节、水资源净化、生物多样性保护、碳吸存、休闲娱乐、文化价值等；使用物理量测、经济估值、生物物理模型等方法，对每项服务进行量化评估，例如通过监测数据来评估空气净化的程度，使用成本－效益分析来估算休闲娱乐的经济价值，同时，分析城市不同区域提供的生态系统服务的空间分布，识别关键的生态功能区，利用地理信息系统 (GIS) 技术，将服务价值与地理位置相结合，形成直观的地图和图表，考虑到不同服务之间可能存在的权衡和协同效应，通过进一步的综合分析，获得对于城市生态系统整体价值的全面评估。

（4）开发决策支持系统

结合生态系统服务评估结果，构建生态治理模型用以模拟自然过程和人类活动对生态系统的影响，包括大气扩散模型、水文模型、生态系统动态模型等，以反映不同生态要素之间的相互作用；开发预测工具预测不同生态治理政策和管理策略的潜在效果，使用统计分析、机器学习等方法提高预测的准确性和可靠性；开展策略模拟和评估，运行情景分析，模拟不同策略在短期和长期的效果，包括成本－效益分析、风险评估等，帮助决策者权衡不同方案的利弊，确保最终决策能够综合考虑生态系统服务的多重价值，带来最大的经济和社会效益。

（5）持续改进和优化生态治理策略

建立评估机制，设立定期的评估流程，对生态治理策略的执行情况和成效进行系统评价，采用科学的方法和技术，如生态环境指标监测、生态足迹分析、成本－效益分析等，衡量政策的实际效果；建立反馈机制，将评估结果及时反馈给决策者和执行者，根据评估结果，对不适宜或效果不佳的策略进行调整和优化；推进跨学科合作，鼓励环境科学、社会学、经济学、城市规划等多个领域的专家进行合作，共同研究城市生态问题，整合不同领域的知识和技术，形成更为全面和创新的解决方案。

5. 运转高效

（1）建立快速响应机制，对突发生态风险能够迅速采取措施

设立专门的应急指挥中心，负责协调和管理突发生态风险的快速响应，中心应具备实时监控、信息收集、决策支持和资源调配的能力；制定详细的应急预案，根据不同类型生态风险事件，制定具体应急预案，包括应对流程、责任分配、资源列表和通讯链；组建训练有素的专业应急团队，包括消防、医疗、环境保护等领域的专家，并定期进行应急演练，确保团队成员能够迅速有效地响应各种紧急情况；完善监测和预警系统，确保能够在第一时间内发现潜在的生态风险，及时启动应急预案。

（2）强化执法监督，确保所有生态环保法规和标准得到严格执行

合理增加环境执法人员的数量和质量，对环境执法人员进行专业培训，提高他们的法律知识、技术能力和现场应对能力，提高执法机构的权威性和专业性；使用法律手段，对违法行为进行严厉处罚，形成有效的威慑力，公开曝光违法案例，通过媒体和社会舆论施加压力，增强法律效果。

（3）建立问责制度，对应急响应和执法中的失职行为进行追责

明确相关部门在应急响应和执法中的具体责任和职责；制定明确的问责标准，包括对失职行为的定义、追责的条件和程序等；设立独立的监督机构或部门，对应急响应和执法行为进行监督和评估，应引入第三方评估和社会监督，提高问责制度的透明度和公正性，一旦发现失职行为，根据既定的问责标准和程序，及时采取相应措施。

（五）发展绿色经济，培育绿色发展新业态，增强生态产品供给效率

绿色富国、绿色惠民。为人民提供更优质的生态产品，既是绿色发展理念的应有之义，也是中国特色生态文明建设主旋律。绿色富国、绿色惠民必须借助绿色产业、绿色经济才能实现。

1. 必需型生态产品和一般型生态产品

人民所需要的生态产品，可分为必需型和一般型两类。必需型生态产品，是指洁净的空气、干净的水、无公害的食品，是人民最关心、最直接、最现实的民生福祉，是老百姓健康生活的保证、幸福生活的前提。一般型生态产品，包括广泛的绿色商品如节能设备、有机纺织品、绿色建材等，以及绿色服务如文化旅游服务、调节气候、防风固沙等生态系统服务，这些产品虽然不是生存的直接必需品，但有助于提高生活质量，减少

对环境的影响。总体而言，必需型生态产品的供给是政府的基本职责，需要通过严格的生态环境标准和监管来保障；而一般型生态产品的发展则需要结合市场需求和技术创新，通过政策引导和市场激励来推动。两者共同构成了生态产品供给体系，对于提升人民生活质量、保护生态环境和实现经济社会可持续发展具有重要价值。

2. 利用新兴技术提高生态产品的供给效率

加强生态治理，针对大气、水和土壤污染，采用先进的监测和净化技术，实施有效的污染控制措施，如废气过滤系统、废水处理设施和土壤修复项目；推广绿色发展方式，发展低碳经济，减少温室气体排放，推动能源结构转型，增加可再生能源的使用，促进循环经济，鼓励废物回收和再利用，减少资源消耗和废弃物产生，在农业领域推广有机耕作和精准灌溉，减少化肥和农药使用，提高水资源利用效率；深化供给侧结构性改革，优化产业布局，调整产业结构，淘汰高污染和高能耗的落后产能，支持清洁生产技术、节能减排技术和生物工程技术等绿色技术研发，推动传统产业的升级改造，通过技术创新提高生产效率和产品质量；整合现代信息技术，利用大数据分析预测市场需求，优化资源配置和供应链管理，应用云计算和人工智能进行生产过程的智能管理和决策支持，通过网络平台和移动应用，提高产品和服务的市场可达性和透明度。

3. 加大绿色产业支持力度

政府提供财政补贴、税收优惠等激励措施，降低绿色技术研发和应用的初期成本，给予采用绿色技术的企业投资补贴或运营补贴，减免绿色产业相关企业的所得税、增值税等；发展绿色金融，引导资金流向，鼓励银行和其他金融机构开发专门的绿色金融产品和服务，提供政策支持，如担保、贴息等，降低绿色项目的融资成本，支持发行绿色债券，吸引投资者对环境友好型项目的投资，建立绿色投资基金，集中资本投向绿色新兴产业和技术。

制定清晰的绿色产业发展规划和政策框架，积极引导传统产业跳出产业局限和壁垒，顺应快速发展的产业技术革命趋势，设定环保标准和产品认证体系，鼓励企业生产符合标准的绿色产品；建立国家级绿色技术研发平台，集中资源进行关键技术攻关，与高校和研究机构合作，推动产学研结合，加速成果转化；为绿色产品和技术提供市场准入便利，如优先审批、快速通道等，在政府采购中优先选择绿色产品和服务。

鼓励公众积极参与，通过媒体和教育活动提高公众对绿色产业的认识和接受度，鼓励公众参与绿色消费；加大与其他国家和国际组织合作，共享绿色技术和经验，参与国际生态环保协议，推动全球绿色产业发展。

4. 建立绿色产业信息平台和绿色产业大数据库

明确平台和数据库服务的目标、功能、架构和技术需求，提升信息平台设计水平，开发高效的搜索引擎和数据管理系统，设计合理的数据结构和平台架构，构建稳定、可靠的在线平台，实现数据的高效管理和快速检索，提供用户友好的界面和交互体验；加强数据收集与整合，收集来自各个渠道的数据，包括绿色技术的研发进展、市场需求、政策变化、行业标准等，整合数据资源，建立统一的数据库，确保信息的准确性和时效性；建立信息共享机制，鼓励企业和研发机构分享研究成果、技术应用案例和市场分析报告，积极举办论坛、研讨会和其他交流活动，促进行业内外的信息交流和知识共享；鼓励用户参与咨询、研讨等平台活动，建立有效反馈机制，便于用户报告问题、提出意见和建议；加强与相关行业组织、学术机构和政府部门建立合作关系，共同推动平台发展和信息更新，建立绿色产业联盟，促进成员之间的交流合作和资源共享。

为确保平台的长期有效运行，应定期对平台进行技术维护和内容更新，并结合用户需求和技术发展，不断优化提升平台功能和服务。加强技术与产业融合，结合"互联网+"、物联网和云计算等新兴技术，提升产业链效率，完善决策支持；推行智能化管理，在农业和制造业中应用自动化和智能技术，提高生产效率，使用大数据分析和人工智能优化产品设计和生产工艺，减少资源浪费，促进绿色技术创新、市场信息流通和绿色产业发展。

5. 构建绿色低碳循环产业体系和智能消费体系

发展循环经济，建立废弃物分类回收系统，提高废弃物资源化和再利用的效率，推广生态设计和生产，减少原材料的使用，延长产品寿命，设计易于回收的产品；推动废弃物资源化，通过技术创新，探索废弃物转化为资源的方法，建立交易平台，促进废弃物的有效分配和利用，加强处理设施建设和管理，确保废弃物得到安全、环保的处理；减少环境污染，采用清洁生产技术，减少工业生产过程中的污染物排放，推广绿色包装和可降解材料，减少塑料等不可降解材料的使用。

促进智能消费，通过教育和宣传，提高公众的生态意识，鼓励绿色消费行为，利用大数据、人工智能等科技手段，提供个性化的消费建议，辅助消费者做出绿色消费选择，开发智能家居、智能交通等智能产品和服务，提高消费效率，减少能源消耗和浪费；优化供应链管理，减少物流环节的能源消耗和碳排放，通过共享单车、共享汽车等共享经济模式，提高资源利用率；厉行节约反对浪费，实施食品浪费减少计划，如提供食物剩余回收服务、鼓励合理点餐、推广"剩饭盲盒"、"剩菜盲盒"等新型消费模式等，提倡节水、节电，设立奖励机制，鼓励企业和公众参与减少浪费的行动。

（六）参与全球城市生态治理实践，加强全球城市生态治理合作

1. 为全球生态治理贡献中国智慧和力量

从全球和战略的高度出发，结合中国发展实际，遵循共同但有区别的责任原则、公平原则以及各自能力原则；积极参与全球城市生态治理，承担相应的节能减排国家责任，做出生态治理国家自主贡献；结合中国实践经验，为全球生态治理提供具有中国特色的智慧和解决方案，将中国在生态治理方面的成功经验与国际社会分享，帮助其他国家提升生态治理水平；加强与其他国家及国际组织的合作，推动全球城市生态治理的创新和发展。

2. 共同打造绿色发展命运共同体

积极参与应对全球气候变化谈判，发挥积极作用，推动国际社会达成共识；与国际

绿色经济协会、世界自然保护联盟等机构或组织加强交流合作,共同推进全球城市生态治理;在全球和国家层面推动城市生态治理体制和机制的创新,以适应不断变化的环境和挑战;构建和完善公平合理的国际城市生态治理规则,平衡各国在生态治理中的权利和义务;建立合作共赢的全球城市生态治理体系,实现资源的有效配置和环境的可持续管理;共同打造绿色发展命运共同体,形成相互依赖、共同发展的全球绿色发展网络。

3. 全面提升国家绿色发展能力

着力搭建地区性、全球性城市生态治理互动平台,促进信息交流和资源共享;通过科学技术交流、政策对话和项目实施等方式,开展国际合作,共同推进城市生态治理;合理引进发达国家绿色技术装备和服务模式,提高我国绿色产业技术水平,借鉴其在绿色产业设计、运营、管理等方面的先进经验,提升我国绿色产业发展水平;结合我国国情,发展具有中国特色的绿色经济,推动经济结构的绿色转型,构建具有国际竞争力的绿色产业链和价值链,提升在全球绿色经济中的地位;强化人、自然生态、经济社会的协同发展,超越传统以 GDP 增长为唯一指标的发展模式,转向一个更为全面和可持续的发展范式。

4. 着力建设资源节约型、环境友好型社会

为推进绿色发展,提升城市生态治理能力,必须坚持节约资源和保护环境基本国策,坚定走生产发展、生活富裕、生态良好的文明发展道路,着力建设资源节约型、环境友好型社会,形成节约资源和保护环境的空间格局、产业结构、生产方式、生活方式,努力开创社会主义生态文明新时代。

第三节 可持续发展与生态城市

一、可持续发展问题的提出

运用可持续发展观研究城市发展和城市问题的思想渊源已有相当悠久的历史。工业革命以来,世界城市化进程发展迅速。在城市建设过程中,中心城区高楼密集,高空化日益严重,容积率愈来愈高,交通拥堵、"热岛效应"等"城市病"愈演愈烈;新的城市土地利用政策和房地产开发政策,使一些城市住宅建设只考虑经济效益,却忽视人居环境的舒适性;城市规划往往难以定性或定量把握城市发展的动态过程,从而表现出一种局域性和短期效应。同时,随着 20 世纪 70 年代以来世界范围内的环境污染、资源浪费、能源短缺、人口剧增、粮食危机等问题的加剧,人们日益重视社会、经济与环境的协调发展和人工生态系统的良性循环,"生态城市"作为国际第四代城市的发展目标被正式提出。除运用生态学原理和方法来指导城市建设以外,可持续发展理论为城市生态建设注入了新的活力,并逐渐形成一种崭新的城市发展观。

城市可持续发展是以城市发展的理想值目标为出发点，用新的观点、方法和手段研究城市的发展要素（包括经济、社会、文化等）、城市的物质要素（包括土地、房屋、基础设施等）以及城市的环境要素（包括大气、水体、气温、开敞空间等）的特征和相互协调关系，以保证动态发展的城市能长期处在和谐、高效的运转状态。城市可持续发展既关注城市发展的现状，又注重城市面向未来发展的生命力，强调城市在面向未来的发展过程中，要形成一种以人为主体的有机结构体，充分考虑人和城市环境的融合性和城市中人的个性的全面发展，最终实现城市人、经济、社会文化活动与城市环境一体化的高度综合和协调发展，因而城市可持续发展既是一种城市发展观，又是城市进步的行动准则和指导。同时，城市作为人类文明、社会进步的象征和生产力空间载体，聚集了一定地域范围内的生产资金、劳动力和科学技术，成为区域经济活动的导源地、经济聚集实体和纵横交错的枢纽，城市的发展对于区域的发展有着深刻的影响，因此，城市可持续发展也是区域可持续发展的重要体现。

二、可持续发展是城市发展的目标

可持续发展包括经济可持续、社会可持续、资源环境可持续等。城市的可持续发展应以经济可持续发展为前提，社会可持续发展为动力，资源的可持续利用和供给为保证，同时要和城市及其周边环境相协调。

（一）经济可持续发展

经济可持续发展是指在不损害环境质量和自然资源的前提下，实现经济的持续增长。实现经济可持续发展可以采用以下措施。一是发展生态经济。生态经济强调在经济发展中保护生态环境，实现经济与环境的和谐共生，通过发展绿色农业、绿色工业、绿色服务业等，推动循环经济和低碳经济的发展。二是壮大环保产业。环保产业是以环境保护为目的，提供环保产品和服务。政府应加大对环保产业的支持力度，鼓励企业投资研发环保技术和产品，培育环保产业集群。三是改变经济增长方式。通过优化产业结构，提高资源利用效率，减少污染物排放，降低对自然资源的依赖，推动经济增长模式从以往的粗放型增长转向集约型、高效型、绿色型增长。四是实现绿色 GDP 的快速增长。绿色 GDP 是传统 GDP 扣除环境污染和生态破坏成本后的数值，应加快建立绿色 GDP 核算体系，将生态环境保护纳入国民经济核算体系，以更准确地反映经济发展的真实成本和收益。经济可持续发展既包含了社会生产方式和生活方式的变革，也体现了人类在经济发展过程中对人与自然关系认识态度的根本转变，是建设生态城市的前提和基础。

（二）社会可持续发展

社会可持续发展强调在经济发展的同时，应充分考虑到社会公正、文化多样性、教育普及、健康保障、社会安全等方面要求，以实现社会的全面进步和长期稳定。为了应对这一挑战，需采取一系列创新性和综合性措施。首先，优化城市空间布局，实施 TOD 引领城市建设发展策略，充分挖潜盘活闲置低效用地，推进"三旧一村（老旧小区、老旧厂房、老旧街区和城中村)"城市更新改造,提高土地使用效率、提升土地资源节约集约利用水平;推广混合用地策略,将住宅、商业和公共设施结合布置,以减少交通需求,缓解交通拥堵现象。其次,加强生态保护和资源节约,采取有效措施减少污染,提高能源效率,保护和恢复自然生态系统,改善城市生态环境质量,为居民提供更加宜居舒适的环境。第三,加强城市载体功能。在交通网络、公共交通系统、水利设施、能源供应和通信网络等关键领域加大资金投入力度,基础设施的现代化和智能化升级能够显著提高城市运行效率,促进居民生活品质的进一步提高。第四,提升公共服务水平。完善文化、教育、医疗、健身休闲等设施,满足居民日益增长的公共服务需求。通过建设"完整社区"和打造多功能城市公共中心,增强社区向心力和凝聚力,增强城市吸引力和竞争力。实现社会可持续发展还应关注社会公平和包容性,保障全部群体都能够平等地享受到城市资源和发展成果,无论他们的经济状况、年龄、性别或种族背景如何。

(三)资源环境可持续发展

生态城市建设要以解决贫水和水资源污染、煤烟型大气污染、恢复植被和保护生物多样性等为重点。一是加强水资源的保护和开发。坚持兴利除害结合,开源节流并重,节流优先,治污为本,科学开源,综合利用,防洪抗旱并举,坚持涵养水源、节约用水与防止水污染相结合。二是加强煤烟型大气污染治理。以改变能源结构为主要途径,开发推广电、煤气、天然气、沼气、型煤等清洁燃料,合理利用液化石油气,在农村推广秸秆造气,在城市发展集中供热,在公交车和出租车推行双燃料装置,治理烟尘、机动车尾气污染和扬尘扩散。三是加强噪声和固体废弃物等污染治理,以严格管理为主,配套进行项目或工程的隔声、吸声设施建设,控制区域环境噪声、工业噪声和交通噪声污染;固体废弃物处理工程以无害化和资源化为途径,积极进行城市垃圾、粉煤灰和白色污染物的有效处置和综合利用。四是加强生态建设,防治水土流失,增加林地、湿地面积,保护生物多样性,建设自然生态保护区,保护珍稀物种。

解决城市发展中出现的各种问题,需要协调城市发展中的各种关系,即需要从生态学的角度出发,通过理顺城市各功能区、各构成要素间的关系,实现能量流、物质流、信息流、资金流等的顺畅流通,达到生态结构合理、生态过程完整、生态功能完善,并最终实现城市的可持续发展。

三、城市生态可持续发展的内涵

从生态角度看,城市是一个以人类生产与生活活动为中心的、由居民与城市环境组成的社会-经济-自然复合生态系统,这个庞大而复杂的复合生态系统可分为社会生态、经济生态和自然生态三大子系统。其基本功能是组织社会生产,方便居民生活,为国民经济与社会发展提供保障。生态城市应能实现经济发展、社会进步和生态保护的相互协调,以及物质、能量、信息的高效利用。城市活动受到系统各生态因素的制约,城市的活动限度同系统的生态限度是一致的,城市生态可持续发展之路,是通向生态城市的发展道路。城市生态可持续发展主要包含如下三方面的内涵。

（一）生态化

这里"生态"已不再是单纯生物学的含义，而是蕴含社会-经济-自然复合生态的综合概念。社会生态化表现为人们具有生态意识和环境价值观，生活质量、人口素质及健康水平与社会进步、经济发展相适应，有一个保障人人平等、自由、教育、人权和免受暴力的社会环境。经济生态化表现为采用可持续的生产、消费、交通和住区发展模式，实现清洁生产和文明消费，对经济增长，不仅重视增长数量，更追求质量的提高，提高资源的再生和综合利用水平。自然环境生态化表现为发展以保护自然为基础，与环境的承载能力相协调，自然环境及其演进过程得到最大限度的保护，合理利用一切自然资源和保护生命支持系统，开发建设活动始终保持在环境承载能力之内。

（二）系统性

生态化必须是各个系统所构成的整体的生态化发展，强调三方面的协调统一。其中自然环境的生态可持续发展是基础，经济生态可持续发展是条件，社会生态可持续发展是目的，复合生态化是前提。生态城市从城市生态学的角度看，实质上就是社会-经济-自然复合生态系统达到结构合理、功能稳定的动态平衡状态，只有当各个系统的发展状况都处于"生态化"的良性状态之中时，城市复合系统才能具备良好的生产、生活和还原缓冲功能，具备自组织、自催化的竞争序主导城市发展，以及自调节、自抑制的共生序保证城市的持续稳定。因此，城市生态可持续发展即是达到这一稳定有序状态的演进过程。

（三）区域性

生态城市应当是一种城市化区域或城乡复合体，表现为城市与乡村融合发展的新的城乡关系格局，形成城-乡网络结构，二者只有分工上的不同。生态城市不以"农业""非农业"作为划分聚居的标准，而是强调了聚居作为人类生活场所本质上的同一性，这与传统城市和乡村对立的二元经济模式有本质的区别。

四、可持续发展模式下的生态城市建设

生态城市的建设原则是不断增强可持续发展能力。可持续发展生态城市既要实现社会—经济—自然复合生态的整体和谐，又要实现社会文化生态、经济技术生态和自然环境生态的可持续发展，目标是改善自然与人、自然与经济、生物与环境之间的关系，因此建设可持续发展的生态城市要从以下几方面着手。

（一）建设城市的和谐性

城市的和谐性是指在城市生活中，人与自然、人与社会、人与人之间能够相互协调、和谐共处的一种状态。实现生态城市的和谐性，需要从多个层面考虑。第一，在城市规划建设中，注重生态平衡，保护自然环境，满足居民的生活、工作和休闲需求，应考虑交通流畅性，减少拥堵，提高出行效率，并确保公共空间的充足和可达性，促进社区交流和互动。第二，在绿色基础设施建设方面。建设公园、绿道、湿地等绿色基础设施，

不仅能够使城市更美观，还能改善空气质量，提供休闲娱乐场所，增强居民的幸福感和归属感。第三，在社区参与与治理方面。鼓励居民参与社区治理，通过社区会议、公众咨询等方式收集居民意见，确保决策过程透明公开，反映居民需求，增强社区凝聚力。第四，在经济发展与就业机会方面。制定相应政策，吸引和培育多元化经济活动，提供多层次就业机会，减少贫困和社会不平等。第五，在教育与文化方面。加大教育和文化建设投资力度，提高居民的教育水平和文化素养，丰富城市文化生活，增强居民对城市的认同感和满意度。第六，在公共服务与福利方面。完善公共服务体系，包括医疗、教育、交通、住房等，确保所有居民都能均等享受基本公共服务，减少社会矛盾。

（二）提高城市的效能性

提高城市的效能性涉及城市规划、基础设施建设、交通管理、资源分配以及环境保护等多个领域，可以采取以下措施提高城市效能性。一是优化城市空间布局，合理划分住宅区、商业区和工业区等不同城市功能片区并通过适度混合达到职住平衡，均衡布局公共服务设施如学校、医院和公园，方便市民使用。二是完善道路交通系统和公共交通网络，提高交通运行效率，减少交通拥堵，改善城市居民出行体验；同时，确保能源供应的稳定性和安全性，为城市可持续发展奠定基础。三是实施资源节约和循环利用策略，推广节能减排技术，提高资源使用效率，鼓励废物回收和再利用，减少资源消耗和废弃物产生。

（三）坚持城市的整体性

城市的整体性体现在城市在经济、社会、环境等各个层面协调融合，协同发展，整体推进生态城市建设。在能源结构方面，优化城市能源使用，着力推广可再生能源和清洁能源，减少对化石燃料的依赖，以降低碳排放和环境污染。在产业结构方面，调整产业布局，发展低碳环保产业，淘汰高污染、高耗能的产业，促进经济的绿色转型。在基础设施方面，建设高效公共交通系统，鼓励绿色建筑和智能建筑的发展，提高城市基础设施的可持续性和生态效益。在用地布局方面，合理规划城市空间，保护和增加绿地面积，实现城市与自然的和谐共生。在交通出行方面，倡导步行、自行车和公共交通等绿色出行方式，减少私家车使用，缓解交通拥堵和减少汽车尾气排放。在生态环境方面，加强城市生态系统的保护和修复，保持生物多样性，提供良好的生态服务。在社会文化方面，提高公众环保意识，鼓励社区参与和公民参与，建立绿色生活方式。在政策体系方面，制定相应的法律法规和政策，确保生态城市建设的目标得到有效实施。在综合治理能力方面，提升城市在水资源管理、废物处理、污染控制和灾害风险管理等方面的综合管理能力。在科技创新方面，利用科技进步解决城市发展中的问题，如智能交通系统、可再生能源技术和环境监测设备等。另外，还应采取长远的视角进行城市规划，确保当前的决策能够适应未来的变化和挑战。

（四）保持城市的持续性

生态城市是以可持续发展理念为主旨，城市的规划、建设和治理始终秉承可持续发展的原则，长远利益优先。合理利用和保护自然资源，保证水、空气、土壤等生态环境要素的质量，加强生物多样性保护，最大限度地促进物质、能源、信息的高效利用，保持生态系统良性循环，使其在相对平衡状态下持续发展。

建设可持续发展的城市模式是时代的必须，注重"生态文明"是未来城市发展的特征，只有转变城市的管理模式，由管理型向经营型转变才能适应时代需要；随着生态城市理念的深入，人类的居住模式也将围绕着"生态城市"这一主题而展开，人类的未来必将走向注重生态的可持续发展之路。

第五章 低碳时代生态城市建设

第一节 城市建筑节能与绿色建筑推广

近年来,全球能源短缺、气候异常现象日趋严重。如何提高能源利用效率、减少温室气体排放、应对气候变化成为 21 世纪人类面临的最复杂的挑战之一。为有效应对这些问题,世界各国纷纷加快产业结构调整,寻求节能、高效、低污染、可持续的发展方式,以提高能源利用效率和转变能源结构为核心的低碳经济,逐渐替代传统高能源消耗的发展模式,成为世界经济发展的一个重要趋势,节能减排已经成为世界各国共同关注的问题和共同的战略选择。

随着我国工业化城镇化的持续推进,对于能源资源的需求更加迫切,与此同时,中国能源严重短缺、能源实际利用效率低等问题日益凸显。因此,加快发展清洁能源和可再生资源,大力推进能源资源节约,提高不可再生能源的利用率,成为必然选择。

一、城市建筑节能的社会背景、目标和发展思路

城市是人类生产、生活和文明成果的集中体现,是人类社会文明先进性的重要象征。城市既是创造人类物质财富和精神财富的核心,又是改变生态格局、大量消耗资源能源、导致温室效应等问题最为集中的地方;既是能源消耗的主体,又是节能减排的重点,城市如何合理高效利用能源就成了实现节能减排目标的关键。

（一）城市能源利用与建筑节能的社会背景

从世界城市的发展历程来看，能源对城市发展起着至关重要的作用。能源对于城市的选址、规模、建筑和形象以及人口的迁移都会产生影响。在城市选址过程中，城市必须与能源产地有直接联系，在工业革命之后，随着能源的集中供应和运输能力的不断提升，城市开始从大型煤炭产地向四周延伸，之后沿着集中能源供应的主线展开。能源对城市规模也会产生影响，当化石能源非常充足时，随着工业现代化进程的加快，巨型城市的增多成为可能，而由于化石能源濒于枯竭，巨型城市也处于崩溃的边缘。能源也在一定程度上对城市建筑和城市形象产生影响，当能源和材料的供应非常充足时，建筑设计和城市规划可以不受地方条件的限制而自由发展。而一旦能源出现短缺，人们就必须根据当地的气候条件来营造生存空间，全球范围内的城市就会出现多种多样的带有地方色彩的建筑结构、建筑风格和建筑材料。能源还对人口迁移产生影响，从能源的角度来看，农村人口向城市迁移的一个重要原因是农村缺乏可使用的有效能源系统。

由此可见，城市的发展离不开能源的支持，城市在能源使用方面必须体现能源使用的高效性和可再生性。现阶段的能源紧张已经开始制约城市发展，要解决城市发展中能源利用方面的问题，就必须顺应人类利用能源的历史趋势，通过合理开发使用新能源、高效节约利用传统能源，逐步改善城市发展与能源约束的关系，降低能源使用对环境造成的影响。

有效利用能源是低碳生态城市建设的重要途径，要提高能源利用效率首先必须明确重点耗能行业，而建筑能耗、交通能耗和工业能耗是城市能耗的三个主要方面。从现阶段发展情况来看，尽管工业能耗目前所占比重较大，但是随着产业结构的不断优化调整和城市化进程的持续推进，工业能耗将呈现逐步降低的趋势，而建筑和交通将成为增长较快的耗能领域。

在建筑领域中，能源消耗主要包括三个方面：一是建筑材料生产过程中的能源消耗；二是建筑建造过程中的能源消耗；三是建筑运行过程中的能源消耗，包含建筑中的照明，采暖通风，建筑设备、办公器具等对能源的消耗。建筑能耗占全社会能耗的比例呈现逐年上升趋势。

当前，我国建筑能耗同样呈现快速增加趋势。中国是一个发展中的大国，同时也是一个建筑大国，每年新建房屋超过所有发达国家每年建成建筑面积的总和，随着中国城市化的进程持续推进，中国建筑市场规模将会持续扩大，建筑面积的扩大导致建筑能耗的增加。从产业结构优化调整的情况来看，随着第二产业比重的逐步下降，工业能耗呈现下降趋势，相对应的建筑能耗和交通能耗占社会总能源消耗的比重有所增加。随着生活水平的不断提高，人们对居住舒适度的需求也不断增长，空调等能耗设备使用比例不断上升，进而增加建筑能耗的总量。另外，我国一些地区的建筑方式仍然比较粗放，建筑节能的社会认知程度有待提高，很多建筑仍然采用现场砌（浇）筑和手工作业的方式，工业化水平低，在开发工程项目时，往往偏重经济效益，对节能、节地、节水、节材和新材料、新技术、新工艺、新产品成果的应用力度不够，而且大多没有采用合适的节能技术，不通风的房型、导热系数极大的落地窗、外飘窗等仍较为普遍。由此可见，我国建筑能耗整体上升的趋势不可避免，并将成为未来能源消费的主要增长点，预计在未来一段时间内，建筑能耗占全社会总能耗的比例将上升至1/2甚至更高，建筑能耗将成为城市能源消耗的主体。因此，大力开展建筑节能工作，降低城市建筑能耗就显得尤为重要。

（二）建筑节能目标及思路

城市建筑节能的总体目标是大力弘扬"绿色"生活模式，把建筑节能的理念贯穿到人们生活的各个方面，逐步引导人们改变高耗能的生活方式和生活习惯；进一步减少对不可再生能源的消耗，不断提高不可再生能源利用效率；加大新能源研究开发力度，充分挖掘太阳能、生物质能、风电、地热等可再生能源的巨大潜力，在实现城市经济高速发展的前提下，保持建筑能源消耗和CO_2排放处于较低水平。城市建筑节能的主要思路包括三个方面。一是改变传统非节能的理念，引导全社会真正树立起建筑节能的理念，并用这种理念引导人们在建筑物规划设计中的审美标准、建造中的施工模式以及能源消耗中的使用习惯向着节能的方向转变，从而达到降低建筑能耗的目的。二是围绕可再生能源与建筑一体化的应用，不断加大可再生能源在新建建筑中的运用力度，逐步推动可再生能源利用从单体建筑向区域建筑、从单项技术向综合技术发展，推动普通建筑向绿色建筑转变，进一步降低对不可再生能源的依赖程度，提高不可再生能源利用效率。三是通过推动既有建筑能耗监测系统建设，培育建筑节能市场服务体系，推广建筑合同能源管理模式，不断加快既有建筑改造步伐。

二、建筑节能理念的重塑

重新塑造建筑节能的理念，是降低建筑能耗的关键。建筑节能的根本并不是研究怎样在现有基础上去加盖太阳能遮光板或是隔热玻璃，而是在建筑伊始就考虑到与自然相协调，尽量减少依靠机械的方式创建适宜的环境。要做到这一点，必须把节能的理念真正贯穿到人们的工作生活中，改变当前各种不利于节能的价值判断标准、行为方式和生活习惯。

不同的生活习惯和能源使用方式造成了建筑能耗的巨大差别，而不同的生活习惯和能源使用方式源于不同的理念，因此，必须首先改变以牺牲和消耗稀缺的自然资源和能源为代价，过度追求生活水平和舒适度的理念，用新的节能理念对房屋进行设计和建造，进而通过节能建筑、节能设施的建设引导人们改变耗能的生活方式和生活习惯，最终达到降低城市能源尤其是建筑能源消耗的目的。

（一）重塑建筑设计理念

重塑建筑设计理念的核心是将建筑设计的理念逐渐从大量消耗能源、依靠机械系统营造室内环境向融合自然、充分利用各种被动的节能技术营造适宜的室内环境转变，从更加注重建筑物的美观向更加注重节能技术、外观服从于节能要求的方向转变。大量的经验数据也表明，如果在规划设计阶段就能够充分考虑运用各种手段降低能源消耗，其降低建筑能耗的成本最低也最有成效，因此，在规划设计阶段融入节能理念对建筑物进行规划设计，围绕建筑节能统筹安排、协调推进各种被动和主动节能技术的综合应用，是降低建筑能耗最主要也是最有效的途径。具体来说，在规划设计阶段，设计师应根据大范围的气候条件影响，针对建筑自身所处的具体环境气候特征及建筑周边地形地貌，合理安排用地范围内建筑的位置，通过合适的建筑体量和合理的建筑朝向，最大限度地利用日照和自然风，降低建筑能耗。设计师应优先采用被动式节能设计方法，尽可能地从周边的环境中吸收可以利用的能量，以营造室内较舒适的湿热环境和采光环境，最大程度降低对机械系统的依赖度，减少建筑对不可再生能源的需求。例如，建筑设计师应充分考虑自然通风和自然采光，通过合理设计建筑形体，尽可能地利用自然通风为建筑降温，调节建筑的室内环境；同时增强建筑的透光性，最大限度地利用日光满足建筑物照明的要求，减少对电能的消耗。在此基础上，建筑设计师应采用主动式节能设计方法，通过合理设计扩大太阳能、风能、生物质能等可再生能源在建筑中的适用范围，尽可能将这些可再生能源转换为建筑物所需要的电、热和燃料，进一步减少建筑对不可再生能源的需求量，降低建筑能耗。

（二）重塑建筑施工理念

重塑建筑施工理念就是在建造过程中融合能源节约的理念，采取绿色施工的模式进行建造，即在工程建设中，在保证质量、安全等基本要求的前提下，通过科学管理和技术进步，最大限度地节约资源，减少对环境负面影响的施工活动，实现节能、节地、节水、节材和环境保护，达到节约建设成本和资源消耗最小化的目的。具体来说，相关人员在施工阶段应采取工业化建造等新型建设模式，采用资源消耗和环境影响小的新型建筑结构体系；重视因地制宜，就地取材，减少材料运输的能源消耗；优先选用性能高、耐久性好、生产能耗低、可减少资源消耗、可重复或循环使用、可再生、用废弃物生产的材料和产品；在施工回收阶段将建筑施工、旧建筑拆除和场地清理时产生的固体废弃物分类处理，并将其中可再利用、可再循环材料进行回收和再利用。

（三）重塑建筑用能理念

重塑建筑用能理念的核心在于通过节能建筑和设施的设计建造，引导人们改变目前这种追求消耗大量的能源营造舒适环境的理念，而采用更加节能的生活方式和生活习惯，以达到降低建筑能耗的目的。中国建筑理念更加强调建筑物与自然环境的沟通，建筑物会被赋予更多与外界环境交换的功能，如能够开启的窗户、随着外界环境变化性能发生变化的新型围护结构以及方便人们与外界环境沟通的露台等，这些功能的存在将会引导人们采用一种与自然更加融合的绿色用能模式，从而降低建筑能源的消耗。事实上，真正舒适且节能的建筑并不是把人放在一个密封的玻璃罩里面用机器创设环境，而是追求人与自然和谐的舒适状态。尤其当一种高能耗的"人工环境"建筑会引导人们采用更加耗能的生活方式和习惯的时候，通过建设与自然更加融合的绿色建筑来引导人们改变耗能的用能习惯，重塑节能的用能理念，这对于降低建筑能耗显得尤为重要。

三、新建建筑的可再生能源一体化

可再生能源的概念是在内罗毕召开的联合国新能源及可再生能源会议上被提出的。会议上指出可再生能源是指新的可更新的能源资源,采用新技术和新材料加以开发利用,它不同于常规的化石能源,几乎是用之不竭的,而且消耗后可得到补充,不产生或很少产生污染物,对环境无多大损害,有利于生态良性循环。"可再生能源"是指可以在短时间内通过天然过程得到补充或再造,源源不绝的一种能源资源。我国《可再生能源法》将风能、太阳能、水能、生物质能、地热能、海洋能等非化石能源界定为可再生能源。与此相对应,不可再生能源是指人类开发利用后,在现阶段不可能再生的能源资源,例如,煤和石油都是古生物的遗体被掩压在地下深层中,经过漫长的地质年代而形成的,一旦被燃烧耗用后不可能在数百年乃至数万年内再生。由于可再生能源具有几乎用之不竭、可以永续利用和补充的特性,因此在当前能源普遍短缺、不可再生能源利用趋紧及其利用对环境带来不可逆转负面影响的背景下,加大可再生能源的利用力度对于改善城市发展与能源关系,降低能源使用对环境的影响具有特别重要的意义。

可再生能源是一种将大自然的能量转化后可被获取的能源,这一转变需要借助于物质性的媒介,城市中的道路、广场、建筑物等都是生产可再生能源的重要媒介和载体。在城市可再生能源利用的初期,大多数转化能源的装置与生产可再生能源的媒介是分开的,影响城市的整体景观。随着可再生能源利用技术的进步以及大规模的应用,促进建筑与可再生能源的一体化成为城市利用可再生能源必然的选择和未来的发展方向。其核心理念是通过可再生能源转化装置与建筑统一规划、同步设计、同步施工,达到与建筑工程的有机结合、同步使用,同时保持与周围环境的完美融合,实现建筑节能与城市空间美观双赢的目的。按照可再生能源供给的对象来分,可再生能源一体化可以分为两类:一是单体建筑的可再生能源一体化,二是区域建筑的可再生能源一体化,即以区域供冷、供热为核心的建筑区域能源站。建筑对于可再生能源的利用可以分为三类:一是建筑对太阳能光热的利用,二是建筑对太阳能光电的利用,三是建筑对地热等其他能源的利用。

(一)单体建筑的可再生能源一体化

单体建筑的可再生能源一体化是指在某一幢建筑上设计安装可再生能源转化装置,转化的能源主要供给本幢建筑使用。在单体建筑的可再生能源利用方面,目前运用较广、技术比较成熟的是太阳能光热的转化利用。除此以外,还有太阳能光电和地源、湖水源等热泵技术的转化利用。

1. 太阳能光热一体化

太阳能热水器是太阳能光热利用领域中应用时间最长、应用范围最广泛的太阳能产品。根据不同的建筑形式、建筑物功能,太阳能热水器与建筑有坡屋顶嵌入式、平屋顶结合式、阳台壁挂式、遮阳板式和遮阳篷等多种一体化形式,目前应用比较多的是坡屋顶嵌入式、平屋顶结合式、阳台壁挂式等几种形式。

2. 太阳能光电一体化

太阳能光伏发电在发达国家已形成热潮。太阳能光伏建筑一体化应用技术是在建筑围护结构外表面（如外墙、屋顶等）铺设光伏组件或直接取代外围护结构，将投射到建筑表面的太阳能转化为电能，以增加建筑供电渠道、减少建筑用电负荷的新型节能措施。太阳能光伏发电系统的各种彩色光伏组件可以替代和节约昂贵的外饰材料，使建筑物的外观统一协调，美化建筑环境；由于太阳能发电板阵列一般被安装在屋顶及墙面上直接吸收太阳能，因此太阳能光伏发电系统同时降低了墙面及屋顶的温度，减轻了建筑的空调负荷，降低了空调能耗。常见的光伏建筑一体化系统主要有光伏屋顶、光伏幕墙、光伏遮阳板、光伏天窗等，利用太阳能光伏发电系统可实现独立发电和并网发电。

3. 热泵技术与建筑一体化

热泵技术与建筑一体化主要有四种方式：土壤源热泵利用，江、河、湖泊等地表水源热泵利用，污水源热泵利用以及空气源热泵利用。土壤源热泵是一种利用浅层地能的可再生能源应用技术，它将地下土壤作为热泵机组的低温热源，通过传热介质在封闭的地下埋管中循环，以实现系统与土壤之间的换热。冬季供热时，介质从地下收集热量，通过循环系统把热量带到室内；夏季则把室内热量排至地下土壤中。地表水源热泵技术是以地表水（包括江、河、湖泊等）作为冷热源体，冬季利用热泵吸收水体热量向建筑供暖，夏季热泵将吸收到的热量排放至水体，实现对建筑物的制冷。由于水体温度在夏季时低于空气温度，在冬季时，水体最低温度高于空气温度，空调主机可获得较低的冷凝温度和较高的蒸发温度，系统能效相对较高。地表水源热泵分为闭式和开式两种形式。闭式系统将换热盘管放在水体底部，通过盘管内的循环介质与水体进行换热；开式系统从水体的底部抽水，并将水送入换热器与循环介质换热，开式系统的换热效率高。污水源热泵是一种利用污水作为冷热源进行制冷、制热循环的空调技术。由于污水温度全年较为稳定，污水源热泵的制冷、制热效率高于传统空气源热泵，是实现污水资源化利用的有效途径。空气源热泵技术是基于逆卡诺循环原理建立起来的一种节能、环保制热技术。空气源热泵系统通过自然能获取低温热源，经系统高效集热整合后成为高温热源，用来供暖或供应热水，整个系统的集热效率较高。

（二）区域建筑的可再生能源一体化

建筑区域能源站采用可再生能源技术的区域集成运用形式，是以一定区域的建筑群为服务对象，采用区域冷热电联产的方式，利用管网系统向区内各建筑物集中供热供冷，实现能源按品位分级利用。区域能源站既可以使用煤、油、煤气、可再生能源（如太阳能、地热、风能、潮汐能等），通过应用先进的能量回收技术，使低焓值的热源被经济地利用起来，而且可以利用废热。另外，区域能源站可以与先进的蓄能技术相结合，削峰填谷，实现能量转化自动化和能量供应的平稳，保证能量转换设备在一天24小时内高效运行，因而具有较高的能量效率。从经济性考虑，区域能源站有条件应用先进高效的能量转换技术和设备。目前我国大型火力发电厂的能源利用率为30%～40%，在应用中还存在能量二次转换问题，实际的能量利用效率更低，而区域能源站系统的综合能量利用率可达到 80% 以上，在节约和有效利用能源上具有较大的优越性。

四、既有建筑的节能改造

相对于新建建筑能源的节约，既有建筑能源节约的任务更加艰巨。量大面广的非节能型既有建筑的节能改造是城市建筑能源节约的关键，节能潜力巨大。

既有建筑节能改造是针对建筑中的围护结构、空调、采暖、通风、照明、供配电以及热水供应等能耗系统进行的节能综合改造。城市可以通过对各个能耗系统进行勘察诊断和优化设计、应用高新节能技术及产品、提高运行管理水平、使用可再生能源等途径提高建筑的能源使用率，减少能源浪费，在不降低系统服务质量的前提下，降低能源消耗，节约用能费用。既有建筑节能改造的前提是要对整栋建筑用能情况进行监管分析，明确能源消耗的主要部分，设计切实可行的能源节约的方法。从已有的实践经验来看，既有建筑节能改造的最大特点是其与民生关系密切，并且潜力大，但是难点在于改造所需资金多、筹资难。解决这一难点的关键在于积极培育建筑节能服务市场，推进合同能源管理，走政府引导、市场推动的路子。实行合同能源管理，主要应依靠投资方对既有建筑节能改造的投入，从而使建设方、使用方不需要承担费用或者少承担费用来达到预期的节能效果；投资方在既有建筑节能改造后或新能源投入运行中，在双方合同约定的期限内不仅能收回成本，而且最终能获得收益。通过推进合同能源管理，不仅解决了政府财政或用能单位在节能降耗方面资金不足的问题，而且开辟了社会资金新的出路，将使建筑节能工作由主要靠政府推进转向运用市场机制推动，这既是今后既有建筑改造应用的新途径，又是建筑节能产业化发展的新举措。

（一）建筑用能情况监测

建筑用能情况监测是既有建筑改造的前提。通过开展建筑能耗统计、建筑能源审计、建筑能耗公示、建筑能效测评标识等工作，建立各类建筑能耗定额标准，实行建筑用能的定额管理；通过建筑能耗公示、建筑能效测评标识将建筑运行能耗信息、建筑能效水平呈现在公众面前，接受社会的监督，为确定同类建筑的合理用能标准提供依据，督促建筑业主或者使用单位加强建筑运行管理，提高建筑能源使用效率，同时为高能耗建筑逐步实施改造创造必要条件。

一般来说，能耗监测系统主要是对建筑分类能耗和分项能耗进行监测，其中分类能耗是指根据建筑消耗的主要能源种类划分进行采集和整理的能耗数据，主要包括六个方面，分别是电量、水耗量、燃气量（天然气量或煤气量）、集中供热耗热量、集中供冷耗冷量、其他能源应用量。而分项能耗是指根据建筑消耗的各类能源的主要用途划分进行采集和整理的能耗数据，主要包括四个方面：一是照明插座用电，包括照明和插座用电、走廊和应急照明用电、室外景观照明用电；二是空调用电，包括冷热站用电、空调末端用电；三是动力用电，包括电梯用电、水泵用电、通风机用电；四是特殊用电，包括信息中心、洗衣房、厨房餐厅、游泳池、健身房或其他特殊用电。通过对建筑分类和分项能耗的监测，全面掌握建筑总能耗和分项能耗，可以为有效管理建筑能源消耗，开展节能改造提供依据。

公共建筑单位面积能耗是普通住宅建筑的 5～10 倍。政府办公建筑及大型公共建筑，如写字楼、商场、医院等，约占城市建筑总量的 6%～10%，但耗能却占建筑能耗总量的 50%，与全部住宅能耗相当。因此，对公共建筑能耗的监测是建筑用能监测的重点，对公共建筑的节能改造是既有建筑节能改造的主要内容。

（二）建筑外围护结构及耗能设备节能改造

目前公共建筑的主要能耗是空调和照明。通过改善建筑的外围护结构，实现被动节能，提高墙体和屋顶的热阻，减少窗玻璃、窗框和缝隙透风的传热、传冷损失，以及通过改善建筑空调系统提高能源利用率，是既有建筑节能改造的主要方面。

建筑外围护结构是建筑物与外界大气接触的介质，外围护结构保温措施的好坏直接影响着建筑物的耗能高低。建筑外围护结构改造包括三个方面：一是建筑外墙的改造，在建筑外墙贴设保温板，如聚苯板或挤塑苯板、喷射硬质发泡聚氨酯等，可以大大降低外墙的传热系数，减少耗热量；二是对建筑屋顶的改造，屋顶是建筑接触室外大气的主要散热部位，在屋顶上增加保温层的厚度或者加设空气间层（如加设钢制坡屋顶等）可有效地减少屋顶的传热量，从而减少建筑物的耗热量；三是对建筑门窗的改造，将外墙上所设的门窗均替换为节能门窗，如中空玻璃塑钢窗、断桥铝合金门窗等，或者直接在现有的外门窗外侧增设一层单框玻璃窗，均可有效地提高外门窗的气密性以及保温性能，从而减少外门窗的耗热量。就外围护结构节能改造的工作过程来看，建筑物外围护结构的改造其实就是对建筑物进行"穿衣戴帽"，因此，这部分工作可以与城市建筑物的立面改造有机结合起来，从而达到既美化城市立面，又实现建筑节能改造的目的。

（三）合同能源管理模式

合同能源管理是一种新型的市场化节能机制，其本质是以减少的能源费用来支付节能项目全部成本的节能业务方式。这种商业模式是使用未来的节能收益为建筑和设备改造升级，从而降低当前及长期的运行成本。提供这种商业服务模式的公司被称为节能服务公司，这种公司提供的不是具体的产品，而主要是一系列节能的服务。在合同期内，节能服务公司及业主分享项目的节能效益；合同结束后，高效能的设备和节能效益则全部归业主所有。按照具体的业务方式，合同能源管理可以分为分享型、承诺型、能源费用托管型等合同能源管理。与传统的节能项目改造方式相比，合同能源管理模式的大部分节能风险和改造所需的大笔资金由节能服务公司承担，因此可以有效增强业主进行建筑节能改造的动力。

五、绿色建筑的探索与发展

（一）绿色建筑的内涵

绿色建筑是当前全球可持续发展战略在建筑领域的具体体现。伴随着生态学、社会学、系统工程学等学科向建筑学领域的扩展，世界各国对绿色建筑的研究步入一个新的时期，绿色建筑迅速发展成为一种时代的潮流，代表了当今建筑学的最新发展方向。

绿色建筑以生态系统的良性循环为基本原则，运用生态系统的生物共生和物质多级传递循环再生原理，应用系统工程方法和多学科的现代绿色科技成就，根据当地环境和资源状况，强调优化组合住区的功能结构，实现经济、社会和生态效益相结合的新型人类聚居环境和建筑体系。简单地说，绿色建筑是指在建筑的全生命周期内，最大限度地实现"四节一环保"（节能、节地、节水、节材、保护环境和减少污染），被喻为建筑行业的"绿色革命"，其核心内涵是将可持续发展的理念融入建筑行业，以最少的资源和最小的环境负荷创造最大的居住舒适度，加速建筑行业向节能化方向转变。绿色建筑的基本内容可被归纳为以下内容：减轻建筑对环境的负荷，即节约能源及资源；提供安全、健康、舒适性良好的生活空间；与自然环境亲和，做到人及建筑与环境的和谐共处、永续发展。

对于绿色建筑的理解需要特别澄清三个误区。第一，绿色建筑并不是昂贵的建筑。绿色建筑强调材料可循环使用和充分的本地化，从而有可能实现最低成本的节能。因此，绿色建筑不会比普通建筑所需的成本投入高出很多。尽管有一些绿色建筑采用了新能源，但从全生命周期成本核算来看，绿色建筑的成本并不一定会比普通建筑高，总成本甚至还会有所降低，并且从综合生态效益、居住舒适度方面进行考量，绿色建筑的性价比更高。第二，绿色建筑不是仅指绿化的建筑。利用绿化节能，只是绿色建筑的一小部分功能，绿色建筑更多的是生态住宅、节能建筑、环保住宅、健康住宅的和谐统一体。第三，绿色建筑不等同于高科技的建筑。绿色建筑会利用一些节能技术或者设备，但不是利用高精尖技术的实验室。绿色建筑技术的目的是创造适宜生活环境。绿色建筑提倡采用对自然破坏程度最小的方式、简单可行的技术。绿色建筑的本质是一种气候适应性建筑，就是自动地利用外界的气候条件来进行能量的交换，是一种"会呼吸"的建筑，倡导用最简单的方式、最小的环境代价，建造最适宜的生活环境。

（二）绿色建筑的推广

绿色建筑促进建筑能耗降低的功能主要体现在以下几个方面。一是绿色建筑采用节能的建筑围护机构，要求所有建筑住宅的围护结构热工性能指标符合国家和地方居住建筑节能标准的规定。二是绿色建筑要求减少空调的使用频率和时间，在设计采用集中空调（含户式中央空调）系统时，所选用的冷水机组或单元式空调机组的性能系数（能效比）应符合国家有关规定值，设置集中采暖和空调系统的住宅，采用能量回收系统（装置）。三是绿色建筑要求公共场所照明采用高效光源和高效灯具，并采取其他节能控制措施，其照明功率密度符合《建筑照明设计标准》的规定。四是绿色建筑要求尽可能地利用自然光，在自然采光的区域设定光电控制的照明系统，设置集中采暖和空调系统的住宅，采用能量回收系统（装置）。五是绿色建筑要求充分利用太阳能、地热能等可再生能源，根据地理条件，设置太阳能采暖、热水、发电及风力发电装置，太阳能、地热能等可再生能源的能耗占建筑总能耗的比例大于5%。部分等级较高的绿色建筑要求采暖和空调能耗不高于国家和地方建筑节能标准规定值的80%，可再生能源的使用占建筑总能耗的比例大于10%。此外，绿色建筑还要求根据当地气候和自然资源条件，采用适应当地气候条件的平面形式和总体布局，最大限度地节约能源。

绿色建筑认证体系的构建是推广绿色建筑的重要途径。目前，我国已经建立了一套适合中国国情的绿色建筑评价体系，在全国开展了绿色建筑认证工作。绿色建筑评价体系的建立和绿色建筑标识的认证对积极引导大力发展绿色建筑，促进节能省地型住宅和公共建筑的发展，具有十分重要的意义。

六、促进建筑节能与绿色建筑推广的总体策略

（一）营造全过程建筑节能的氛围

具有良好的节能理念和用能习惯是城市建筑节能的前提。要想促进建筑节能与绿色建筑的推广，就必须取得全社会的支持和互动，形成全社会共同关注城市建筑节能的氛围，分两个层面对全过程建筑节能理念进行宣传。一是对建筑设计、施工等技术管理人员进行宣传培训。充分利用各院校、科研院所的科研和技术优势，联合开展与能源节约有关的研究开发、应用技术专业培训或课程，加强节能知识培训，并将培训或课程内容纳入有关执业资格考试内容之中。各协（学）会应加强对房地产开发企业、物业管理企业、设计单位、施工单位、监理单位、工程造价咨询企业、施工图审查机构、检测监督站等单位负责人、技术人员和基层规划建设管理人员的建筑节能专项培训，以提高其节能技术的应用水平。通过对专业技术人员的培训，把资源节约、环境保护、生态宜居的理念贯穿到规划设计施工管理的各个环节之中，协调推进各种节能技术在建筑上的综合应用。二是向公众宣传节能知识。通过各种媒体和利用展览会、公益广告、交流研讨、现场会等方式，利用节能宣传周等机会，有计划、有针对性地组织节能宣传活动，增强公众的节能意识、资源意识和生态意识，引导公众建立低碳的生活方式和节约能源资源的消费习惯，努力使节约能源成为全社会的自觉行动。

（二）构建政府引导市场推动的双向调节机制

加快形成政府、市场的双向调节和互动机制是促进城市建筑节能的重要途径。降低城市建筑能耗是一项社会效益高于经济效益的工程，因此在当前尚不具备完全市场化的条件下，走政府引导、市场推动的路子对于降低城市建筑能耗具有特别重要的意义。政府应强化统筹协调工作，特别是要制定完善的促进城市能源节约的法规规章、扶持政策和标准规范，鼓励全社会研发、生产、推广、应用节能产品，积极发挥政策的导向和推动作用；在加大政府引导力度的同时，还应注重培育节能服务市场，进一步健全节能服务体系，完善激励扶持政策，形成适应市场要求的合同能源管理机制与模式，推进节能服务产业化；在此基础上建立合同能源管理信用制度，规范合同能源管理企业进入节能服务市场的资质要求，加强管理服务能力建设，壮大节能技术咨询和管理队伍，逐步将降低城市能耗由主要依靠政府推进转变为运用市场机制推动。

(三)加大建筑节能适用技术的研发和推广力度

各类建筑节能适用技术的研发和推广是城市建筑节能的重要支撑,具体措施如下:大专院校、科研院所、企业和科技管理等部门应建立研发基地,形成建筑节能研究平台和建筑节能技术专家咨询队伍;采取政府引导、企业参与、吸引社会资本和外资等多元化筹资渠道,加大对建筑节能的科技投入,鼓励开展对建筑节能基础性和共性关键技术与设备的研究开发应用,加大高新技术和应用技术研发力度,提升节能技术水平和档次;对现有成熟技术、产品、材料进行整合研究,构建推广建筑节能技术、产品平台,促进节能技术研究成果转化;加快发展集成技术体系在建筑一体化中的应用,进一步加大太阳能、地热能等可再生能源以及水源等热泵技术在建筑区域供热供冷中的研发推广力度,不断推动节能技术的发展;构建建筑节能标准体系,根据当地气候特征、资源状况、技术经济发展水平,建立健全建筑节能标准和计价体系,完善设计标准、应用规范、标准图集、设计软件、检测评估、施工验收、产品标准和工程造价(含配套定额)等建筑节能系列化标准体系。

(四)完善建筑节能的综合监管体系

构建完善的监管体系是顺利推进建筑节能工作的重要举措,具体措施如下:严格执行建筑节能审查监督程序,切实加强标准的实施监管,建立从项目立项、论证、审批、设计、施工、监理、造价控制、竣工验收和结算、房屋销售、重点设备节能改造和运行管理的建筑物生命周期内相互衔接的节能监督管理体制,确保将节能标准落实到工程建设全过程;定期组织开展节能建筑专项检查,对设计单位、施工图审查机构、监理单位、施工单位的建筑节能设计标准落实情况进行检查,不允许未经节能评审认定的工程通过竣工验收备案;加大对违反建筑节能强制性标准及强制性条文行为的处罚力度,确保各种节能设计标准和节能技术落实到位;加快节能管理制度创新,构建有效行政监督体系;强化建筑节能施工现场的动态监管力度,将节能标准现场执行情况纳入合同价格调整机制、建设项目各类监督检查等监管范畴和各类奖项评比活动中,确保将节能标准落实到项目;制定和实施施工监管、验收备案制度;建立节能建筑性能检测中心,充实检测人员,完善相关技术和设备,提高节能建筑性能认定的技术监控水平。

(五)建立以绿色建筑为发展导向的体制机制

建立以绿色建筑为发展导向的体制机制是推动绿色建筑健康有序发展的重要保障,具体措施如下:从财政补贴、税费优惠、专项资金等方面建立健全与绿色建筑相关的优惠制度,在建筑的节能、节水、节材、节地和环境保护等各个方面加大经济扶持力度,形成鼓励发展节能省地环保型建筑、绿色建筑的财税政策体系,充分调动开发商、消费者、承租者、节能服务公司等服务系统的积极性,积极引导各方力量主动参与绿色建筑的创建;设立绿色建筑创新奖等相关奖项,鼓励绿色建筑技术的开发,促进绿色建筑的发展;搭建绿色建筑发展平台,及时掌握国内外建筑领域最新的技术成果和研发动态,积极开展国际合作与交流,引进、消化和吸收国内外先进技术;尽快建立绿色建筑标准规程和能效测评体系，全面实施绿色标识制度，积极开展绿色建筑评价标识认证；围绕国家机关办公建筑和大型公共建筑建设，有计划地推行一批绿色建筑示范项目，在规划、设计、施工、管理、使用全过程中贯穿绿色建筑的要求，通过示范项目带动绿色建筑健康发展，增强社会节能减排意识。

第二节　城市绿色基础设施建设

一、城市基础设施

城市基础设施规划是与各种城市基础设施相关的规划，属于国土空间规划体系中专项规划的一种。

（一）城市基础设施的种类

城市基础设施是具备公益性和公共性的设施，广义上城市基础设施规划的对象包含了所有的设施。

第一，面的设施：公园、绿地等具有一定面积的设施；

第二，线的设施：道路、铁路、电信和网络、给排水道、燃气、电力等；

第三，点的设施：变电站、水厂、消防站等。

面的设施和点的设施，具备一定的服务半径，这个范围叫作吸引圈，从与周边人口的关系来看，有三类：

第一，设施为周边人口提供服务（垃圾转运站等）；

第二，设施是因为周边人口的使用而产生的（公园、绿地等）；

第三，设施和周边人口没有直接的关系（垃圾处理厂、污水处理厂等）。

设施的分布形态有单独型、联结型、凝聚型、分散型等。国土空间规划综合考虑空间利用、道路交通等现状情况及规划预测，应对区域居民要求，按照合理规模，在合适位置进行设置。

城市基础设施中产生噪声、震动、尾气、恶臭等危害周边城区生活环境的设施，需要对其选址进行慎重考虑，应尽量采取能够减轻影响的措施。国土空间规划着重考虑污水处理厂、垃圾焚烧场及处理厂、工业废弃物处理设施、废油处理设施等的选址，积极化解"邻避效应"。

（二）给水、排水设施规划

供给设施中，城市活动和生活必要的给水系统、电力和燃气等能源系统、信息和通信系统是不可或缺的。处理设施如处理雨水、家庭和办公污水的排水系统，垃圾处理设施等特别重要。下面对于给水、排水和污水系统进行概述。

1. 给水

给水系统规划中最重要的是水源的确定。特别是在大城市，在近郊获得水源是十分困难的。水源的种类有江河表流水、伏流水、湖沼水、地下水以及泉水等。给水设施包括取水设施、输水设施、净水设施、配水设施及其附属设施。水量、水质、水压被称作供水三要素。

给水量是由给水区域内的人口和覆盖率计算制定的，根据城市性质的不同，每人每天的最大给水量也不同。我国各地城市平均每天给水量为 100～300 升/人，可以预想，随着生活水平的提高给水量也在增加。另外，在一些国际化的超大城市，营业用水、工业用水的需求较大，如纽约市为 700 升/人的标准。

2. 排水

排水方式根据污水、雨水等不同水质分为分流式和利用同一管道的合流式。虽然各有优缺点，但近年来使用分流式的较多。排水进入江河应达到水质排放标准。

废水常规处理是指用物理、化学或生物方法，或几种方法配合使用以去除废水中的有害物质，按照水质状况及处理后出水的去向确定其处理程度，废水处理一般可分为一级、二级和三级处理。

一级处理采用物理处理方法，即用格栅、筛网、沉沙池、沉淀池、隔油池等构筑物，去除废水中的固体悬浮物，浮油，初步调整 pH 值，减轻废水的腐化程度。废水经一级处理后，一般达不到排放标准（BOD 去除率仅为 25%～40%），故通常为预处理阶段，以减轻后续处理工序的负荷和提高处理效果。

二级处理是采用生物处理方法及某些化学方法去除废水中的可降解有机物和部分胶体污染物。经过二级处理后，废水中 BOD 的去除率可达 80%～90%，即 BOD 含量可低于 30mg/L，经过二级处理后的水,一般可达到农灌标准和废水排放标准，故二级处理是废水处理的主体。经过二级处理的水中还存在一定的悬浮物、生物不能分解的溶解性有机物和氮磷等藻类增值营养物，并含有病毒和细菌，因而不满足要求较高的排放标准，如果处理后排入流量较小、稀释能力较差的河流就可能引起污染，二级处理后的水也不能直接用作自来水、工业用水和地下水的补给水源。

三级处理是进一步去除二级处理未能去除的污染物，如磷、氮、生物难以降解的有机污染物、无机污染物、病原体等。废水的三级处理是在二级处理的基础进一步采用化学法（化学氧化、化学沉淀等）、物理化学法（吸附、离子交换、膜分离技术等）以除去某些特定污染物的一种"深度处理"方法，三级处理后的废水可以达到更高的水质标准，可用于农业灌溉、工业用水、城市景观用水、地下水补给、非饮用城市用途或排放到更敏感的水体。

二、城市绿色基础设施

城市绿色基础设施体系是基于经济、社会、生态可持续性发展的需要而建立的生态网络，其意义在于从城市自然生命支撑系统的理解高度来实现城市开放空间自然资源保护和利用的目标。绿色基础设施体系的构建建立了一个框架，也是一种机制，维持自然生态系统价值和功能，整合动植物和人类需求，指导城市良性发展，它是一种对人类与自然共存并永续发展的长期而宏观的认识。绿色基础设施在保障人类休闲需求的同时，有效降低灰色基础设施（如道路、公用设施等）、社会基础设施（如学校、医院等）建设运行中所引发的自然生态系统破碎化、生态过程受阻、生物多样性下降和城市热岛效应等生态负效应。作为城市中唯一有生命的基础设施，绿色基础设施是生态城市基础设施建设必不可少的内容，是从城市的总体空间布局角度，对园林绿化的统筹安排，构建城市的自然生命支持系统。在生态城市建设中，园林绿化通常是优先考虑并得到实施的部分，随着对生态城市认识的深化，国内外城市的园林绿化建设已经开始向网络化、多元化、立体化、城乡一体化和区域化的方向发展，注重将小尺度上分散的绿地等要素联系起来，以形成大尺度上与城市空间布局相衔接的绿色空间网络。绿色基础设施的理念本身就反映出国内外园林绿化建设的这种发展趋势，因此，更高水平的园林绿化建设应以绿色基础设施的理念和方法来引领。

绿色基础设施建设是低碳生态城市规划与建设的重要内容，科学合理规划和建设城市绿色基础设施，是生态文明时代中国可持续城镇化工作的重要组成部分。因此，在我国积极推进生态城市建设的关键阶段，有必要在追溯该理念的发展历程和借鉴国内外先进经验的基础上，优先思考如何优化和完善中国的城市绿色基础设施，为构建和发展具有中国特色的生态城市提供解决方案。

三、城市绿色基础设施的内涵、理论基础及发展目标

（一）绿色基础设施的内涵

绿色基础设施是一个由水道、绿道、湿地、公园、森林、农场和其他保护区域等组成的维护生态环境与提高人民生活质量的相互连接的网络。绿色基础设施与绿地生态网络、生态基础设施等概念具有继承、交叉和重合的关系。

绿色基础设施的概念发展了"绿地生态网络"所强调的控制城市空间以及连接破碎化景观的理念，同时注意强化此类基础设施以生态服务为主的功能。它与20世纪80年代联合国教科文组织在"人与生物圈计划"中所提及的生态基础设施概念基本相同，强调自然景观和腹地对城市系统的持久支持能力。相比于生态基础设施强调对环境保护工作的要求，绿色基础设施更能满足生态城市建设对城市建设领域内的风景园林工作与国际风景园林事业发展趋势接轨的要求。由于这些相近理念都具有空间实体特征，结构与功能的耦合关系仍是规划与建设中需要探讨的核心问题。

概括而言，绿色基础设施的空间结构是由不同尺度上的网络中心与连接廊道所组成的天然与人工交互的绿色空间网络系统。绿色网络中心是多种生态过程的"源"，为野生动植物提供栖息地或迁移目的地，为人类提供休闲娱乐、环境保护、交流交往的场所。在城市建设领域内，网络中心主要包括以下三个部分：第一，开敞空间，包括公共公园、自然区域、城市绿地、运动场和高尔夫球场等；第二，风景名胜，包括森林、水域、湿

地等景观，具有自然和娱乐价值；第三，被修复的城市生态退化区，包括被重新修复或开垦的工业区、矿地和垃圾填埋场等。连接廊道是用来连接网络中心，促进生态过程流动的线状空间实体，典型的连接廊道主要包括以下两个部分。第一，道路型生态廊道，是人们体验周围环境的直接途径，是以公路和铁路为依托而建立的生态走廊和绿色屏障；第二，河流型生态廊道，是依托河流水系的枝状空间格局，包括河道边缘、河漫滩和部分高地。

（二）绿色基础设施建设的理论基础

1. 景观生态学

景观生态学以生态学理论框架为依托，吸收现代地理学和系统科学之所长，研究景观和区域尺度的资源、环境经营与管理问题，是一门具有综合整体性和宏观区域性特色的学科。景观生态学认为景观是由斑块、廊道和基质等景观要素组成的异质性区域，各要素的数量、大小、类型、形状及在空间的组合形式构成了景观的空间格局。景观生态学中的景观格局与生态过程理论认为，景观格局是包括干扰在内的一切生态过程作用于景观的产物，同时景观格局控制着生态过程的速率和强度。在城市中，绿色基础设施中的网络中心可以被看作斑块，连接廊道就是景观生态学中定义的廊道，不同用途的城市人工用地可以被看作基质。绿色基础设施的建设理念体现了利用高效绿色空间网络提高景观的异质性水平，保证城市各种生态过程的顺利进行，发挥绿色基础设施生态功能的思路。

2. 恢复生态学

恢复生态学是研究生态系统退化机理、恢复机制和管理过程的学科。恢复生态学包括自我设计和人为设计两个理论。自我设计理论强调生态系统的自然恢复过程，从生态系统层次考虑生态恢复的整体性，在未考虑种子库的情况下，其恢复的结果只能是由环境决定的群落。人为设计理论认为通过工程或其他手段可以恢复退化的生态系统，但恢复类型可以是多样化的，这一理论把物种生活史作为群落恢复中的重要因子，认为通过调整物种生活的方法可以促进群落的恢复。自我设计和人为设计两个理论对循环恢复区、风景名胜区保护以及整体的绿色基础设施规划与建设具有重要的指导作用。而物种的引入、品种改良、植物快速繁殖、植物搭配种植、林分改造、病虫害控制和微生物引种及控制等生物恢复技术，能为绿色基础设施生态功能的维护和提升提供重要的技术支撑。

3. 保护生物学

保护生物学是一门研究如何保护生物物种及其生存环境，促进生物多样性保护的学科。该学科的核心目标是降低人类活动对生物多样性的负面影响，防止物种灭绝所带来的生态危机。生物多样性保护可以分为三个层次：生物遗传基因的多样性保护、生物物种的多样性保护和生态系统的多样性保护。保护生物学的基本理论认为多样性决定生态系统的稳定性和健康状况，多样性保护最根本的任务是保护乡土物种及生境的多样性。绿色基础设施作为城市中动植物最主要的栖息地，其存在和发展可以保护有效数量的乡土动植物种群，保护各种类型及多种演替阶段的生态系统，承载各种动植物的迁移扩散等生态过程及避免自然的干扰，是生物多样性保护的重要功能载体。

（三）绿色基础设施的发展目标

绿色基础设施的总体发展目标是在促进城市发展的同时，保护、优化现有的城市自然景观及生态环境，以战略性的、相互连接的、多功能的空间网络布局发挥其综合的生态效益、社会效益和经济效益，促进生态城市社会－经济－自然复合系统的协调发展。具体而言，绿色基础设施发展目标可以被概括为以下6个方面。

1. 净化城市环境

绿色基础设施在环境净化方面有着以下作用。一是改善空气质量，植被通过光合作用吸收二氧化碳并释放氧气，减少大气中的温室气体，树木和植物的叶片捕捉空气中的颗粒物和其他污染物，通过沉降作用将其从空气中移除，净化空气。二是促进水资源保护与净化。湿地和雨水花园通过植物、土壤和微生物的作用，过滤或分解雨水中的污染物，这个天然过程可减少城市地表水污染，提高水质；同时湿地和雨水花园能够减缓雨水流动速度，增加水分渗透和蒸发，从而减少地表径流，提高地下水补给。三是调节微气候、减少能源消耗。绿色基础设施通过提供阴凉和减少热岛效应来调节城市微气候，有助于降低能源消耗和减少碳排放。四是减缓声音污染。植物和绿地能够吸收和反射声波，减少交通和工业噪音，改善居民生活环境。

2. 保护生物多样性

绿色基础设施对于保护和维持生物多样性具有多方面的积极作用。绿地、湿地、森林等生态空间的增加为各种生物提供更多栖息地和迁徙通道；通过建立生态走廊和绿道，绿色基础设施连接城市中的自然区域，形成一个连续的生态网络，有助于动植物的基因流动和种群交换；在设计建设中选择本地物种，促进本地物种繁荣和保护；空气和水体污染的减少也为生物多样性保护提供一个更加健康的环境；此外，绿色基础设施还能够减少人为活动对自然环境的干扰，为野生生物提供一个更加安静和安全的生活环境。

3. 提升防灾避险能力

绿色基础设施可以作为突发性灾害时人们的紧急避难场所和疏散转移通道，实现"平急两用"功能，促进城市综合防灾体系完善，提高城市安全韧性，增强城市面对环境变化和灾害时的适应能力和恢复能力。

4. 推进教育和研究

绿色基础设施规划建设过程中的公众参与，以及为学校和社区提供实地学习场所，可有效增强公众环保意识、增加生态体验；绿色基础设施能够为科学研究提供丰富的基础数据和多样化的实验平台，有助于推动相关领域的知识发展和技术创新。

5. 创造经济价值

绿色基础设施的建设有助于提高财产价值和降低管理成本，为社会创造更多财富。

在灰色基础设施周围建设绿色基础设施，可提高城市建筑、街道等建筑物的经济价值，研究显示，购物者更愿意在种植行道树的街道消费，为此而愿意多支付10%的费用；同时，绿色基础设施充分利用自然生态系统的自我调节能力，降低原有城市园林绿化工作由于使用除草剂、杀虫剂和化肥等产品产生的管理费用。

6. 增进社会包容性

绿色基础设施不仅改善城市生态环境，也是社会融合和文化多样性的重要载体。通过创建能够满足不同需求的多功能绿色空间，绿色基础设施赋予了不同人群平等的环境权益，并为公众提供丰富的社交场景，促进多样化社交互动，增强不同文化背景人群之间的理解和尊重，推动社会整体包容性。

绿色基础设施在提高城市生态效益、增强环境质量、增进民生福祉和加强经济可持续性等方面发挥着重要作用，是推动实现城市可持续发展和构建宜居韧性城市的关键因素。

四、城市绿色基础设施网络

绿色基础设施的理念来源于规划和保护实践，体现和强调了在低碳生态城市框架下，城市绿地空间规划和建设的目标从满足人类需要到生态环境保护，分析方法从单一的结构分析到连接度分析，解决方案从城市单一尺度向多尺度的转变。

（一）绿色基础设施的布局

绿色基础设施对优化居民生活环境和促进经济、社会、生态的平衡发展功不可没，其主要布局模式如下。

1. 环城绿带式

环城绿带是一种位于城市外围的绿色开放空间，通过限制建设用地扩张、制定空间管控措施，防止城镇无序蔓延；环城绿带如同一条"生态项链"，揉合公园、绿道、湖泊、农田等多种元素，丰富城市和乡村景观。环城绿带能够提供多种生态系统服务功能，包括调节温度湿度、涵养水土、固碳释氧、衰减噪音、吸滞粉尘、净化大气环境以及保护生物多样性等。

2. 楔形放射式

楔形放射式是由郊区延伸到城市中心的由宽到窄的绿地，将城市中心与外围自然生态环境直接联结，一般利用森林、河湖湿地、山脉并结合耕地、草地等农用地进行布局，对促进城镇空气流动、缓解热岛效应和维持生态平衡具有重要意义，同时也是控制城市"摊大饼"式扩张、引导城市内部空间合理布局的绿色屏障，除了生态效益外，还可为居民提供休闲、游憩和健身空间。

3. 廊道网络式

廊道网络式的核心在于连接性，强调以具备自然特征的线性绿色空间将城市中的绿色斑块连接起来，形成绿化网络，具备引入新鲜空气、改善城市微气候、提供休闲、游憩和健身路径的多种功能，同时也为野生动植物提供迁移和扩散廊道，对于维持和增强生物多样性至关重要。廊道网式还能够提供安全、便捷、舒适的城市步行和自行车出行环境，有效推动绿色出行，减少对机动车的依赖，对于构建可持续发展的城市生态环境具有重要意义。

绿色基础设施理念更加强调实现生物多样性保护、污染防治和气候调节等生态环境保护目标，布局上更强调生态目标的驱动，其空间网络综合了各种具有生态意义的绿地布局形态，以突出绿色基础设施重点保护的要素——生态环境。

（二）连接度分析

生态城市的绿色基础设施网络是一种以生态环境保护为核心的绿色空间布局模式。在景观生态学中，连接度表示网络中廊道和斑块如何连接和延续、网络对生态过程的促进或者阻碍程度的一种测度指标。连接度不仅是绿色基础设施网络的重要属性，而且是区分绿色基础设施规划与其他类型基础设施规划概念的重要标志，是空间结构调控和发展的重要指标。

绿色基础设施的空间分析通常包括结构连接度分析和功能连接度分析。结构连接度分析主要分析网络结构，功能连接度分析还包括网络结构中如种子迁移扩散、动物迁移、基因流和土壤侵蚀等生态过程。提高连接度的主要思路是保护具有重要意义的斑块以及着力建立网络之间的连接。另外，还要注意的是，斑块的质量和适度规模、廊道形态要满足生态过程需求。

目前绿色基础设施总体的空间布局规划与建设，主要还是基于结构连接度的分析，根据城市内不同地块的自然属性等特征，识别出优先保护的网络中心和连接廊道，构建出绿色基础设施网络。

然而绿色基础设施的生命支持系统属性决定了人们在规划和建设中有必要考虑生态过程，功能连接度分析是不可回避的重要问题。目前国内外专项绿色基础设施规划和生态基础设施规划，都开始考虑功能连接度分析，但是由于生物的栖息地分布、生态迁移过程等资料获取较为复杂，功能连接度分析主要是利用栖息地斑块的适宜性评价和最小耗费距离模型等模拟生态过程。

（三）较大尺度的解决方案

绿色基础设施的网络化空间布局模式和连接度分析方法，体现出城市绿色基础设施从分散到联系再到融合，城乡一体化、区域化、网络化的发展趋势。但是，如何在人口和资源环境压力下利用前瞻性的、统筹全局的、科学的规划，预防人类活动所导致的生态系统受损，是许多国家、区域、地方决策者和学者着力解决的重要问题。一些绿色基础设施规划与建设者，已经开始在更大的时间和空间尺度上寻求解决这一问题的方案。

五、绿色网络中心的规划与建设

绿色基础设施是城市内部和外围不同尺度下自然的、半自然的和人工要素组成的多功能的生态系统。

由于绿色基础设施具有多尺度的特征，规划和建设在重视大尺度（区域、城市）总体网络、城市空间和生态安全的耦合关系的同时，也应该考虑小尺度上的网络中心建设与城市土地集约利用、生态环境修复和自然资源保护的相互衔接。在总体布局的统筹和规划下，城市开敞空间、国家公园和风景名胜区、生态修复区等网络中心的规划与建设是在小尺度上对绿色基础设施的细化和深化。

（一）复合利用开敞空间

开敞空间主要指敞开的、为多数民众提供服务的空间，不仅包括公园、绿地等园林景观，也包括城市中的广场和庭院。在开敞空间中建设绿色基础设施的网络中心，应在因地制宜保护生态系统多样性的前提下，注意开敞空间的复合利用。开敞空间的复合利用既包含以绿地、公园为载体构建城市防灾体系的水平空间复合利用，又包含以城市构筑物为载体，实现立体绿化的垂直空间复合利用。

1. 构建防灾避险绿地

防灾避险绿地是指灾害发生时能降低灾难破坏程度，为城市居民提供紧急疏散通道和临时安置场所，保障灾后救援和重建工作顺利进行的城市绿地。防灾避险绿地实现了绿地平时维持生态功能和灾时应急防灾的有机结合。兼具防灾减灾功能的绿地作为维护城市安全的重要保障，是实现城市空间集约利用的重要途径，是满足生态城市基本要求的城市建设要素。

城市防灾避险绿地起源于文艺复兴时期部分欧洲城市以大型广场为依托的避难场所。不同的城市防灾避险绿地主要应对的区域内主要灾害的类型也有所不同。

住房和城乡建设部曾经发布的《关于加强城市绿地系统建设提高城市防灾避险能力的意见》，进一步明确了城市绿地系统在防灾避险方面的重要作用，并要求各市县园林绿化主管部门评估绿地系统防灾避险能力、编制城市绿地系统防灾避险规划、做好规划实施和组织领导工作。在此背景下，全国各省市进一步完善相关政策、编制规划、稳步推进绿地系统防灾避险工作。

2. 积极推行立体绿化

立体绿化是指利用除地面资源以外的其他空间资源进行绿地建设，是城市增加绿化面积、美化环境，提高城市垂直空间利用率和提升植物环境功能的重要绿化模式，包括屋顶绿化、空中花园、生态墙、高架和护坡绿化等多种形式。屋顶绿化是指在建筑物的屋顶上进行绿化，有助于隔热降温，节约能源消耗，同时可以吸收雨水，减少城市排水压力；空中花园是利用建筑物阳台、窗台或者建筑角落种植绿色植物，形成一种立体绿化效果，让绿色更加接近人们生活，有时也可以成为一个休闲的空间；生态墙则是利用墙体进行垂直绿化，可改善空气质量，提供生物多样性；高架绿化是在城市的高架桥等构筑物上布置植物，能为高速行驶的车辆提供视觉放松的绿意。护坡绿化是在堤坝等斜坡上进行绿化，可防止水土流失。

（二）保护国家公园和风景名胜区

国家公园是指由国家批准设立并主导管理，边界清晰，以保护具有国家代表性的大面积自然生态系统为主要目的，实现自然资源科学保护和合理利用的特定陆地或海洋区域。世界自然保护联盟将其定义为大面积自然或近自然区域，用以保护大尺度生态过程以及这一区域的物种和生态系统特征，同时提供与其环境和文化相容的精神的、科学的、教育的、休闲的和游憩的机会。风景名胜区一般是指具有观赏、文化或者科学价值，自然景观、人文景观比较集中，环境优美，可供人们游览或者进行科学、文化活动的区域；风景名胜包括具有观赏、文化或科学价值的山河、湖海、地貌、森林、动植物、化石、特殊地质、天文气象等自然景物和文物古迹、革命纪念地、历史遗址、园林、建筑、工程设施等人文景物和它们所处的环境以及风土人情等。风景名胜区浓缩了各个国家、地区宝贵的自然和人文景观，是绿色基础设施中最自然的组成部分。

从生态保护的理念与实践角度来说，国家公园和风景名胜区在保护自然、提供教育和研究平台、开放性以及文化传承等方面有着相似之处。其一，二者都致力于保护自然景观和生态系统，国家公园强调保护生物多样性和生态场所，而风景名胜区则是自然和文化高度融合的区域，同样注重自然保护。其二，两者都是科学研究和生态环境教育的重要场所，国家公园为科学保护、生态环境教育和游憩提供条件，风景名胜区则因其自然和文化价值成为研究历史和文化的宝库。其三，国家公园实行开放式管理，允许公众入内参观游览，而风景名胜区更是以旅游为主要功能，两者都向公众提供了亲近自然的机会。其四，风景名胜区沉淀着中华五千年的文明，是国家历史文化的体现，而国家公园作为国家名片，也彰显着中华形象，具有鲜明的中国特色和文化内涵。

另一方面，国家公园和风景名胜区在设立目的、功能定位以及管理体系上也存在着差异。其一，国家公园的主要目的是保护具有国家代表性的大面积自然生态系统，同时允许提供与生态环境和文化相容的精神享受、科学研究、教育以及休闲游憩的机会；相比之下，风景名胜区则重在保护具有观赏、文化或科学价值的自然景观和人文景观，为人们提供游览和进行科学、文化活动的场所。其二，国家公园强调的是生态保护和自然科学价值，通常面积较大，生态重要程度高，管理层级也较高；而风景名胜区则侧重于展示自然之美和文化内涵，为公众提供了亲近自然和了解历史文化的空间。其三，国家公园实行较为严格的生态保护措施，旨在维持生态系统的完整性和物种多样性，对游客活动可能有较多限制以保证生态环境不受破坏；风景名胜区虽然也有一定的保护措施，但更多考虑到游览需要和科普教育功能，对游客服务设施和活动安排可能更为丰富。

综上所述，国家公园更注重于自然环境和生态系统的保护，而风景名胜区则兼顾自然保护和旅游休闲的功能。两者都是国家自然保护地体系的重要组成部分，共同构成了中国独特的自然保护和管理网络。

（三）修复城市生态退化区

城市中的生态退化区是指那些由于人类过度或不合理利用而导致发生环境污染、生态系统结构和功能发生变化的区域。对工业废弃地、退化湿地、垃圾填埋场废弃地等城市中生态环境退化区进行植被绿化和生态恢复，不仅可以提升城市土地集约利用水平，而且可形成生态环境改善与城市用地功能更新的良性互动，提升城市整体形象和功能。

对于旧工厂、矿坑等工业废弃地，可以通过清除有害废物、改善土壤质量、重建自然生境等措施进行修复。例如，上海世博后滩公园就是将一个工业废弃用地转变为公共绿地的案例，通过对场地的工业垃圾清理、水质净化和生境恢复，成功地将一个污染严重地区转变成了一个生态友好的公园。湿地是城市中重要的生态系统，具有调节水文、净化水质、维持生物多样性等功能。修复退化湿地通常包括恢复水体流动、植被种植、野生动物栖息地创建等措施，以恢复湿地的自然状态和生态服务功能。对于垃圾填埋场等废弃地，修复工作可能包括封闭垃圾填埋、覆盖清洁土壤、建立隔离层以防止渗滤液污染地下水、以及在地表进行绿化种植等。

伴随着世界范围内城市更新项目的不断涌现，城市内生态修复项目日益增多，生态修复的技术含量不断上升。生态修复理念已成为城市更新理论和技术的重要组成部分，世界上许多地方都涌现了具有地方特色的实践案例。

六、绿色连接廊道的规划与建设

自然和人工设计的廊道是维持生物生存的核心要素。绿色连接廊道将不同网络中心连接起来构成网络，实现绿色基础设施生态功能的最大化。绿色连接廊道具有宽度、弯曲度、连接度等结构特征，被广泛应用于自然保护的规划和管理中。

（一）河流生态廊道

河流廊道包括河流的水面、河岸带防护林以及河漫滩植被等要素，是城市生态廊道中最重要的廊道类型，在促进物质输送和物种迁移方面具有无可替代的作用。不当的人类开发和干扰活动会导致岸边生态环境的破坏、栖息地的消失、河岸侵蚀的加剧、泥沙淤积、水质污染、美学价值的降低等。

从生态保护角度来讲，很多城市基本上都是在城市总体绿色基础设施网络布局的框架下，结合小尺度上的河流谷地特定的生物保护等目标，修复河流及其周围的生态环境，维持生态系统的连续性。规划和设计的方法是尽量回避人工构筑物的建设，或者尽量减少人类开发等活动对河流及其周围生态环境的干扰。

（二）道路生态廊道

道路作为城市建设中重要的线状构筑物，是人类进入自然区域的重要通道，但是，道路在促进社会经济发展的同时，也对道路沿线以及整个城市产生了一定的生态负效应，如加剧环境污染、切割生境、阻隔物种流和基因流、导致水土流失等。道路生态廊道的规划建设目标，就是通过道路周围的绿化以及部分构筑物的设计，降低道路网络对于生态环境的干扰程度。道路生态廊道的构建，其实就是将城市中的灰色基础设施绿色化。

道路生态廊道的规划和建设是学术界在道路的生态负效应研究基础上提出的合理处理人与自然关系的解决方案，主要考虑到人类的出行以及沿线树种的保护，具有重要生态意义的自然和半自然区域内的道路规划与设计需综合考虑人类和动植物的迁移扩散。由于城市内的自然保护区相对较少，动物种群的迁移扩散并不是很频繁，城市内道路生态廊道主要通过道路沿线植物物种的合理配置，维持沿线植物群落稳定性，在城市总体布局中起到连接和沟通城市不同区域绿地斑块的作用。

七、城市绿色基础设施建设的总体策略

城市绿色基础设施建设应将平面绿化与立体绿化结合起来，在遵循因地制宜、适地适树的原则下合理配植花草树木；在提升城市防灾功能的同时要讲究生态、美学、艺术的多功能，应当走师法自然、突出体现中国文化特色的园林绿化道路。

（一）以系统的配套政策引导绿色基础设施建设

虽然世界范围内绿色基础设施在政策领域还是一个比较新的概念，但目前已有许多国家认识到绿色基础设施规划与建设的重要性，并开始注重在政策领域对绿色基础设施的规划与建设进行引导和规范。国内政策体系对绿色基础设施的专门论述和应用较少，涉及绿色基础设施要素的规划和政策却有很多，涵盖了从顶层设计到技术创新，再到示范工程实施等多个方面。一是强化顶层设计，以引导绿色基础设施的落地与实施。例如，国务院发布的《加快建立健全绿色低碳循环发展经济体系的指导意见》旨在加速基础设施的绿色升级；十三届全国人大四次会议表决审查通过的《中华人民共和国国民经济和社会发展第十四个五年规划和2035年远景目标纲要》，包含了基础设施建设如何实现绿色化的相关内容。二是推动技术创新，国家发展改革委、科技部印发了《关于进一步完善市场导向的绿色技术创新体系实施方案（2023—2025年）》，旨在通过技术创新推动绿色基础设施建设。三是实施示范工程，国家发展改革委、科技部、工业和信息化部等部门印发了《绿色低碳先进技术示范工程实施方案》，通过实施示范工程来展示绿色技术和模式的可行性和效果。总的来说，政府已经在绿色基础设施建设方面采取了一系列政策措施，显示出国家对绿色基础设施规划与建设的重视，随着相关政策的深入实施，我国绿色基础设施建设将进一步发展和完善。

（二）以多元的投资体制保障绿色基础设施建设

稳定的投资是绿色基础设施建设的重要保障。作为城市基础设施建设的重要组成部分，绿色基础设施的投资应该被纳入政府投资决策中。绿色基础设施的建设和发展，要求在充分利用政府资金的前提下，建立以政府投入为主体，全社会共同参与投资的多渠道、多元化的投资体制。国家应逐步开放市场、打破垄断，吸引各方资本的投资，利用外商、民间资本、金融资本、企业资金的投入弥补政府财政投资的不足。在鼓励、支持企事业单位、个人投资的同时，国家可以与国内外致力于生态保护的非政府组织在开发

建设具有公益性质的绿色基础设施中积极开展合作。

第三节　城市绿色交通系统与流动空间组织

新信息技术正以全球的工具性网络整合世界。以网络为媒介的沟通，产生了庞大多样的虚拟社群，也给远程工作提供了必要的技术支撑。然而，城市交通似乎并没有因此而得到明显的改善。

过度依赖汽车和公路交通的城市交通发展模式已经被证明是不可持续和低效率的。事实上，世界各国都已经或正在对机动化进行反思，并探索建立更加生态、高效、安全和可持续的城市绿色交通体系。

一、城市绿色交通的内涵、特征及发展目标与内容

可持续的城市绿色交通发展应基于公共交通系统以及便于步行、自行车出行的强大基础设施，并与科学合理的土地使用规划和减少汽车使用的措施相协调。城市交通与城市的可持续发展之间存在着密切的相关性和一致性。构建城市的绿色交通无疑是低碳时代生态城市规划建设中必须面对的现实问题。

（一）城市绿色交通的内涵

绿色交通作为 21 世纪城市交通发展的重要理念已为全世界所关注。绿色交通是适应人居环境发展趋势的城市交通系统。

城市绿色交通系统就是以最小的资源投入、最小的环境代价最大程度地满足当代城市发展所产生的合理交通需求，并且不危害下一代人需求能力的城市综合交通系统，该系统应该满足安全、畅通、舒适、环保、节能、高效和高可达性的要求。

城市绿色交通是以建设方便、安全、高效率、低公害、景观优美、有利于生态和环境保护、以公共交通为主导的多元化城市交通系统为目标，以推动城市交通与城市建设协调发展、提高交通效率、保护城市历史文化及传统风貌、净化城市环境为目的，运用科学的方法、技术和措施，营造与城市经济社会发展相适应的城市交通环境。其核心是交通的通达、有序，参与交通个体的安全和舒适，尽可能少的土地和能源占用，与生活环境和生态环境的协调统一及交通系统的可扩展性。

对于一个可持续的绿色交通体系，欧盟委员会制定了一系列标准：满足对可达性的基本要求以及发展需要；保障安全以及人类和生态健康；倡导当代与后代的平等；廉价、公平和高效；多样化交通选择；支持经济竞争、平衡区域发展；在地球可承受范围内限制排放和浪费；在可再生和替代的速率下使用资源；使空间利用和噪声影响最小化等等。

（二）城市绿色交通的特征

尽管目前全社会对于绿色交通并没有一个普遍认同的定义，但是，人们仍然可以通过特征描述的方法，勾画出绿色交通的内涵框架，并以此来确定城市绿色交通发展的目标和实践的方向。城市绿色交通体系的特征主要包括协调性、可持续性、便捷高效以及经济健康。

绿色交通体系应与城市布局、土地利用、环境保护等外部系统实现协调共生，与城市经济发展、社区建设和生态保护相适应，实现整体层面的统筹协调。绿色交通体系应是一个适宜于城市未来发展的交通体系，顺应时代发展趋势，具有前瞻性，不仅能满足当前城市经济社会的发展，以及人、物与信息流通的需求，更要为城市的发展，包括未来人口的增长、经济发展和交流提供支撑。绿色交通体系也应是一个便捷和高效的交通体系，具有良好的交通可达性，应便利、舒适、安全，能够最大限度地满足城市交通需求。城市绿色交通体系还应是一个经济和健康的交通体系，具有低耗能、低排放等环境友好型特征，在支撑城市有效运营的同时，最大限度地减少资源能源消耗和污染物排放。

（三）城市绿色交通发展目标与内容

城市绿色交通既是一种理念，又是一个实践的目标。事实上，它已经成为扩大环境交通容量，构建生态城市的一项主要内容和重要的城市发展策略被推进实施。

科学合理的城市绿色交通体系是维持城市高效运转的必要保障。在低碳时代，生态城市绿色交通发展的总体目标应该是在协调交通专项规划和国土空间规划的引导下，以建设多元可达的公共交通为重点，逐步完善城市慢行系统；以流动空间理念和基于信息化技术的交通组织促进城市与交通的协调发展，满足城市交通需求，包括居民出行和物流运输需求，支撑构建城市经济社会文化发展的安全、高效、经济、公平和可持续的城市交通体系；在提高城市运行效率的同时，最大限度地降低城市交通系统的燃油消耗和尾气、噪声及 CO_2 排放，从而实现城市的可持续发展。具体而言，城市绿色交通应包括以下几个方面的内容。

1. 协调交通和土地使用

城市交通拥堵是城市交通供求失衡的体现。抑制交通需求涉及的内容很多，首先是交通专项规划与城市国土空间总体规划的整合和协调，具体应做到建立体现公共交通导向（TOD）理念的城市规划管理体系和公共政策框架，将TOD技术手段引入实施层面，促进城市用地结构优化和高效利用，以及紧凑城市形态的形成。

2. 多元可达的公共交通

城市政府应促进公共交通对城市发展的引导作用，通过大力发展公共交通，构建多元一体化的公交体系以及轨道交通、快速公交系统和常规公交系统的有机衔接和零换乘，引导城市客运交通的高效节能运行；应给予全面的公交优先权，提高公共交通的可达性、舒适性和经济性，使公共交通优先成为城市交通的基础性策略和城市绿色交通体系的重点内容，提高公共交通的吸引力，提升公交出行比例。

3. 以人为本的慢行系统

统筹规划城市慢行系统，通过创设良好的自行车系统设施与舒适的步行环境，倡导更加健康环保的交通出行和消费理念。构建连贯、安全的自行车道路网，包括专用自行车道、自行车优先道路以及与机动车辆分隔的自行车通道，确保自行车道的连续性和安全性，鼓励居民使用自行车作为日常通勤工具；提供宽敞、平坦、无障碍的人行道，确保行人的安全和舒适，在人流密集的商业区、居住区和公共设施周边设置足够的行人空间，以及便捷的人行横道和过街设施。另外，慢行系统应与公共交通系统相结合，提供无缝衔接的出行方式，如在地铁站、公交站点附近设置自行车租赁服务，方便居民最后一公里的出行。

4. 绿色高效的城市物流

以高效节能为原则，在经济全球化背景下，立足城市经济社会发展趋势、物流特征和交通区位，构建符合信息化和网络时代特征的现代城市物流系统，实现物流活动的低碳化、节能化和智能化，满足城市产业发展和生活消费需求，为网络城市的构建提供有效支撑。

二、公交导向的城市交通发展模式

要构建城市绿色交通系统首先应从城市布局方面来解决城市交通的可持续问题，寻求高效率、低交通需求的土地利用和交通发展模式。

城市的发展在一定程度上就是城市用地和城市交通系统相互促进、相互制约的一体化演变过程。城市不同的用地功能和不同区域之间的连接方式，直接决定了城市交通的需求，而城市交通系统的空间布局、交通方式构成和运行组织又会影响到土地利用和城市的空间结构。

20世纪中叶以来，欧美发达国家在经历了由汽车拥有率迅速增长造成的困局之后，纷纷开始探寻可持续发展的绿色交通途径和方法。经过大量的城市交通与土地利用研究，城市土地利用与交通系统之间存在的极强的互动反馈关系逐步被人们普遍认识到。在过去的几十年中，世界上的很多城市以TOD理念为指导，来规划和建设城市的综合交通体系。经验表明，以公共交通，尤其是大容量公共交通为导向的综合交通规划，有利于引导城市交通需求的合理化，优化城市整体资源配置，并在很大程度上影响和引导城市的空间结构。强化需求管理是城市绿色交通的前提和基础。在城市规划过程中引入TOD理念，建立城市交通与土地利用的互动反馈机制，可以有效减少不必要的通勤需求、满足合理出行需求，促进提高城市交通效率、防止城市无序蔓延，这理应是未来中国生态城市和绿色交通发展的方向。

（一）公交导向的城市发展模式

城市当下的建设方式将深刻影响人们今后上百年的生活方式。

城市交通规划应立足于引导城市人口、土地、资金等要素的优化配置，实现与功能布局和城市空间格局的协同,从而达到城市可持续发展的目标。传统城市规划更多关注城市空间结构和土地利用,传统交通规划则以满足城市的交通需求为目的而设计道路网和公交线网。整个规划过程的一个重要前提是,当交通需求的时空分布特点已经基本被确立情况下的城市土地利用模式。传统交通规划由于缺乏对城市规划的反馈机制,因而无法反映城市交通系统建设对城市发展的影响。实践证明,单纯需求满足型的交通规划无法跟上城市的快速发展步伐,难以从根本上优化城市结构和提高交通效率,难以建立起可持续发展的城市交通系统。从本质上说,无论是城市规划还是交通规划,传统的规划模式并没有揭示城市土地形态与交通系统之间的互动关系的机理,也就无法实现城市交通与空间利用的协同。

在经历了城市急剧膨胀所带来的交通、能源、环境危机的恶果之后,很多国家开始检讨旧有的城市和交通发展模式。限制城市的无序蔓延,降低能源消耗、改善生态环境、有效利用资源成为城市发展的共同追求。这也是以公共交通为导向的城市发展策略在今天得到普遍认同的重要原因。

TOD模式,即以公共交通为导向的开发(Transit-Oriented Development),是一种以公共交通为中心的城市发展规划方式,旨在通过在公交站点周边提供高密度、多功能的土地使用,减少对私人汽车的依赖,促进可持续发展。TOD模式具备以下几个方面的特点:一是混合用途开发。在公共交通站点周围进行住宅、商业、办公和娱乐设施的混合用途开发,为居民提供方便快捷的生活服务,减少出行需求。二是高密度土地开发。鼓励在公交站点附近进行高强度的土地开发,能够增加公共交通客流量,提高其运营效率和经济效益,并为零售、餐饮和其他服务业提供了集中客源,提升商业服务设施经营效益。三是优质的步行环境。高密度开发通常伴随着对步行和自行车环境的改善,包括宽敞的人行道、绿化带和公共空间,鼓励步行和自行车出行。四是公共设施建设。在TOD区域内配建公园、学校、图书馆等公共设施,提高居民生活质量,促进社区凝聚力。五是协调交通系统。虽然TOD模式强调公共交通的重要性,但并不排斥小汽车的使用,旨在通过提供多种交通选择,实现城市交通的协调发展。

TOD模式实现了城市交通由"被动适应性"向"主动诱导性"的转变,对于充分利用现有的城市土地和交通条件,以有限的资源满足最大量的交通需求具有突出的成效,是实现空间利用和交通系统互动发展的重要途径。

中国城市近年来在生态城市探索中,大都引入了TOD模式。如成都在生态城市理念的基础上全力打造"公园城市",并采用以轨道交通为导向的城市发展模式,有效推动公园城市建设。成都TOD与公园城市的规划建设同频共振,目前成都已全面启动实施近三十个TOD项目,"轨道交通引领公园城市发展格局、TOD开发重塑城市空间形态"的作用初见成效,TOD营城模式逐步彰显。成都正在全面推进"以人为中心"的发展理念,以交通串联城市生活,为市民打造出行便捷、配套完善、绿色低碳的生活方式,成都TOD模式为生态城市建设作出了有益探索。

（二）城市现代化公交系统的建设

人口密度较高的城市，其出行方式中步行、自行车和公共交通所占比例也高，相应地，其交通能源消耗与出行费用较低。因此，推动公交优先发展，促进人们在短距离出行中选择自行车和步行出行方式是城市绿色交通系统的应有之义。

在能耗和交通排放方面，步行和自行车都是当之无愧的绿色级别最高的交通方式。但是，对于今天的城市交通需求，完全依靠自行车和步行是不现实的，而公共交通以最低的环境代价实现最多的人和物的流动，以有限的资源提供高效率与高品质的交通服务，因而成为可持续的绿色交通的必然选择。

现代化城市公共交通系统由以轨道交通（包括地铁、轻轨等）、快速公交系统（Bus Rapid Transit，简称BRT）等大运量公交为主的多种交通方式组成。今天，优先发展城市现代化公共交通在经济、社会和生态效益上的优势，得到普遍认同，强大的现代化公共交通已经成为城市绿色交通体系最重要的基本特征，即使在经济富足的城市，公交出行也可以成为主要的城市居民出行方式。

城市轨道交通具有运量大、速度快、安全、准点、保护环境、节约能源和用地等特点。发达国家的经验证明，解决大城市交通问题的根本出路在于优先发展以轨道交通为骨干的城市现代化公共交通系统。随着城市人口的不断增加，地铁和轻轨等轨道交通系统已经成为我国大城市公共交通的骨干系统。

BRT是一种高效的公共交通解决方案，结合了传统公交和轨道交通系统的特点，与轨道交通相比，快速公交系统的建设和运行成本低、速度快、更灵活、更加节省资金，能使现有的城市道路得到充分利用，并能随着城市的发展逐步扩展其网络。BRT作为一种介于传统公交和地铁之间的交通方式，为城市提供了一个可行的公共交通选择，特别是对于那些需要快速、高效且经济实惠的公共交通系统的发展中城市来说，是较为适宜的选择。

（三）城市慢行系统的建设

一个与城市发展相适应，与公共交通一体化、无缝衔接的安全、舒适、方便、高效、低成本的慢行交通系统，有助于打造舒适、健康、可持续发展的高品质城市。对环境的关注增强和人本主义的回归促使城市更加倡导步行和自行车出行方式。以步行和自行车交通为主体的城市慢行系统，体现了公平和谐、以人为本和可持续发展的理念，在满足城市居民通勤、休闲、观光等交通需求的同时，也使人们有空闲时间去欣赏和感受城市个性化空间的魅力。

城市慢行系统对城市可持续发展的影响还体现在减少资源消耗和对城市环境的积极意义上。自行车不排放尾气，占用空间小，价格便宜，适合不同年龄段的人群使用，且具有健身功能，更重要的是，自行车是道路通过率最高的交通工具，对于同样的道路条件，自行车的道路通过率是小汽车的12~20倍。

自行车优先政策可为城市创造巨大的经济、社会与环境效益。当前，自行车交通对于城市发展的积极意义已经被越来越多的中国城市认识到并付诸实践。一些大城市根据自行车流量，逐步开辟了自行车专用道路，并在自行车交通量最大的交叉口兴建立体交叉桥，在特殊路段，还兴建了地下自行车专用道路和地下存车库。这些举措对于缓解交通拥堵、减少环境污染、提升行车安全具有积极意义。与国外开辟自行车专用道路网，给予自行车交通以优先权，提高自行车交通通行能力的做法相比，中国城市的着眼点大多放在避免对机动车通行造成干扰上，而未将慢行系统作为城市交通系统的重要组成部分，没有从城市交通组织和功能空间结构的总体安排上进行系统考虑。

步行交通和自行车交通在未来城市交通体系中仍是两种主要交通方式。提倡步行及自行车交通方式，实行慢性优先，为包括游客在内的步行者及自行车使用者建立安全、便捷和舒适的绿色出行路径和环境，不仅能够增强城市的整体可持续性，还能够提高居民的生活质量和幸福感，并充分彰显人文关怀与城市温度。

三、城市绿色物流系统

"流"是指在组元之间发生，并把组元连接起来，构成有一定功能、一定目标、一定结构的，具有流动和传递特性的客体。任何一个系统在其内部各个环节之间及与外部环境之间都在不断地进行着物质、能量和信息的交换，而对于城市内部和城市之间各类"流"，包括人流、物流和信息流的交通需求分析，无论对于传统城市交通还是现代城市交通，都是城市交通规划和设施建设的基础和前提。

城市作为人类经济活动的中心，满足城市产业发展、商品交换和居民生活的物流需求，也是城市政府需要考虑并做出安排的重要内容。

（一）现代物流与信息流

物流是物品从供应地向接收地的实体流动过程，根据需要将运输、储存、装卸、搬运、包装、流通、加工、配送、信息处理等基本功能实现有机结合。而现代物流则是以现代信息技术为基础，整合上述功能而形成的综合性物流活动模式。与传统物流一般是指商品在空间与时间上的位移相区别的是，现代物流更多的是一种基于信息流的物流管理。

信息流是指信息的传播与流动。从传递内容来看，信息流是一种非实物化的传递方式，而物流转移的则是实物化的物质。但是在现代物流系统中，信息流被用于识别各种需求在物流系统内所处的具体位置，因此两者互为对方存在的前提和基础。

信息流作为物流过程的流动影像，是流通体系的神经，在现代物流过程中发挥十分重要的功能，主要表现在以下几个方面。第一，实时监控与管理。信息流允许企业实时追踪货物的位置和状态，从而有效地监控和管理物流过程。这种实时性确保了物流活动能够快速响应市场变化，提高整体运营效率。第二，预测与决策支持。通过分析信息流中的数据，企业可以对市场需求进行预测，并据此做出更加精准的库存和配送决策。这种预测能力对于减少库存成本和提高客户满意度至关重要。第三，协同作业。信息流促进了供应链各环节之间的协同工作。供应商、制造商、分销商和零售商可以通过共享信息来优化订单处理、运输安排和库存管理，从而实现整个供应链的高效运作。第四，风险管理。信息流提供了对潜在风险的早期识别和预警，帮助企业采取措施防范或减轻风险。例如，通过对天气、交通状况等信息的分析，企业可以提前规划应对措施，避免运输延误或货物损坏。第五，客户服务。信息流对于提供优质的客户服务至关重要。通过及时的信息反馈，企业可以确保客户需求得到满足，同时也可以收集客户反馈，不断改进服务质量。

基于信息网络技术发展起来的现代物流要求物流要素能够被快速整合，以形成供应链。自20世纪90年代以来，现代物流发展呈现出许多新的特点，例如：人们在重视产业内部物流的同时，越来越关注产业间的物流，即"供应链"的发展；在重视物流效率的同时，开始研究物流环境和可持续发展的关系；由关注物流成本、服务、技术、政策，转而强调宏观物流发展，包括物流与国民经济、物流枢纽建设与城市空间布局和城市交通组织的互动关系等。

总体而言，在经济全球化和信息化的推动下，现代物流正呈现以下发展趋势。

1. 系统化和网络化

在新经济条件下，现代物流将人类社会物流（包括生产资料和消费资料的流通）的全部环节视为一个有机整体——物流系统，依托于网络技术的飞速发展，全球性的物流网络正逐渐形成。

2. 社会化和专业化

现代物流的社会化突出表现为第三方物流和物流中心的迅猛发展。第三方物流本身并不在供应链中，但通过提供专业的物流组织服务于供应链的各个环节。随着社会分工的深化和市场需求的日益复杂，生产经营对物流技术和物流管理的要求越来越高，使得更多的制造业企业为了降低物流活动总成本，将物流从生产职能中剥离出来，通过第三方来提供专门的物流服务。而人口老龄化、生活多样化和电子商务的迅猛发展也推动了第三方物流企业的快速发展。

3. 信息化和智能化

传统的物流侧重于物的运动，而现代物流首先着眼于信息的运动，并以此来规划物的运动。现代物流非常依赖于对大量数据、信息的采集分析、处理和及时更新。在发达国家，包括条形码技术、电子数据交换技术、卫星定位技术、数码分拣技术等现代化信息与智能化科技在物流领域得到普遍应用，不仅提高了物流效率，也大大降低了差错率。

4. 绿色化和低碳化

物流虽然促进了经济发展，但是物流的快速发展也给城市环境带来了不利影响，包括交通拥堵、污染、噪声，以及废弃物的不当处理造成的生态环境损害等等。绿色低碳物流正逐渐成为现代物流发展的趋势。发达国家制定的绿色物流政策着眼于污染发生源、交通量、交通流控制三个方面，包括在物流系统和物流活动的规划与决策中采用对环境产生最小污染的方案，如近距离配送、转变运输方式以及建立工业和生活固体废物处理的物流系统等。

（二）绿色的现代物流系统

物流系统是指在一定的时间和空间里，由所需输送的物料和包括有关设备、输送工具、仓储设备、人员以及通信联系等在内的若干相互制约的动态要素构成的具有特定功能的有机整体。绿色现代物流系统是一种以降低环境影响和资源消耗为目标的物流体系，通过采用先进的物流技术和合理规划，实施运输、储存、包装、装卸、流通加工等环节，实现物流活动的环保化和高效化。

在现代经济中，由于社会分化的日益深化和经济结构的日益复杂，各个产业部门之间的交换和依赖关系也愈加错综复杂，对物流系统发展提出了新的要求。物流系统发展可实行以下策略。

1. 以都市交通圈带动都市物流圈发展的策略

都市物流圈不局限于行政区划，而是以地域经济地理和交通运输地理特征为出发点，以海运、航空、铁路、高速公路为依托，在尽可能靠近消费地的地方构筑物流据点，即物流中心、配送中心、货运站等物流基础设施，建立生产企业—物流据点—消费地—港口（空港）的物流链。物流据点的服务范围可以覆盖都市物流圈，既可以提供都市商品配送服务，又可以为国际物流提供高端的流通加工、在库管理等增值服务，成为城市现代服务业的重要组成部分。

2. 科学布局物流园区，为城市配送发展提供有力支撑

物流园区规划应与城市总体规划和经济发展目标相协调，确保物流园区的发展能够支持城市产业布局和经济结构优化。通常来说，物流园区应位于交通便捷的区域，与高速公路、铁路、航空等多式联运节点相连，以减少运输成本和时间，提高物流效率。此外，还应确保物流园区内部道路系统与外部交通网络包括快速路、主干道、次干道等的高效衔接，以及与公共交通系统的接驳。科学规划布局物流园区，可促进城市配送发展，提高物流配送效率，降低物流成本，为城市产业布局和经济结构优化提供有力支撑。

3. 注重交通枢纽与城市干线的衔接，形成区域物流网络

物流园区通过市内交通线路与市内其他物流节点形成高效的城市物流网络，为市内提供物流服务；通过市外交通干线与其他物流园区共同构成区域乃至全国物流网络。将城市间长途公路运输与市内短途运输、铁路、港口和空运衔接起来，形成一个高效率的全国物流交通体系，成为国民经济的大动脉。

四、网络城市与流动空间

人类世界正经历由原子时代向比特时代的转变，"网络城市"就是这个转变过程中的产物，并预示着这一切对即将爆发革命性变革的人类社会而言仅仅是个开始。

（一）网络城市

实际上，城市的"网络"，在互联网或电脑网络出现之前就存在。在此意义上的"网络城市"中的"网络"并非专指互联网或电脑网络，而是指"一组相互连接的节点"，

现实生活中，从个人、家庭、组织乃至国家都存在于与其他单位的关系网络中。人类社会正是由各种具体社会网络组成的，社会资源则在这些网络中流动，社会运行的关键就在于网络的稳定和资源的顺畅交流。如果将存在"社会网络"的城市称为"网络城市"，那么"网络城市"早就存在，虽然它的形式在漫长的人类历史中变化缓慢。而在20世纪90年代后期，电信与电脑运算的新发展导致了一项重大的互联网技术变革——从分散化、孤立的微电脑和大型电脑，发展为相互连接的、利用电脑运算能力进行信息处理而产生的、不同于以往任何网络的崭新的"网络"，即基于计算机网络技术的"电脑网络"或"信息网络"，为网络形式的大变革奠定了物质基础，现代意义上的"网络城市"随之崛起。新信息技术正以全球的工具性网络整合世界，在以互联网为核心的信息技术作用下，人类社会正开始进入一个新的社会阶段，产生一种新的社会形式。

全球移动网络、交通通信技术的发展对理解当今世界有着无法估量的重大价值。各种现代交通设施缩短了地区与地区之间的距离，高度发展的信息网络，一方面通过现实社会的投射，构成了自己的虚拟"网络城市"，另一方面通过信息网络的渗透，融合了各种已存的社会实体网络，使"网络城市"成为整个现实社会的结构形态。

网络城市指的是借助快速高效的交通走廊和通信设施，两个或更多的原先彼此独立、存在潜在功能互补的城市通过彼此合作形成的富有创造力的城市集合体。网络城市是多核心城市区域在经济全球化和新经济背景下新的发展形态，经济利益外部性、弹性发展、创新性以及水平联系是网络城市的最主要特征。在全球城市群高度发展的地区，网络城市正在逐步形成。

网络城市是一个流动城市，因为所有过程的物质基础是由"流"所构成的，因此就产生了一种全新的空间概念——流动空间。在全球化和区域化的过程中，物质和信息在全球流动，这种在全球范围内的不同空间中共享物资、信息等资源的空间组织方式就是流动空间。流动空间作为网络社会特有的空间形式，由三个层次共同构成：一是电子通信网络；二是各种指导性节点、生产基地或交换中心，三是占支配地位的管理精英（而非阶级）的空间组织。今天，很少有研究基于"流"本身的数据，原因可能是"流"本身数据不足，包括缺乏数据的传输量以及通信所需的时间量等，但世界城市网络中知识和信息在全球流动的事实正越来越被广泛认知。流动空间的存在和发展对于当前和未来的城市空间格局以及城市交通组织，将产生深远影响，并且这种影响正在显露出来。

（二）信息化时代的城市空间集散

技术进步一直以来影响着城市的发展。19世纪，工业化引起了制造业城镇的崛起，蒸汽机促进了海港城市的发展，铁路系统开始横跨大陆来连接城镇。20世纪，运输技术的进步，特别是内燃机和航空发动机的发明，使得全球范围内城市之间的联系不断加强。今天，新的电子通信技术又在影响城市的兴衰。在当今网络时代，流动空间的发展将如何影响着世界城市格局呢？

无可否认，信息革命已使得全球的经济活动变得越来越无拘束。电子通信与信息系统的发展，使得工作、购物、娱乐、保健、教育、公共服务、政府事务（比如电视电话会议等）等日常事务的开展，与空间邻近性的关联度不断降低。后信息时代将消除地理空间的限制，数字化将导致对特定地点、特定时间的依赖越来越少，也就是说，随着通信范围的扩大和成本的快速下降，电子交流将可能大量替代面对面的接触活动，而这些活动以前往往只在中心区位才能发生。

网络城市的疏散理论基于以下几个假设：首先是交通运输与信息基础设施之间的替代关系；其次是信息可以直接替代原材料的投入；最后的一个关键假设是信息构架和通信系统在本质上是普遍存在的，它们提供了各种新的产品和服务，而又不依赖于信息和通信技术用户的物理区位。在这种后现代的未来中，任何人在任何地方都能利用信息设施，使得信息自由地流动。

但是，流动空间导致城市疏散理论正在遭到越来越多的争议，人们发现，新的信息构架仅仅是对"面对面交流"的补充，而不是替代。事实上，很多实证研究也验证了这样的观点。

首先，互联网活动具有明显的空间集聚性。尽管乐观主义者将无所不在的通信设施看作乡村和边远地区的救星，但新技术的增多并不会自动导致经济活动的扩散，相反，互联网活动在城市的集聚可以更好地保持与市场、与竞争性产品和服务创新的相互联系。与以往的通信手段一样，互联网活动在地理分布上也具有明显的"城市偏好"，尽管人们使用互联网进行跨地域电子交易时，空间距离已不起作用，但由于经济和社会的发展在空间上是不均衡的，因此，互联网基础设施的分布在空间上也是不均衡的。有关统计数据显示，各国在互联网内容生产上存在巨大差异，即使是在一个国家内部也存在着域名分布极不均衡的状况，特别是拥有庞大人口的国家。

其次，全球性城市不再支配互联网的全球地理结构，而只是充当其中重要的节点。但是，世界城市仍然具有重要性，而且它们之间的纽带比之前更为重要。与此同时，一些城市在全球化发展中的地位发生了变化，这些国际通信网络新的竞争者，降低了全球网络的集中度，世界城市不再是国际通信网络的唯一中介。新的通信中心正在世界城市格局中崛起，意味着新集群的出现。

目前的城市体系在互联网内容生产中仍然起着重要作用，但需要密切关注新城市中心节点的出现。当互联网内容的生产依赖于某些城市之时，便相互连成了一个全球性的信息网络。因为互联网传递信息，互联网枢纽处于主要信息系统，它们是大都市区经济和制度的基础，但这并不意味着互联网是一种都市现象，而应该是一种具有都市节点的网络，没有中心性，但具有节点性，并基于特定网络几何结构。

最后，一些新的大都市群体在这些新的国际通信网络中的地位在提升。信息和资本流的全球地理格局促使世界城市处于纷杂的变动状态之中，从全球范围来看，世界城市仍充满活力，新的信息技术导致了新的"扰动"和新的变革，在全球范围内，更多的城市在快速变动的全球互联网骨干网络中变得越来越重要。

（三）网络城市的交通支撑

以计算机、微电子和通信技术为主的信息技术革命，从根本上改变了人们的生活方式、行为方式和价值观念，也对城市空间布局和交通组织产生巨大的影响。网络系统的超大容量，使得空间上存在的差异，在时间上可以得到精确控制，从而使大量的人、商品和信息及时地实现空间转移变成可能。网络时代的全球经济竞争已经突破了国家的概念，而表现为城市区域——网络城市之间的竞争。

尽管网络的发展已经使虚拟交往变得日益便捷，但在后福特经济时代，面对面交流对基于创新的高科技产业、基于客户交流的服务行业和基于思维交换激励的创意产业仍然非常重要。网络城市是"流"发展的需要，也是流动空间的物质载体。"流"汇聚的节点和"流"流动的通道构成了网络城市的基本构架，而这些节点和通道就是由交通站港和交通线构成的交通网络。基于经济社会联系的"流"汇集的数量和类型反映了节点城市的地位和特点，"流"的方向、能级和流量表明了节点城市间联系的程度，因此，交通流的分析（包括数量、类型、方向等）和交通网的建设是网络城市规划建设的前提和基础。同样，由于信息基站及设施建设往往贴近信息来源——信息集聚和处理的城市，信息流、城市与交通形成了互为依存的关系。

网络城市不仅要为信息的电子传递和生产要素（包括产品、技术、资金等）的流动创造畅通的环境，还应为面对面的交流创造便捷的环境。而构建网络城市内部的快速交通系统，为网络城市和弹性交换环境的创造提供基本支撑，则是整合各个节点城市功能，形成功能互补、交互增长的网络城市的前提条件。

以苏锡常城市群为例，苏锡常城市群是长江三角洲地区重要的城市群，建设苏锡常网络城市是提升苏锡常城市群国际竞争力，实现经济、社会和环境可持续发展的重要战略。苏锡常交通流的特点是以东西向交通流为主（包括人流、物流和信息流等），因此加强东西向，包括南北转东西向的快速交通流尤为重要。苏锡常网络城市快速交通系统的内容应包括以下几个方面。第一，以畅通物流为主的对外交通通道建设。重点建设沪宁线交通走廊、苏嘉杭交通走廊、沿江交通走廊和澄锡杭交通走廊。第二，以畅达人流为主的城际轨道交通建设。建设沪宁、沿江城际铁路以及苏锡常网络城市内部的城际轨道网络。第三，服务于综合交通流的区域通道建设。强化沿江两岸城市之间的联系，包括苏州、无锡与泰州的连接以及苏州与南通之间的各类通道和苏锡常各网络节点城市之间的通道建设；第四，交通枢纽节点建设。为了满足苏锡常网络城市快速增长的国际国内客、货运输需求，加快城际铁路站点、货运机场建设、港口建设，加强水铁公航联运，促进物流枢纽的形成与发展。由对外交通通道、城际轨道交通、交通枢纽节点（如高铁客运站、货运枢纽机场、集装箱喂给港等）构成的网络城市快速交通系统，将增强苏锡常与上海等外部城市与区域以及各节点城市之间的交通联系，并实现苏锡常网络城市三大中心城市之间1小时互通和三大城市与县级城市之间40分钟互通的目标，构成高效的人流、物流、信息流的网络城市交通体系。

五、城市绿色交通发展的总体策略

中国人口众多，资源与能源的人均占有率都远低于世界平均水平。与此同时，随着社会经济的发展，中国的城市交通需求急剧增长。为了适应城市经济发展的需要，各城市不断增加投资建设城市路网和相应的配套设施，但正如大多数城市所呈现的那样，道路交通拥挤不仅没有得到缓解，而且还在加剧。

当前，我国城市化进程持续推进，在未来的二三十年中，城市人口仍将进一步增加。随着城市化和机动化的同步快速发展，经济全球化的不断深入以及城市区域之间经济文化交往的增多，支撑城市经济社会发展的资源能源紧缺和城市交通环境问题将进一步加剧。因此，制定具有前瞻性的、切实有效的交通发展策略，构建在低碳时代背景下，适应网络时代发展趋势、符合中国国情和城市可持续发展需要的生态城市交通体系显得尤为重要。

（一）编制公交导向的国土空间规划

应树立以人为本的绿色交通理念，构建以公共交通为主的便捷高效的城市综合交通体系，引导城市土地优化配置，形成紧凑集约的城市布局模式。将国土空间规划与交通专项规划紧密联系起来，在国土空间规划中引入TOD理念，以增加短途出行为目标，促进人口的职住平衡，优化城市功能的"有效混合"布局。以交通节点为战略空间，围绕公交枢纽和站点集聚商业、服务、公共空间、居住和相关功能，并向周边辐射，形成功能混合、步行可及、紧凑立体的土地综合开发模式。对城市新建的大型居住社区，尤其是成规模的保障性住房集中区，超前进行公共交通专项规划编制，推进公交枢纽和港湾式站点建设，并注重常规公交与轨道交通的紧密衔接。

（二）加快发展大运量快速公交系统

随着城市规模的扩大和人口的增长，构建地铁和轻轨等大运量快速公交系统已经成为大城市交通发展趋势，主要措施如下。

第一，确立优先发展公共交通的城市交通发展战略，以公交可达性水平确定土地开发强度，引导城市从无序扩散向有序紧凑发展转变。

第二，不断调整优化城市公共交通运营结构，在稳步发展常规公交的同时，结合城市规模和发展需要，优先规划建设城市轨道交通和BRT等大运量快速公交系统，构筑以现代化公共交通为主导的城市综合交通体系。

第三，回归公共交通的公益性，将公共交通作为城市交通设施投资的主要对象，增加公共交通的建设投入和票价补贴。

第四，确保公交工具的环保性能，推广使用小排量、轻型化和使用清洁能源的公交车，减少公交车的能源消耗和污染排放；提高公交车辆的舒适性、便捷性、运行效率和服务水平。根据城市国土空间总体规划，编制城市公共交通专项规划，合理布局路网和公交网络，保障公交路权优先，提高公交服务水平和吸引力，引导居民出行方式向公共交通方式转移，优化居民出行结构。

第五，构建以大运量公共交通为主、多交通方式零换乘的一体化城市交通系统。城市轨道交通规划应注重与常规公交车、小汽车、自行车与步行交通的衔接，缩短乘客换乘的时空距离，实现人车分离；利用轨道交通车站出入通道的布局，为行人乘坐轨道交通提供方便；以合理的衔接达到客运交通资源最优化；提高城市路网建设的合理性，科学规划设计综合交通枢纽，妥善处理城际交通与城市交通的衔接。

（三）合理规划建设城市慢行系统

作为自行车大国，中国具有发展自行车的良好基础，充分利用这一现有的交通资源，建立合理的自行车交通网络，对于解决城市高速发展带来的交通拥挤和城市环境问题具有重要的现实意义。同时，发展慢行交通，也符合为市民创造良好生活环境的要求，顺应现代社会休闲需求增长与社会老龄化的趋势。具体来说，城市政府在规划建设城市慢行系统时，应该做到以下几点。

第一，将城市慢行系统规划引入国土空间规划体系，形成能与现有规划体系有机衔接的专项规划；规范其编制方法、设计规范、控制与评价体系，确立在现有规划体系中相应的地位与职能。

第二，在城市交通发展策略中，科学规划布局自行车专用道，使其提高而不是降低交通整体效率，保证自行车交通空间需求，建设自行车友好型城市。

第三，创造良好的步行交通环境，完善城市步行网络，加大步行设施建设力度，加强步行空间的改造和管理，尤其要注重中心城区人行道建设，逐渐形成绿色有机、功能复合、环境宜人、路径连续的步行空间，联结城市主要商业服务、文体休憩、交通设施以及居民区等节点，使城市生活气息更浓厚；将人行道规划与休闲广场、滨水空间设计相结合，提高城市个性化空间利用率。

第四，推动城市绿道建设，利用绿道串联城市公园绿地、广场、历史文化街区、商业中心、文化体育场馆、社区服务中心等特色区域，打造畅行无忧的城市绿道系统，在提高城市品质的同时，为市民和游客提供健身休闲的好去处。

第五，推广自行车租赁，构建由公共自行车服务点、停放点、维修点和道路网络等在内的完善的公共自行车网络，使自行车成为市民出行和游客观光的首选交通工具。

（四）构建沟通城市与区域的高效物流网络

加快物流基础设施建设。科学布局物流园区和物流设施，规划建设功能互补的区域性物流中心和物流网络，强化国际物流节点功能，把物流园区建设成为适应多交通模式的联合运输作业的区域间干线运输基地；加快国际物流基础设施的重点建设，包括国际干线航道、国际中心港湾的海上集装箱码头、多目的国际码头和大都市圈机场建设；缩短进出口货物进出港时间，提升货物转运能力；促进市区外缘部环状道路周边物流节点配置和城市内货物集散节点建设；积极应对快速增长的电子物流需求，大力发展第三方物流；构建高效物流配送中心，积极推广以城市为对象的同城配送，减少汽车交错运输，改善城市物流；优化城市交通功能，通过修建环状道路、建设专用汽车道、改良交叉点等措施来消除"瓶颈"路段，减少物流交通对城市交通的影响，减少城市交通拥堵。

探索物流运输模式的低碳化。近年来，中国铁路系统日趋完善，运载能力得到极大提升，应适时发展高运力、低排放的城际铁路物流运输发展，构建铁路、公路、海（水）运和航空运输的多式联运体系，加快铁路、公路和海上集运的标准化建设；在公路物流运输工具方面，实现"两极分化"，在大力发展大型集装箱运输工具，设置专用运输车道的同时，应对电子商务发展趋势，积极发展满足市内配送需求的小型货车、电动车和自行车运输，提高物流运输效率，减少碳排放。

促进物流管理的信息化、标准化和网络化。充分利用地理信息系统（GIS），构建区域物流中心管理信息网络，实现各运输部门的物流综合信息系统一体化；在公路运输方面，提高车辆定位、道路交通情报、行车路况预测等现代交通服务水平；在海上运输方面，利用船舶智能化等技术构建新一代海上运输系统；在航空货物运输方面，建立有关信息在各关系者之间进行电子交换的体系，通过体系的互接，提高物流交通网络的效率。

构建城市区域快速交通网络。顺应网络时代发展需求，构建与完善由对外交通通道、城际轨道交通、货运枢纽机场和集装箱喂给港构成的网络城市快速交通系统，为网络城市发展提供有力支撑。

第六章 生态城市规划与建设的合肥实践

第一节 合肥城市生态系统构建研究

一、合肥城市生态系统构建的理论基础

（一）结构模式法

结构模式法是从类型学的角度入手，依据城市自身的生态环境特征，提出相适应的生态空间结构，并据此构建生态网络系统。例如，《上海市基本生态网络规划》中选取了水资源、文物古迹及森林公园、地质灾害、土壤污染、土地利用等因子开展生态敏感性分析，依据分析结果提出"环形放射状"的生态空间结构，据此指导生态网络系统的构建。我国大城市生态空间结构模式主要包括楔环放射和斑廊网络两种模式（图6-1）。

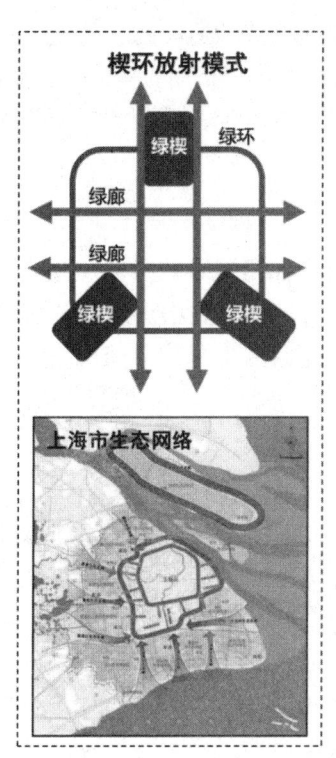

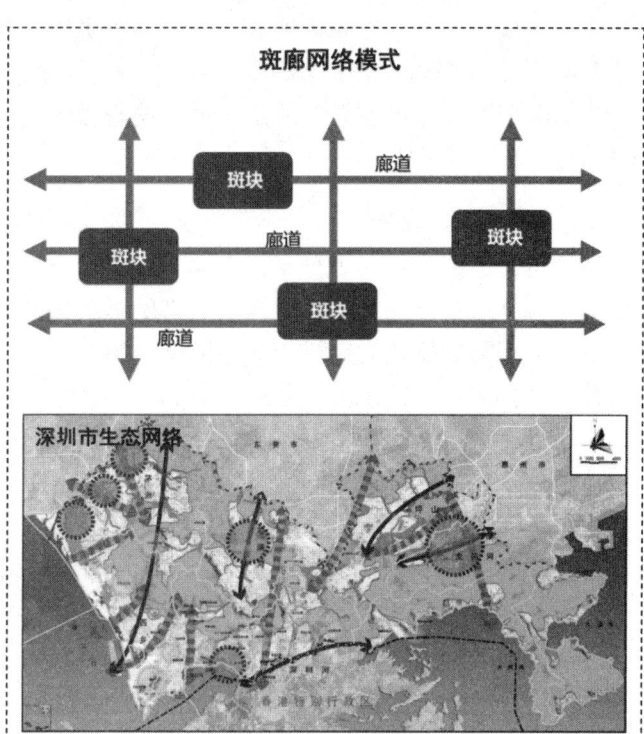

图 6-1 我国大城市主要的两种生态空间结构模式

结构模式法避免了对复杂的生态活动过程进行逐一分析，而是基于空间层面，从空间结构、形态的角度开展网络构建，其过程清晰简洁，结论明确。相比于其他生态网络构建方法，结构模式法更加强调人工干预，例如城市绿环就是完全人工化的生态构建要素，是规划设计人员、城市管理人员"主动"塑造、优化城市空间格局的有效技术途径。但该方法也存在以下几个方面的不足。其一，该方法适用于城市总体生态格局的塑造，但是对于城市内部生态网络的进一步细分缺乏有效指导。其二，该方法主观性较强，空间结构模式选取、环-楔-廊等要素的确定较为依赖于规划设计人员的专业素养，缺乏明确、客观的标准。其三，该方法主要基于生态敏感性的高低来判别生态要素的重要程度，并未考虑到生态要素在网络拓扑结构中的连通作用。

（二）格局—过程法

格局—过程法源自生态安全格局的构建。生态安全格局是通过景观过程（包括城市扩张、物种迁移、风水流动、灾害扩散等）的分析和模拟，来判别对景观过程安全与健康具有关键意义的景观元素、空间位置及空间联系，这种关键性元素、战略位置和联系所形成的格局就是生态安全格局。格局—过程法以景观生态学中的景观和过程相互作用机制为理论基础，在实际运用中多从单一景观过程的安全格局入手，再进行叠加处理形成综合生态安全格局。格局—过程法被广泛应用于城市空间发展预景、禁建区和绿地系统构建以及城市风貌规划等方面。相比于结构模式法，格局—过程法的分析过程、结论更加客观和可量化，但是需要指出的是，该方法实质上是一种被动适应的、底线式的宏观生态系统管理。其潜在逻辑是城市空间拓展只要不触及生态安全格局，都是可接受的。因此，总体而言该方法更加强调的是一种"先底后图"的底线思维，而非"主动为之"的网络构建。

（三）网络分析法

网络分析是运筹学的一个分支，主要运用图论方法研究各类网络的结构及其优化问题。运用网络分析法开展生态网络构建是将生态斑块抽象为点，将生态廊道抽象为线，从而将整个生态网络简化为点线构成的网络。根据图论理论，网络分为分枝网络和环形网络两种类型，并采用 γ 指数（网络连接度）、α 指数（网络闭合度）、β 指数（线点率）以及成本比等指标对不同网络进行量化比较（表6-1）。

表 6-1 网络评价主要指标

指标释义		指标计算方法
γ（网络连接度）	γ 是网络中连线的数目与该网络最大可能的连线数之比。以 L 表示网络中实际存在的连线数，V 表示网络中实际的节点数，通过 V 可以确定最大可能的连线数 L_{max}。γ 取值在 0 到 1 之间，0 表示节点间没有连线，1 表示每个节点间都相互连通。	$\gamma = L/L_{max} = L/[3(V-2)]$
α（网络闭合度）	α 指数为网络环通路的量度，又称环度，是连接网络中现有节点的环路存在的程度。网络连接度的 α 指数的变化范围在 0（网络无环路）和 1（网络具有最大环路数）之间。	$a = (L-V+1)/(2V-5)$
β（线点率）	β 指数是度量一个节点与其他节点联系难易程度的指标。	$\beta = L/V$
成本比	考虑廊道的长度，主要反映了网络的经济有效性。	成本比 = 1 - （廊道数量/廊道长度）

网络分析法的优点在于运用图论的方法将现实世界中纷繁复杂的生态系统简化为点线构成的网络，使研究人员能够更加深入地认识到网络的结构性特征，而一系列指标也为生态网络的评价提供了可量化的标准。但是网络分析法也存在一定的局限。其一，该方法将所有的斑块、廊道都视为均质化的点线，忽略了不同斑块、不同廊道在生态重要性和服务价值上的差异。其二，该方法关注的是整体层面网络结构的合理性，侧重于结果的定量评价，但是对于网络构建过程并未给出清晰的技术路径，尤其是识别、提取潜在廊道，需要研究人员依靠自己的主观判断来不断模拟试验，效率较低且主观性较强。

（四）源地—廊道法

源地—廊道法是通过识别、提取生态源地和生态廊道的方式构建生态网络。该方法首先采用生态敏感性、景观连通性等指标筛选出生态源地，然后在生态源地之间通过最小累积阻力模型提取出生态廊道。近年来，为了克服传统源地—廊道法在生态源地选择上的主观性以及对于现状结构性廊道的忽略，发展出一种基于形态学空间格局分析（MSPA）与最小耗费路径分析相结合的技术路径。MSPA将研究范围的用地划分为前景（各类生态用地，如林地、水域、湿地等）和背景（其他用地），并处理成二值图，然后采用Guidos软件进行分析，生成基于MSPA的景观类型图，包含核心、孤岛、孔隙、边缘区、环道区、桥接区和分支七种类型（图6-2）。

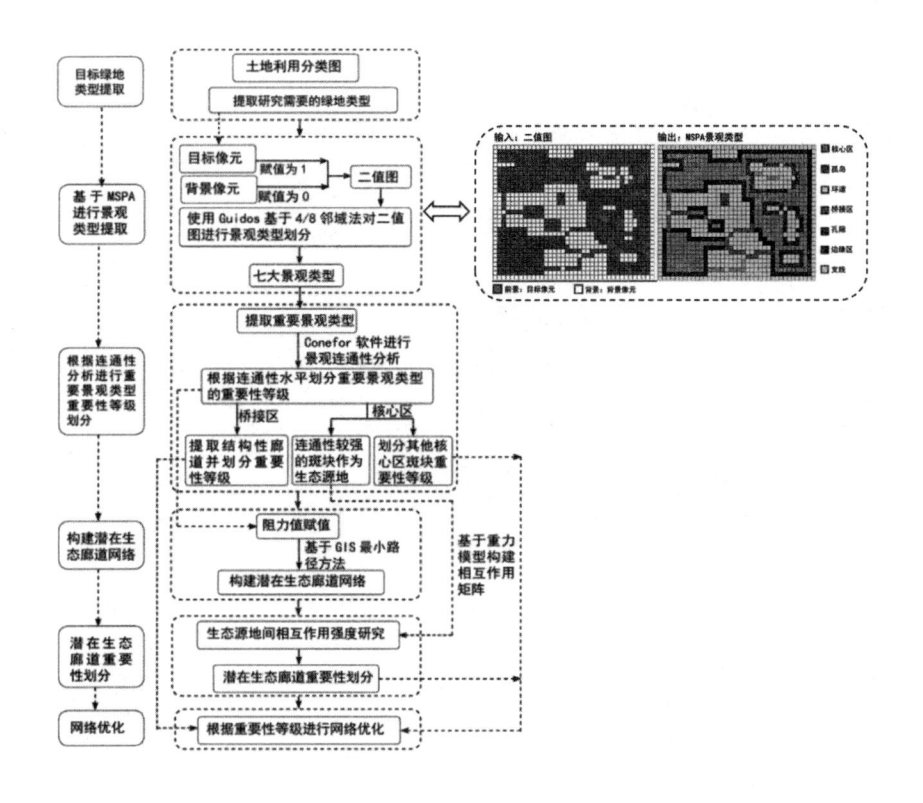

图6-2 基于MSPA和最小耗费路径法的生态网络构建步骤

源地—廊道法在生态网络研究中得到了广泛应用，尤其在欧美国家，采用形态学空间格局分析（MSPA）与最小耗费路径法开展生物多样性保护，是主流的研究方法之一。但是我国与欧美国家在生态保护中面临的主要矛盾有着较大差异。欧美国家城镇化相对稳定，生态网络构建的主要目标是生境的恢复和可持续能力的提升；而我国的城镇化仍有较大增长空间，在生态网络构建中关注的目标更加多元化，仅仅依靠源地—廊道法并不能实现诸如保障生态安全、改善人居环境等多重目标。

二、合肥城市生态系统构建的技术路径

（一）研究区域概况

本次研究区域为合肥市中心城区范围，包括市区及周边三县（肥东县、肥西县、长丰县），总面积2661km²。该区域属亚热带湿润季风气候，四季分明、气候温和，年平均气温16.2℃（图6-3）。江淮分水岭在中心城区北部自西北-东南方向穿过，地势西北高，东南低，呈岗冲起伏的丘陵地貌。现状生态空间主要集中在城市外围，包括紫蓬山、浮槎山、巢湖以及董铺水库和大房郢水库构成的城市水源地；城市内部生态空间以点状的城市公园为主，贯穿城市的河流是城市内外生态空间连通的主要通道。

图6-3 合肥市中心城区范围示意图

（二）数据来源及预处理

本研究采用的主要数据为合肥市域土地变更调查数据（GIS格式）以及中心城区用地现状图（CAD格式）。由于土地变更调查数据中对城市建设用地不再进一步细分，因此无法识别城市建设用地内具有生态价值的用地，如公园绿地、防护绿地等。因此，首先将城市用地现状图转换为shapefile数据文件，并在GIS中进行坐标转换、配准。其后将土地变更调查数据中的城市建设用地数据替换为中心城区用地现状图数据（图6-4）。

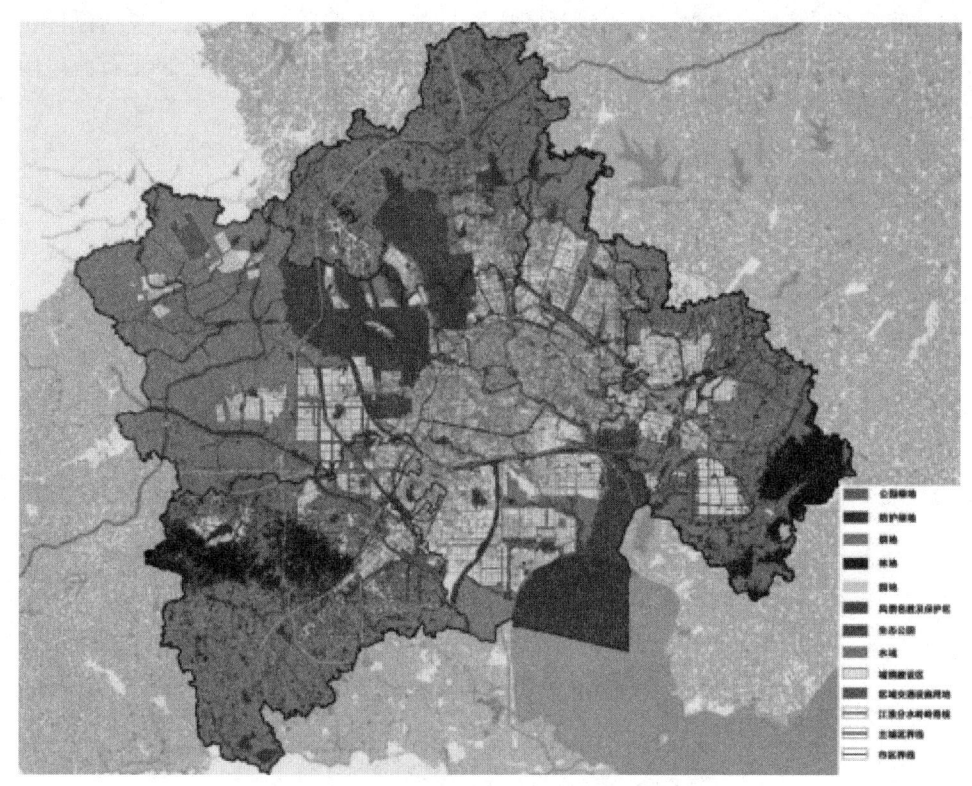

图 6-4 合肥市中心城区生态空间现状分布图

(三) 基于三个尺度的中心城区生态系统构建

1. 区域尺度

鉴于数据的可获取性以及对于中心城区周边生态要素的初步判断,区域尺度选择市域范围作为研究的基础。通过对市域范围生态安全格局的分析,明确中心城区生态空间的总体结构。

(1) 构建生态安全综合格局

选取水安全格局、地质灾害安全格局、生物多样性安全格局作为子格局。

水安全格局中主要采用水文资源分析、洪水淹没分析以及饮用水源分析。水文资源分析是通过提取区域范围内主要的河流、水库、湖泊以及湿地等水文资源,依据距离水文资源的空间距离,按照 30 米、50 米、100 米、200 米建立缓冲区,形成不同等级的安全水平。洪水淹没分析基于网格"雨量体积法"的暴雨洪水淹没情景模拟方法进行洪涝灾害风险的评估,识别出不同雨量下的潜在淹没区。根据合肥地区多年平均降水量,本次研究选取 6.18 米、8 米、9.62 米、11.52 米作为阈值,形成不同等级的安全水平。饮用水源分析则是提取区域范围内的饮用水源地,包括董铺水库、大房郢水库、果园山水库等,按照一级水源地、二级水源地以及二级水源地外扩 200 米形成不同等级的安全水平。

生态城市规划与建设研究

地质灾害安全格局主要分析区域范围内面临的主要地质灾害活动，包括浮槎山—巢湖—牛王寨方向的郯庐断裂带、银屏山、岠嶂山、紫蓬山等山区潜在的泥石流风险以及巢湖沿岸的崩岸带等（图6-5）。

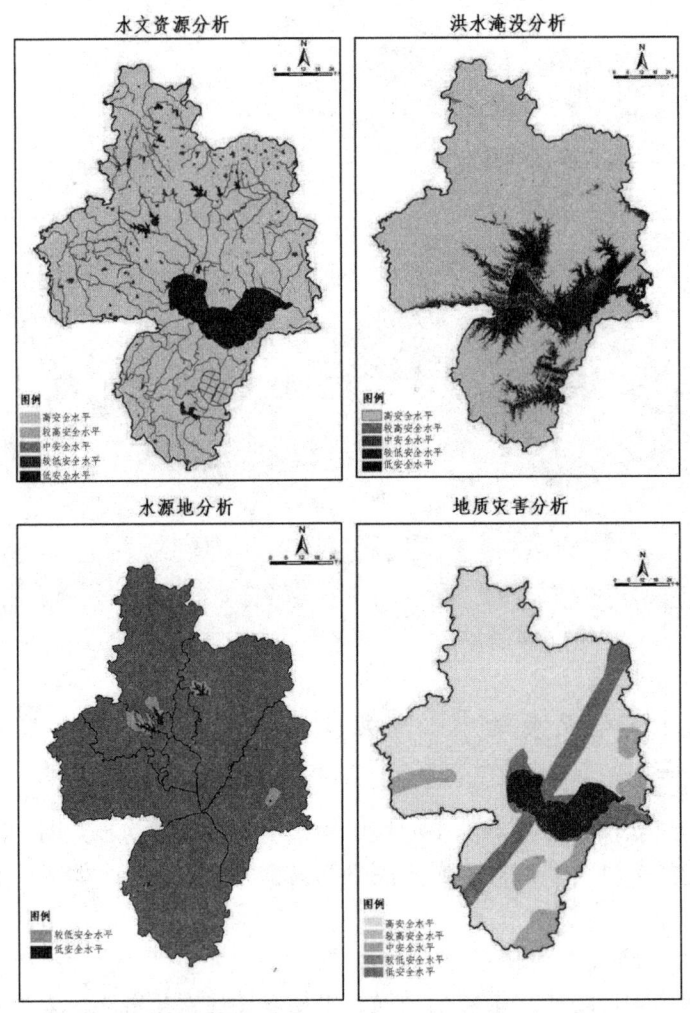

图6-5 市域水安全格局、地质灾害安全格局分析

生物多样性安全格局采用MSPA和最小耗费路径分析的方法。首先将市域土地利用图转化为二值图，前景为生态用地、背景为其他用地；然后使用GUIDOS软件将二值图转为MSPA景观类型图；再根据CONEFOR测算斑块的连通性，选择可能连通性（PC）>0.1的斑块作为生态源来构建潜在生态廊道；依据不同土地利用类型的景观阻力值不同，生成市域总消费面，然后使用GIS中的最小耗费路径分析生成潜在廊道；最后运用重力模型分析不同生态源地之间的作用强度，从而筛选出较为重要的潜在廊道，并结合现有结构性廊道共同构成市域生物多样性安全格局（图6-6）。

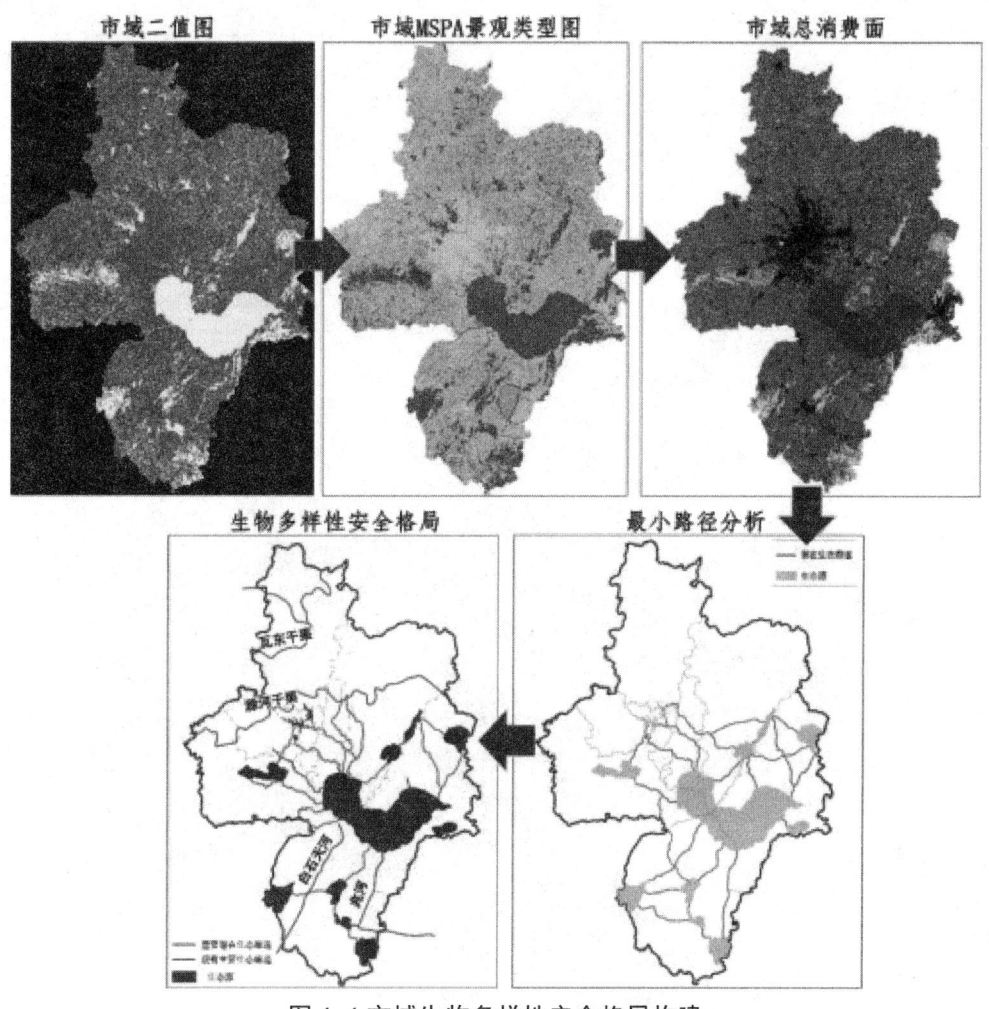

图 6-6 市域生物多样性安全格局构建

对三个子格局进行叠加处理形成市域范围内的综合生态安全格局，其中中心城区范围内的低安全水平空间主要为巢湖、大圩湿地、紫蓬山、董铺水库、大房郢水库等（图6-7）。

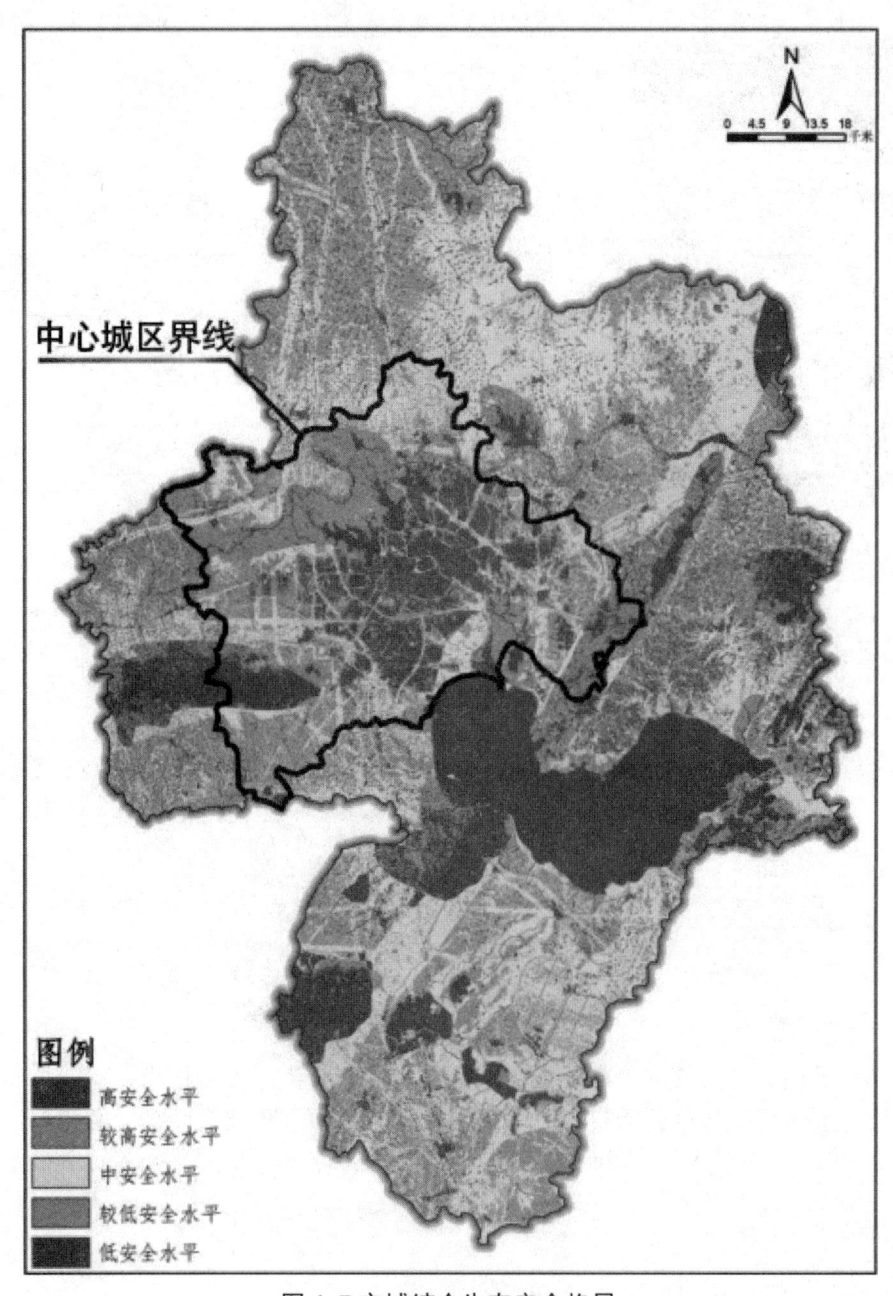

图 6-7 市域综合生态安全格局

（2）确定生态空间的总体结构

由于合肥地处江淮平原，地势总体较为平坦，城市拓展以圈层蔓延式为主，因此选择"楔环放射"模式作为生态空间的基本结构。

在生态绿楔的选取上，遵循以下三个原则：斑块面积较大，且生态安全处于低或较低水平；斑块连通性高，在网络结构中处于重要地位；斑块位于城市边缘，且与城市建设空间呈现"咬合"关系，具有较好的渗透性。按照上述三个原则，基于综合生态生态格局、MSPA 以及对于斑块空间形态的人工判读，选取出董铺水库—大房郢水库绿楔、紫蓬山绿楔以及巢湖—大圩湿地绿楔。

在生态绿环的选取上，明确绿环具有两个方面的主要作用：阻隔城市近域蔓延以及连通城市外部主要生态源地。当前我国大城市主要依托绕城高速的防护绿地构建绿环。因此首先将绕城高速线型叠加到中心城区综合生态安全格局上，可以发现北绕城高速—东绕城高速防护绿地可以将董铺水库—大房郢水库绿楔、众兴水库、浮槎山山脉以及巢湖—大圩湿地绿楔连通。同时当前城市建设也正在逼近北绕城高速、东绕城高速，以此构建绿环可以起到较好的阻隔作用。但西南、东南方向，城市建设已经跨越高速，所以该段绕城高速无法发挥绿环的作用。（图 6-8）研究以西南方向的紫蓬山绿楔为源地，采用最小耗费路径分析，分别构建其与巢湖—大圩湿地绿楔和董铺水库—大房郢水库绿楔的生态廊道，并以此作为西南、东南方向的绿环。其中，在消费面构建时将规划建设用地也纳入，从而避免生成的最小耗费路径从集中建设区内部穿越，保证生态绿环能够最大程度包围住城市建设空间。本次研究最终形成由北绕城高速防护绿地—东绕城高速防护绿地—浮槎山山脉—巢湖—蒋口河—紫蓬山—江淮分水岭—董铺水库—大房郢水库构成的生态绿环。

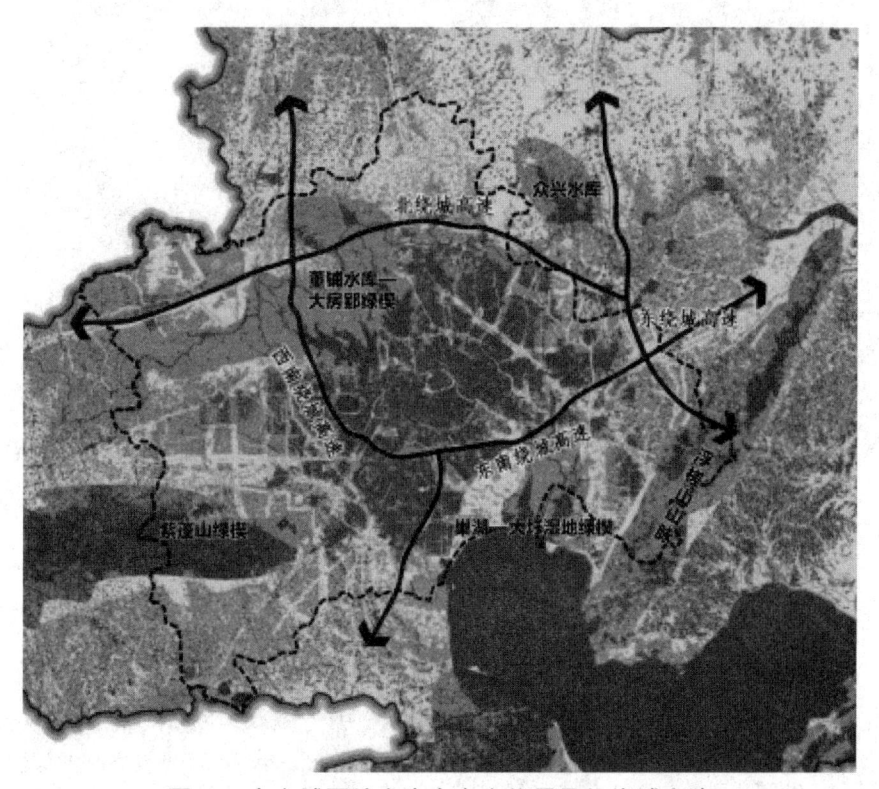

图 6-8 中心城区综合生态安全格局叠加绕城高速

在生态廊道的选取上，首先需要明确，区域尺度下生态廊道的主要作用在于连通城市内外的生态空间，形成内外生态流沟通的主要通道。合肥中心城区以东南风向为主导风向，此外地势西北高、东南低，水系自江淮分水岭东南向汇入巢湖。因此，西北—东南向是中心城区生态流沟通的主要方向，生态廊道也主要在该方向上选择。依据廊道的生态安全水平以及所能连通的斑块的数量和重要性，选取江淮运河、十五里河—绕城高速、南淝河、板桥河—淮南铁路作为主要的生态廊道。

依据以上对于生态绿楔、生态绿环以及生态廊道的提取，最终形成中心城区"一环三楔四廊"的生态系统总体结构（图6-9）。

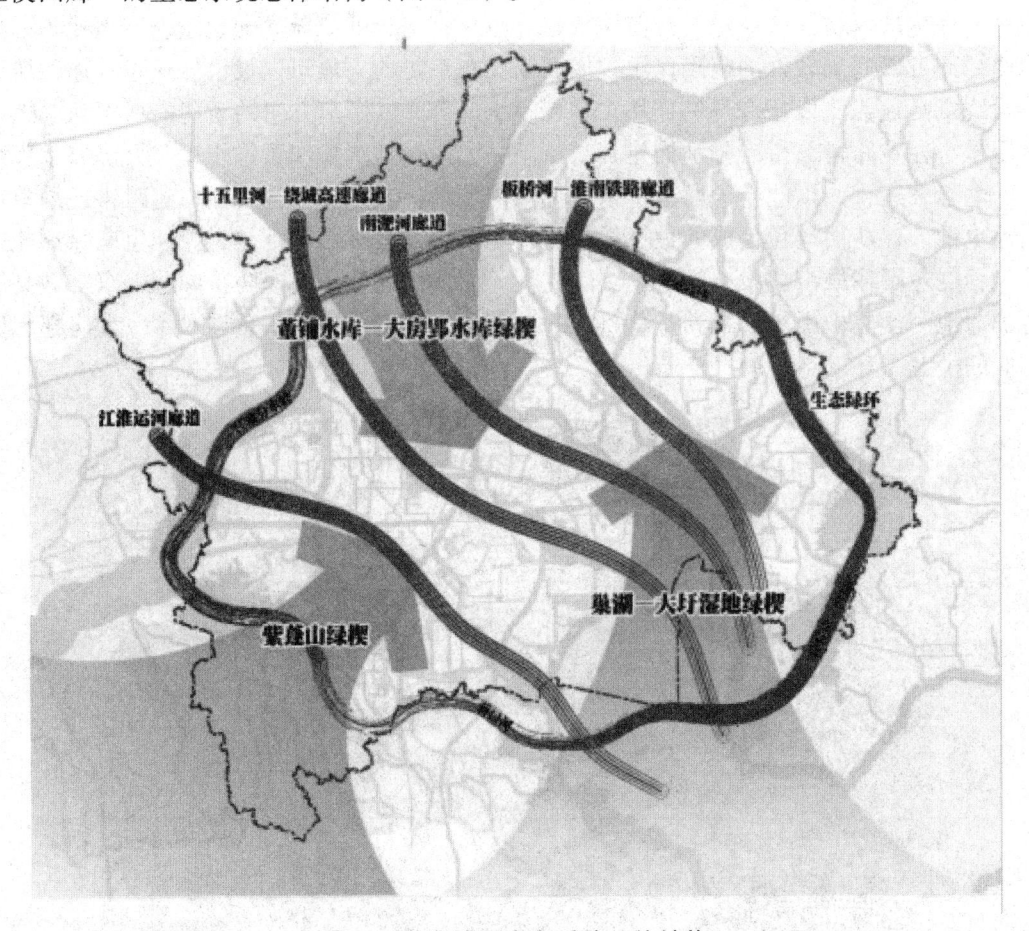

图 6-9 中心城区生态系统总体结构

2. 城市尺度

（1）构建多组团的空间形态

首先将中心城区生态网络总体结构中的4条一级生态廊道对城市空间进行切割，形成了5个较大的空间组团。其中南淝河廊道由于在老城区段两侧建设较为密集，已不具备组团隔离的作用，因此仅选取东二环以下段作为组团隔离廊道。然后引入阻隔性较强的高速公路、铁路等交通廊道进一步细分组团。从图6-10中的3中可以看出，经过高速公路以及铁路的划分后,组团化的空间形态已经基本形成,但是局部存在划分过小和过大的问题,如 02-04 组团过小,不及 1km²;03-4、03-5 组团划分的则过于细长,不利于组团内各项功能开展;而 03-2、04-1 组团则规模过大,达到了 150km²。因此,将 02-04 和 02-5 组团、03-04 和 03-05 组团进行整合,而对于 03-2、04-1 组团则进一步引入市政廊道、河流、人工廊道等线型要素对组团进行划分,最终形成图 7-11 中的 4 的组团形态,每个组团平均规模约 35km²,基本符合产城融合、尺度适宜的标准(图 6-10)。

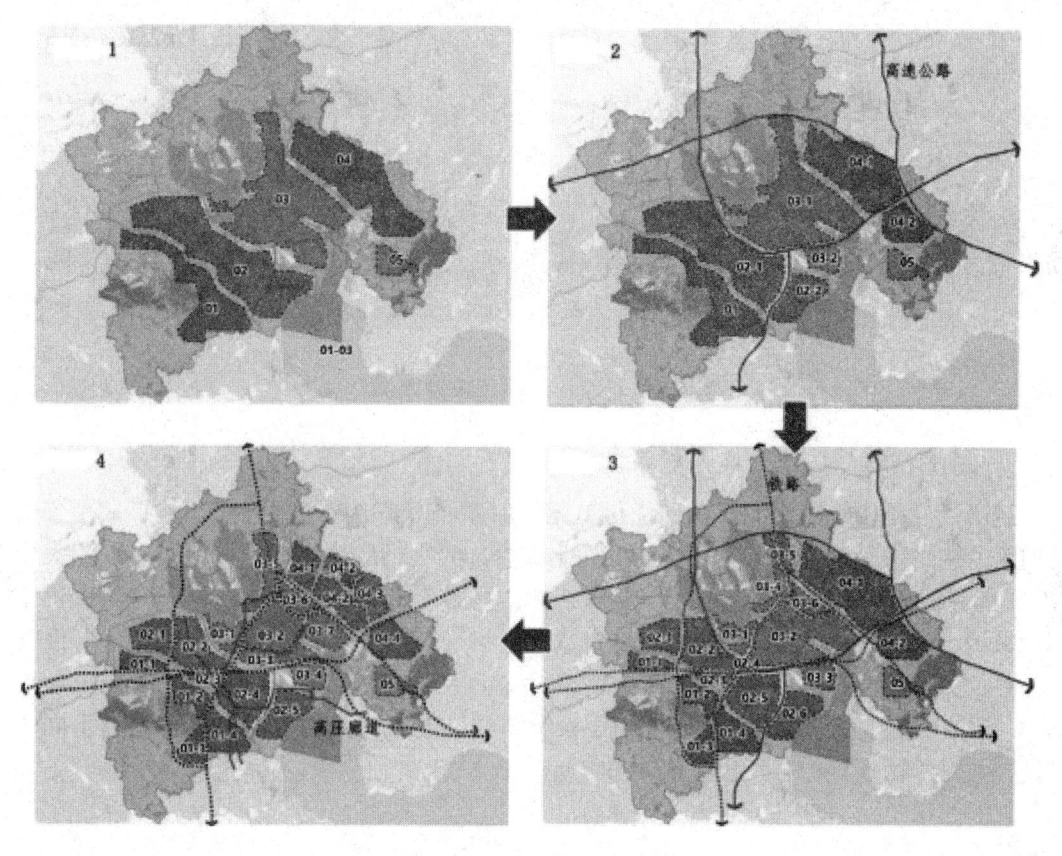

图 6-10 多组团空间形态构建示意

(2)构建多中心的空间形态

对中心城区范围内的生态斑块进行分级,以斑块面积及连通性作为主要指标,采用自然间断点分级法,提取 S(斑块面积)≥ 3km²、PC(连通性)≥ 2.0 的作为一级斑块;3km² > S ≥ 50 公顷、PC ≥ 0.5 的作为二级斑块。一级斑块面积大、服务范围广、具有高度的连通性,在生态网络构建中发挥着结构性作用。二级斑块以服务均衡为目标,力求实现城市建设用地的生态服务全覆盖。参照《城市绿地规划标准》,以 3 千米为二级斑块的服务半径,进行覆盖分析(图 6-11)。

根据分析结果,未覆盖的区域主要为工业园区,考虑到工业园区对于绿地斑块的使用需求较小，近期建设的可操作性较低，且其更新转型具有一定的不确定性。因此，采用具有触发机制的指标控制，即当未覆盖范围内的居住用地比例大于25%时，要求在分区规划、单元规划中选取合适位置规划1处城市综合公园。

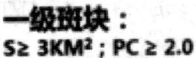

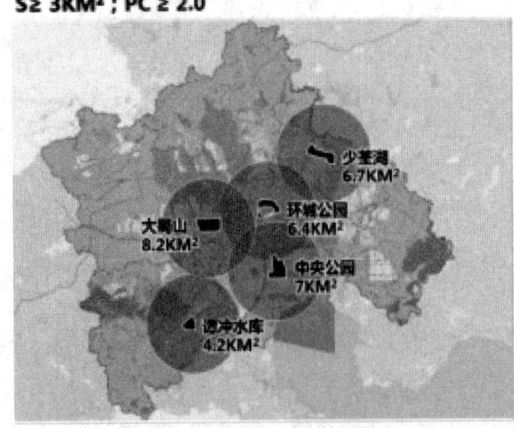

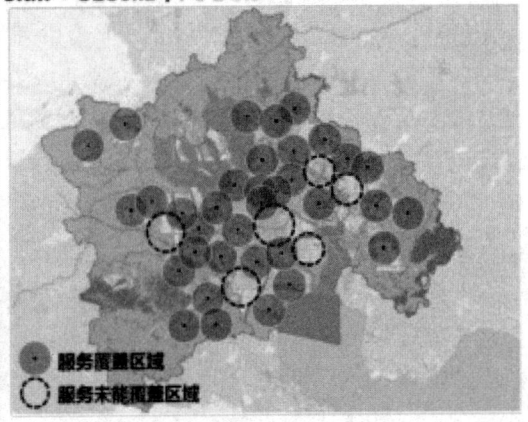

图 6-11 一级、二级斑块分布图

3. 组团尺度

组团尺度是以组团作为评估和优化单元，保证城市整体层面每个组团均形成一个相对均衡的网络格局。研究首先在现状底图上，叠加规划的绿地廊道、公园，以面积大于5公顷的绿地斑块作为节点，形成生态网络的拓扑图（图6-12）。其后进行定量评价，一般采用 γ 指数（网络连接度）、α 指数（网络闭合度）、β 指数（线点率）。但以上指数仅关注生态网络的结构特征，忽略了生态网络的规模特征。因此，本次研究增加了 ρ 指数（廊道密度）的分析。使用层次分析法和专家打分法分别赋予各指数不同的权重，并对组团进行综合评价（表6-2）。

图 6-12 各组团生态系统的拓扑结构示意

表 6-2 各组团网络结构指数综合得分

组团编号	γ	α	β	ρ	综合得分
03-02	0.42	0.07	1.00	0.11	0.25
01-02	0.50	0.20	1.20	0.19	0.38
03-04	0.50	0.20	1.20	0.29	0.38
04-01	0.53	0.22	1.14	0.15	0.38
02-04	0.47	0.18	1.26	0.33	0.39
04-03	0.54	0.27	1.30	0.23	0.39
02-05	0.50	0.21	1.25	0.35	0.42
02-03	0.50	0.21	1.25	0.55	0.46
01-01	0.50	0.20	1.20	0.49	0.54
02-02	0.47	0.18	1.26	0.62	0.57
03-03	0.49	0.20	1.27	0.50	0.57
04-05	0.46	0.17	1.25	0.62	0.60
03-05	0.52	0.26	1.38	0.56	0.66
01-04	0.52	0.26	1.38	0.60	0.66
03-07	0.54	0.27	1.30	0.38	0.66
03-01	0.54	0.28	1.40	0.46	0.66
04-02	0.55	0.29	1.38	0.63	0.70
05	0.57	0.31	1.33	0.75	0.75
02-01	0.48	0.20	1.34	1.12	0.96
01-03	0.44	0.14	1.20	1.14	1.00
03-06	0.55	0.30	1.44	0.99	1.00

按照上述步骤，筛选出综合得分低于0.40的组团（03-02、01-02、03-04、04-01、02-04、04-03）作为进行优化提升的对象，并通过加密生态廊道的方式，提升组团内生态网络的各项指标。增加生态廊道首先选取现状PC（连通性）较低的斑块，然后建立消费面模型评估其与其他生态斑块、廊道之间连通的成本，最后选择耗费成本最小的路径构建生态廊道。这其中确定不同用地的阻力值并建立消费面模型是该方法的关键，生态意义上的用地阻力值是指物种在不同景观单元之间进行迁移的难易程度，它与生境的适宜程度呈反相关。但对于集中建设区内而言，生态廊道的作用更多在于其能够提供休闲游憩场所，廊道构建的可实施性比生境的适宜程度更加重要。因此，此处提出该消费面中的用地阻力值代表地块现有功能或者规划功能转换为绿地的难易程度。例如现状城中村、老工业区因为更新改造机会更大，所以相比新建的商品住宅小区、大型公共服务设施更易在规划中转变为城市绿地或其他开敞空间，因此其阻力值较低。基于上述思路，设定不同建设用地类型的阻力值，对现状用地和规划用地分别生成消费面，再进行叠加处理，形成最终的消费面，并生成最短路径（图6-13、图6-14）。但因为该最短路径完全是基于消费面模型生成的，线型往往曲折，所以还需进行适当人工修正，使之尽量沿城市道路、河流走向，便于规划建设。

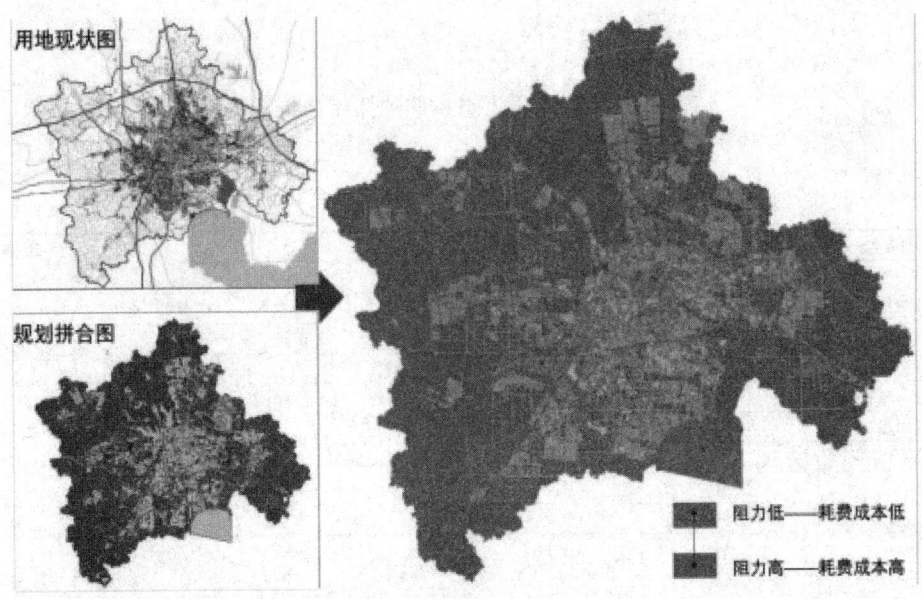

图6-13 集中建设区内消费面模型

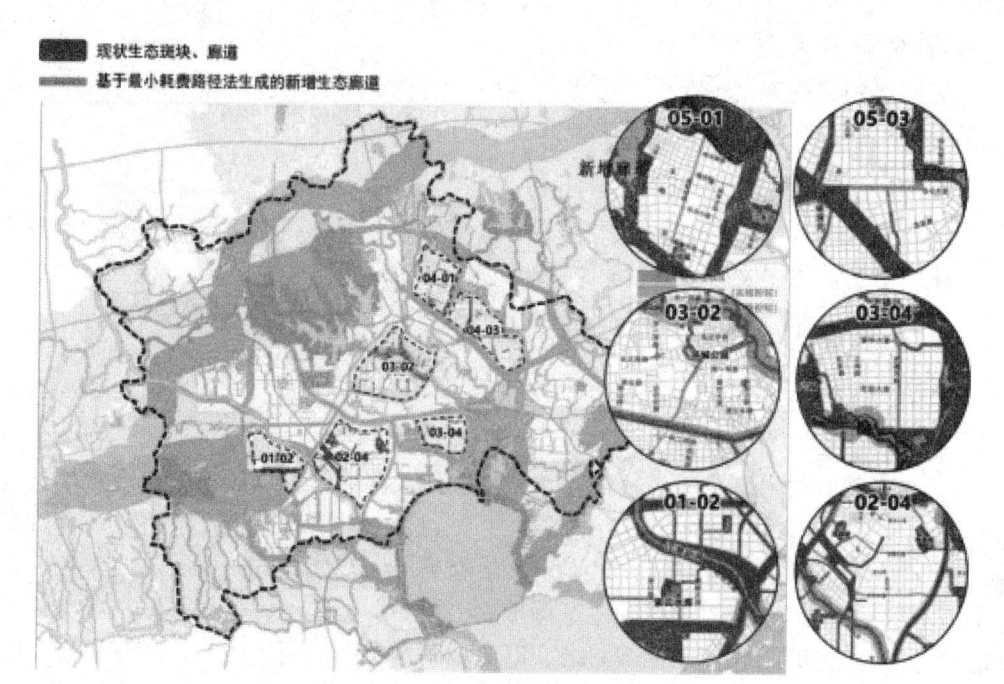

图 6-14 组团生态系统优化

综上，从上述三个不同空间尺度入手，即可逐步构建科学合理的城市生态系统。

第二节 合肥城市生态网络规划实践

一、合肥城市生态网络的规划原则与指导思想

（一）规划原则

1. 整体保护原则

保护生态格局的系统性与整体性，整合各类城市生态空间资源，实现维系生态系统良好运转的整体环境。

2. 连通连续原则

加强生态空间资源的有序连接，保持生态网络完整与稳定，使生物迁徙过程、自然环境过程和风景人文过程得以实现。

3. 刚弹结合原则

协调保护与利用的关系，强化功能引导、人地和谐，构建多层级、可调节的生态用地建管框架，实现生态环境保护与城乡发展需求的共赢。

4. 时空整合原则

生态网络的建构意义重在生态过程的维护，网络空间的构建依赖于时间的连续性，是时间与空间双重维度的整合。

5. 功能耦合原则

确保生态安全、生境保育和生态服务等自然功能，结合城市功能需求发挥生态网络的生态休闲游憩、历史文化保护、环境景观塑造等环境关联效益。

（二）指导思想

1. 转变城市生态网络构建的策略

总结既有生态网络构建方法，主要分为两种方式。一种是底线防御式，划定生态底线空间，并将现有的生态空间进行连通、整合以形成网络，其本质是基于现状生态空间资源的被动式保护。另一种则更具有"主动性"，按照生态优先的原则，积极新增斑块、廊道，主动干预、影响城市空间，以引导其向着更加生态化的方向发展。

在以经济建设为中心的阶段，生态保护处于相对弱势地位，这也导致在各类规划中往往采取底线防御的方式构建生态网络，以保住基本生态空间。当前，随着生态文明建设的深入推进，以及人民群众对于美好生活的向往，社会公众已不仅仅满足于基本的生态空间供给，而对其均衡性、连通性以及环境品质有着更高的追求。因此现阶段生态网络的构建策略应逐步转向主动干预，以一种更加积极的姿态去主动影响、塑造城市空间。

2. 明确城市生态网络构建的目标优先级

构建城市生态网络实际上是在处理三个方面的问题，城市外部生态空间的保护、城市内部生态空间的改善以及城市内外生态空间的沟通。处理具体问题时，目标的优先级会有所差异。面向城市外部生态空间的保护，其首要目标是保障生态安全、保护生物多样性。面向城市内部生态空间的改善，改善人居环境、提供休闲游憩场所则显然优先级更高。面向城市内外生态空间的沟通，改善人居环境以及保护生物多样性则更为重要。

不同的目标优先级会带来构建方法的差异。例如面向城市内部生态空间的改善，采用当前主流的最小阻力模型构建生态廊道，主要是基于生物迁移的角度，但是对于改善人居环境、提供休闲游憩场所这一优先目标而言，廊道构建更多考虑的是均衡性、共享性。

3. 关注城市生态网络构建的尺度效应

在处理城市生态网络所面临的三个问题时，需要从不同空间尺度展开。面对城市外部生态空间的保护，需要统筹考虑城市及其周边空间的生态安全格局，因此需要从区域尺度展开。面对城市内部生态空间的改善，则更多从城市尺度展开，同时考虑到目前我国大城市大多采用"组团化"的空间结构，因此，还需从组团尺度开展研究。而面对城市内外生态空间的沟通，则涉及内外两个层面，因此需要从区域以及城市两个尺度同时开展研究。

二、合肥城市生态网络的规划思路与目标

（一）规划思路

1. 区域尺度：确定生态空间的总体结构

区域尺度开展生态网络构建的重点在于确定生态空间的总体结构，明确城市外部需要重点保护的生态空间，打通城市内外生态空间的连通，从而奠定城市生态网络构建的基本框架。首先系统梳理本地的生态本底资源，然后采用格局—过程法和源地—廊道法提取出区域范围内重要的生态源地、廊道，最后采用结构模式法，设定城市生态空间结构，突出人工主动干预，通过提前预控生态空间，引导城市空间向着更加绿色、可持续的方向发展。同时为了减少在环、楔、廊等结构要素选取上的主观性，可以借助形态学空间格局分析（MSPA），量化斑块、廊道的重要性、连通性。

2. 城市尺度：塑造"多组团多中心"的空间形态

城市作为人工化的地理景观单元，内部人工干预程度较高，从生态过程的角度推演所需生态空间，往往难成系统。同时城市内部生态网络构建的优先目标是改善人居环境、提供休闲游憩场所。因此，城市尺度需要回归到空间层面，探讨城市内部到底需要一个什么样的符合生态理念的空间形态。目前学界主流观点是"多组团多中心"是较为理想的空间形态。多组团方面，提取铁路、河流、高速公路、高压廊道等隔离性较强的线性廊道，划分城市组团，局部缺少线性廊道的区域可以通过增设人工绿化廊道进行划分。多中心方面，对生态斑块的分布进行均衡性分析，并针对性的优化完善生态斑块布局。

3. 组团尺度：构建均衡化的网络格局

组团尺度构建生态网络涉及研究深度的问题。本次研究总体而言是基于总体规划层面开展的，研究目标是城市生态网络整体上的均衡、连通，对应到组团而言，即保证每个组团在网络结构上都处于相对均衡的水平。

在"多组团多中心"的空间形态下，由于廊道的分割，每个组团都形成了相对独立的网络结构。因此，可以采用网络分析法对组团进行定量评价，筛选出网络指数较低的组团，并进行针对性的网络优化，从而实现城市整体层面生态网络的均衡。

（二）规划目标

1. 维护生态系统完整

通过建立层次丰富、类型多样的网络化生态空间体系，实现城市生态系统的完整性，包括城市生态功能完整性、生态结构完整性以及生态过程完整性，维持生态系统的和谐、稳定、平衡和持续。

2. 促进生态效益提升

通过城市生态功能的提升与生态结构的优化，在保障生态系统平衡和良性循环的前提下，促进城市系统与生态系统的互动、融合与共生，兼顾生态环境效益及其所带来的

社会效益、经济效益等联动效益，实现城市综合生态效益的全面提升。

3. 明确生态空间用途

通过生态网络空间功能用途的明确，强化功能引导、控用结合，明晰生态空间的保护治理与城市建设利用的关系，为城市生态空间的保护、规划、建设、管控提出具体要求与措施指引。

4. 制定严格管控措施

通过生态网络空间管控体系的构建，明确相应管控指标、管控措施及建设指引，并严格按照管控要求控制生态空间的建设及资源开发强度，持续管理与维护生态网络系统。

5. 保障城市健康发展

通过网络化生态空间与城市建设空间交融格局的建立，促使两者在结构、形态上的动态耦合以及功能上的有机交互，推动土地空间资源在城市经济、社会、自然等各种要素间的合理配置。

三、合肥中心城区生态网络规划

结合前文研究，在区域尺度，基于生态安全格局的分析，结合城市所处地理环境特征，选择适合的生态空间结构模式，并借助MSPA选取生态绿环、生态绿楔以及一级生态廊道。在城市尺度，引入铁路、高速公路、河流、市政廊道等二级生态廊道将城市划分为若干组团，并通过一级生态斑块、二级生态斑块的均衡布局，构建"多组团多中心"的空间形态。在组团尺度，开展相关结构指数、规模指数定量评价，采用最小耗费路径法对指数较低的组团进行优化提升。通过上述三个尺度的逐步深化，最终形成城市生态网络系统（图6-15）。

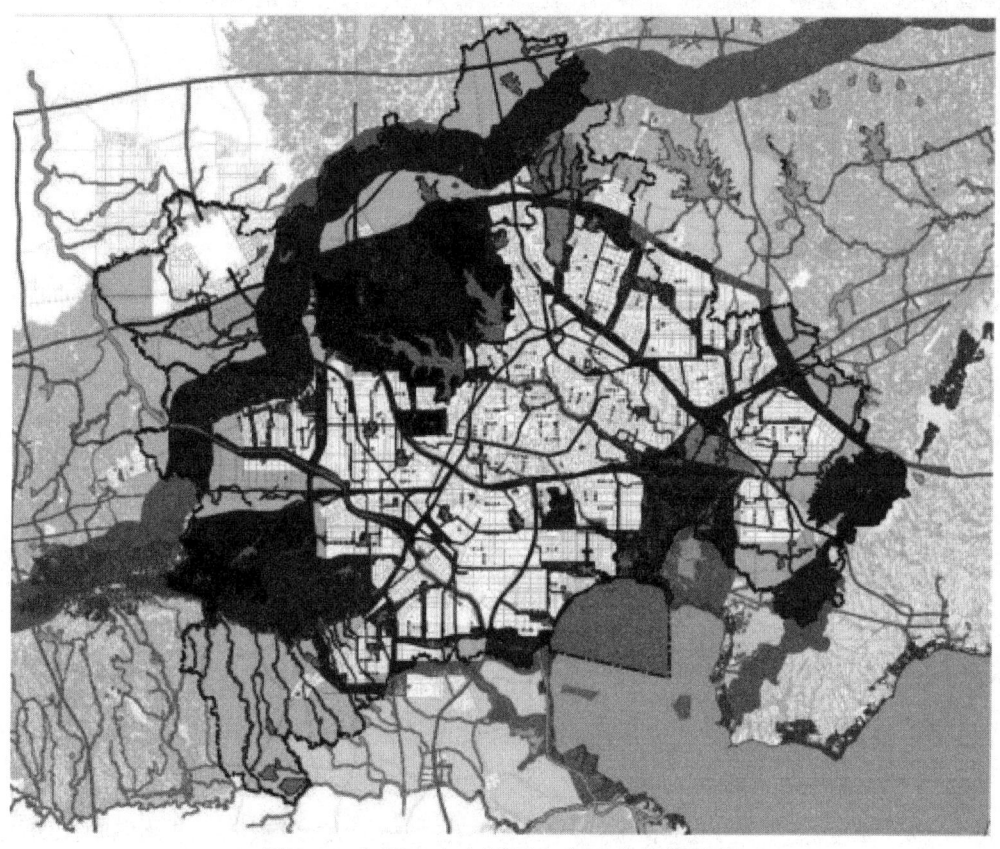

图 6-15 合肥市中心城区生态网络规划总图

第三节　合肥城市绿地系统规划实践

一、合肥城市绿地系统的规划原则与指导思想

(一) 规划原则

1. 生态优先

贯彻落实山水林田湖草沙生命共同体理念,统筹各类生态要素的系统保护,锚固生态安全底线,不断推进生态环境持续改善,促进人与自然和谐共生。

2. 以人为本

坚持以人民为中心的发展理念,基于居民使用需求,构建三高一多(高可达、高品质、高覆盖、多类型）的公园体系，满足人民群众对美好生活的向往。

3. 彰显地域文化特色

突出园林绿化和地域文化特色的结合，弘扬合肥地方传统文化和新时期科技创新文化，传承、提升、推广"翡翠项链"、"风扇叶形态"等经典的城市园林绿化做法，塑造具有合肥特色的城乡园林绿化系统。

（二）指导思想

坚持生态优先、绿色发展；立足巢湖综合治理，构建系统、安全、开放的全域生态网络体系，锚固生态安全底线；践行"公园城市"理念，优化城乡绿地系统布局，提供更多优质的城乡绿地满足人民群众对美好生活的向往；为建设具有国际一流水准的美丽宜居城市奠定良好的绿色空间基础，实现人与自然和谐共生和城市可持续发展。

二、合肥城市绿地系统的规划思路与目标

（一）规划思路

1. 紧扣生态文明建设和以人民为中心两个主旨

随着生态文明建设深入推进以及以人民为中心发展理念的贯彻落实，规划紧扣以上两个主旨，其中宏观层面更加突出基于生态视角构建总体绿地系统结构，微观层面更加突出基于人本视角完善绿地布局。

2. 以"公园+"为理念，促进公园绿地与新经济的融合，助推城市高质量发展

当前公园绿地的建设已经突破了传统对公园的定义，将高品质的户外公共休闲场所纳入公园城市范畴之内；同时将公园建设与城市新经济的发展紧密结合，构建了多元化的消费和产业应用场景。因此规划形成公园与科技创新、商务金融、新消费、乡村振兴的整合，使公园成为促进城市发展的的显性资产。

3. 规划之上做规划，构建"规划评估—优化提升"的工作路径

规划充分尊重各类已经编制的各类规划，整合各分区规划、单元控规、街坊控规、乡镇总规以及重点片区城市设计，形成绿地一张图。针对绿地一张图开展三大评估，包括结构性评估、均衡性评估、安全性评估。

（二）规划目标

建设与合肥城市发展愿景（创新引领的全国典范城市、具有国际影响力的社会主义现代化大都市）相匹配的绿地系统，力争全面达到国家生态园林城市标准，形成"城湖有机融合、蓝绿网络交织"的绿地空间体系，推动城市高质量可持续发展，使合肥成为令人向往的全球绿色创新之城。

三、合肥市域绿地系统规划

（一）区域生态空间结构

从合肥市域层面而言，市域东侧为琅琊山脉、西侧为大别山脉、南侧为长江、北侧为淮河，内部江淮分水岭和江淮运河贯穿全境，大山大河大湖集聚。因此，综合安徽省生态空间结构以及合肥市地理格局，合肥市生态空间建设重点为"塑巢湖绿心、连江淮通廊、筑山岭绿环"。

（二）市域绿地系统结构

规划形成"一河连江淮，岭湖两相映，群山锁绿环"的市域绿地系统结构（图6-16）。

一河连江淮：依托江淮运河连通长江、淮河，是区域生态格局中的重要生态廊道；岭湖两相映：加强江淮分水岭、巢湖的生态保护，沿江淮分水岭打造岭上森林长廊；保护并强化众水归巢的水网格局，加强入湖河道生态治理，沿巢湖打造环湖湿地群；群山锁绿环：依托江淮分水岭－浮槎山脉－公安山脉－银屏山脉－冶父山－牛王寨，形成连通大别山山脉与琅琊山山脉的山岭森林绿环。

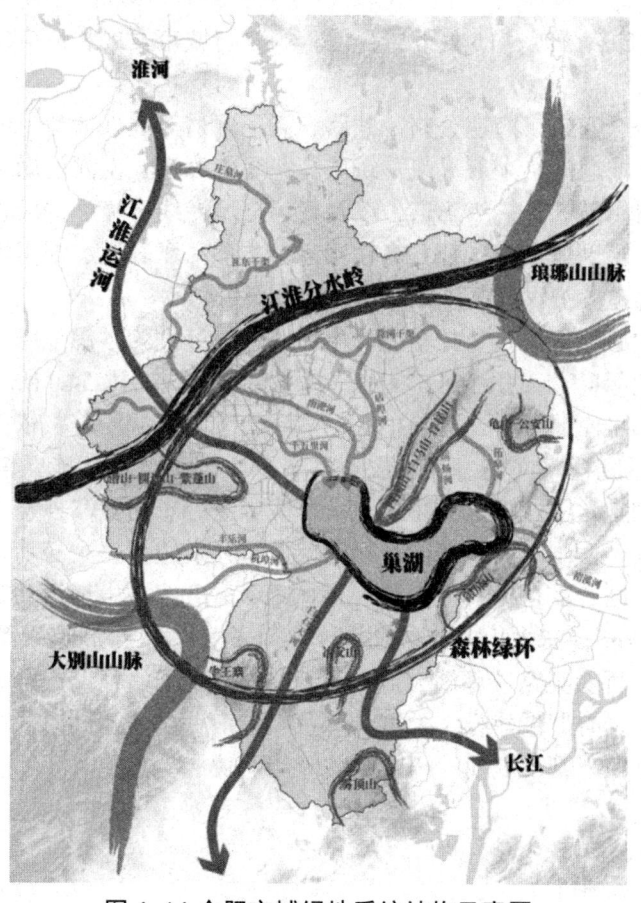

图 6-16 合肥市域绿地系统结构示意图

四、合肥中心城区绿地系统规划

延续合肥经典的风扇叶形态，采用"环+廊+楔"模式，规划形成"南湖北岭、双心双环、林廊织绿、三叶楔入"的中心城区绿地系统规划结构（图6-17）。

南湖北岭落实市域生态网络结构，加强环巢湖湿地群和森林绿环建设，打造全省的生态绿心；沿江淮分水岭打造岭上森林长廊，提升岭脊地区水土保持能力。

双心双环为环城公园、骆岗公园两个绿心以及公园绿环、郊野绿环两个绿环。其中，环城公园结合城市更新，对环城公园的慢行系统、游憩设施等进行提质升级，突出历史文化的保护，加强与城市文化艺术空间的结合。骆岗公园突出生态功能，按照"安徽之窗、省会之心、城市之肺"的定位，高标准打造蓝绿相间、水园共融的城市绿心、生态绿肺。公园绿环是合肥市新的"翡翠项链"，总长80千米，总面积234.53km^2，依托南淝河、十五里河，连通水源地绿叶和滨湖绿叶，串联6处自然公园、12处大型城市级综合公园。此外，公园绿环也是一条城市最具活力的创新环、休闲环，沿线汇聚5处城市一级中心、2处城市二级中心、5处城市三级中心，通过高品质的绿色空间引导科技创新、高端商务、休闲消费、交通枢纽等各类城市功能集聚。郊野绿环总长约300千米，依托江淮分水岭、滁河干渠、浮槎山脉、杭埠河、丰乐河等线性生态要素，串联中心城区周边5处森林自然公园、7处湿地自然公园、16处郊野公园，构建与城市发展相适应的大都市郊野游憩格局。

林廊织绿为结合河道、高速公路、铁路、高压廊道等线性通道形成网络交织的绿廊系统，规划打造江淮运河、十五里河—绕城高速绿带廊道、南淝河廊道、淮南铁路—板桥河廊道、店埠河廊道5条一级廊道，以及货运绕城专线廊道、沪汉蓉高铁西廊道、光明大堰河廊道、京台高速廊道、合安高铁廊道、二环高压廊道、淮南铁路廊道、二十埠河廊道、于湾河廊道、沪汉蓉高铁东廊道10条二级廊道。

三叶楔入为中心城区周边3处重要的生态源地，分别为水源地绿叶、紫蓬山绿叶、滨湖绿叶。水源地绿叶总面积158.57km^2，其中生态红线面积54.11km^2，管控范围为由董铺水库、大房郢水库的一、二级保护区，主导功能为水源涵养，依托规划保留村庄，可结合乡村振兴适度植入文创、都市农业、亲子休闲等产业功能。紫蓬山绿叶总面积115.61km^2，其中生态红线面积7.02km^2，由合武客专—宁西货车外绕线—紫蓬山路—孙集路—集贤路—京台西绕线围合而成，扣除紫蓬镇开发边界，主导功能为森林保育，依托规划保留村庄，结合乡村振兴适度植入森林康养、度假、山地运动等产业功能。滨湖绿叶总面积96.76km^2，其中生态红线面积17.04km^2，由京台高速—楚汉河—高亮路—S227—方兴大道—桥头集路—环湖大道—巢湖路—圩西河沿河路围合而成，主导功能为水源涵养，内部依据合肥港建设，预留港口及临港产业用地，同时依托规划保留村庄，结合乡村振兴适度植入都市农业、田园度假等产业功能。

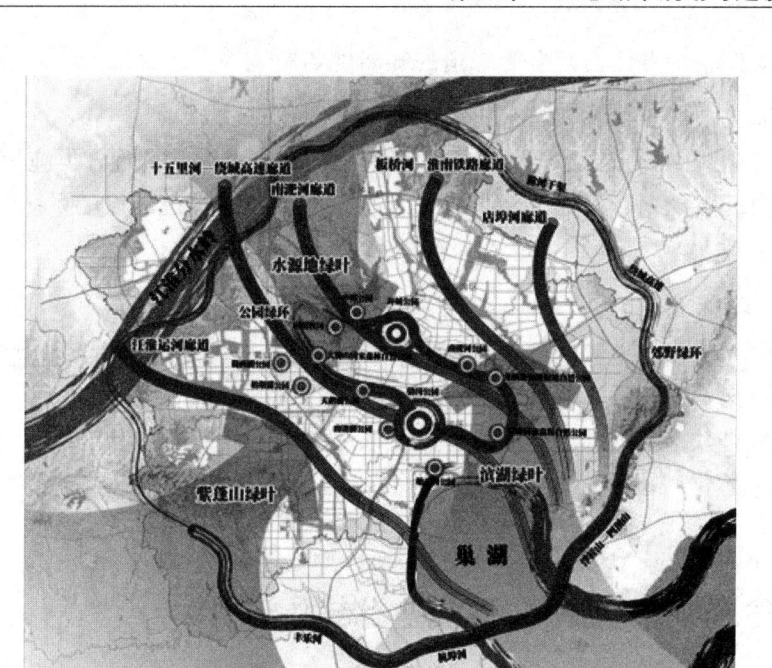

图 6-17 合肥市中心城区绿地系统结构示意图

第四节　合肥城市绿道系统规划实践

一、合肥城市绿道系统规划原则与指导思想

（一）规划原则

1. 以人为本，共创共享

坚持"人民城市人民建，人民城市为人民"理念，调动人民群众参与绿道建设与维护的积极性、主动性和创造性，推动构建多方参与，共创共享的工作格局。

2. 生态优先，功能复合

坚持以绿道作为串联各类生态要素的脉络，不断优化城市生态格局；突出"绿道+"理念，在绿道打造中，坚持营造多功能复合性的生活场景、消费场景、创新场景、文化场景，全面提升绿道综合效益。

3. 特色彰显，品牌塑造

坚持通过绿道彰显合肥"岭湖辉映、众水归巢"的地域特色、"科里科气"的城市气质；坚持围绕把绿道打造成城市品牌的目标，系统谋划合肥绿道规划建设、运营管理与推广宣传工作，全方位提升合肥绿道的知名度与影响力。

4. 规划引领，系统建设

以绿道专项规划为依据，充分考虑发展基础与现实条件，坚持分类施策，远近结合，分步实施，高起点规划、高标准建设、高水平管养，增强绿道建设的系统性、整体性、协同性。

（二）指导思想

按照"以人为本、改善环境、服务民生"的要求，推进城市绿道系统建设，按照"市域—城区—社区"三级体系构建城市绿道，配套完善服务设施、标识等各项设施，深入发掘绿道的综合功能，探索建立绿道运营的长效机制，推动城市和区域生态保护、生活休闲及经济一体化，提高人民生活水平，将绿道打造成为建设生态文明和服务民生的标志性工程。

二、合肥城市绿道系统的规划思路与目标

（一）规划思路

1. 锚固生态修复成果

市域绿道落实全域"流域统筹"的生态修复和国土综合整治成果，串联滁河干渠、引江济淮生态廊道、环巢湖生态修复区等重要生态廊道。

2. 顺应生态系统保护基本格局

彰显合肥岭湖辉映的生态空间特质，突出巢湖、江淮分水岭在维护区域生态安全中的核心地位，强化引江济淮生态廊道及水系网络在生态系统中的基础性作用，串联重要的湖泊、水库、山体等生态节点。

3. 低干预、保护性利用自然保护地

突出自然保护地生态系统原真性、整体性，遵照自然保护地差别化保护政策，按照低干预、保护性原则，加强紫蓬山、龙栖地、浮槎山等自然公园、湿地保护与利用。

4. 串联全域重要历史文保点

通过市域廊道串联远郊的江淮、合肥文化历史重要节点，如曹魏新城遗址、渡江战役总前委旧址、李鸿章享堂、姥山塔等文保节点。

5. 串联城郊特色村落资源点

整合全域美丽乡村、农业园区、田园综合体、旅游景区等各类与城市景观相得益彰的游憩景观与资源点。

（二）规划目标

规划至2027年，绿道规模达到2500千米以上，城市内部绿道网络骨架基本形成；规划至2035年，绿道里程达到5000千米以上，城乡绿道网络骨架基本形成，中心城区

与外围县（市）绿道网逐步衔接，各级绿道、主要景点互联互通；远景展望至2050年，绿道里程达到10000千米以上，绿道网络更加成熟、配套更加完善，全面建成"览山阅湖、贯城连景、彰文串趣"的全域绿道网络体系。

三、合肥市域绿道布局

规划构建"一环八廊"的市域山水绿道布局结构（图6-18）。其中一环为串联城区外围山水和巢湖的"8"字型郊野游憩环形绿道；八廊为瓦东干渠—庄墓河绿道、大潜山—圆通山—紫蓬山绿道、杭埠河—丰乐河绿道、牛王寨—冶父山—白石天河绿道、雾顶山—兆河绿道、银屏山—裕溪河绿道、龟山–公安山绿道。

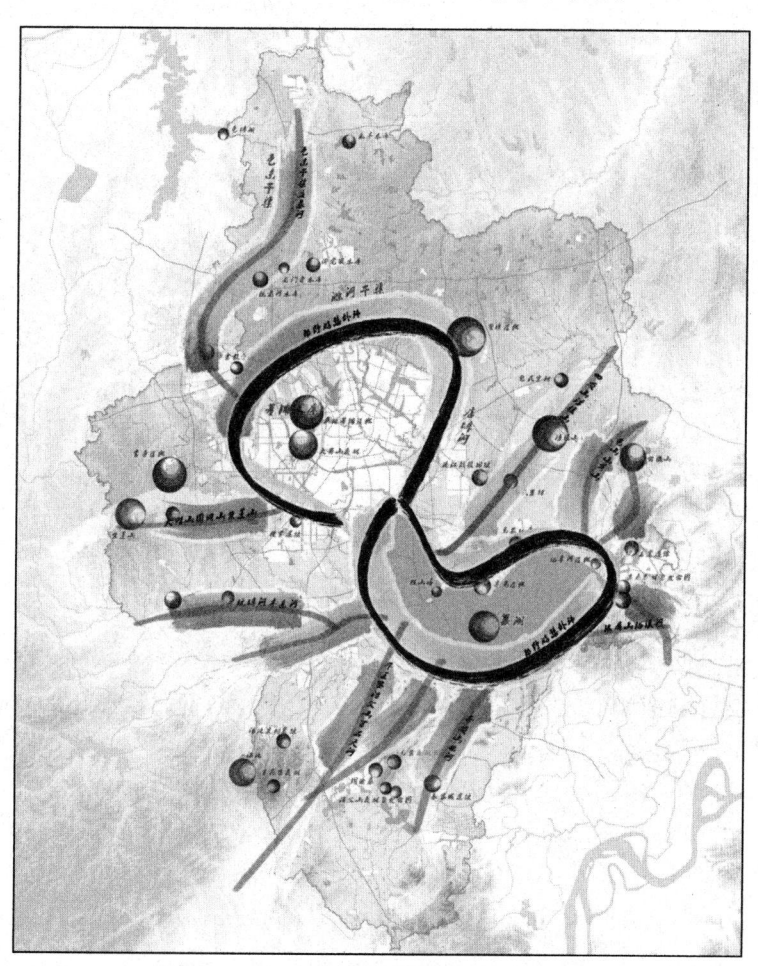

图6-18 合肥市域绿道系统结构示意图

四、合肥中心城区绿道布局

规划构建"三环六廊"的中心城区绿道布局结构（图6-19），三环为环城公园环形绿道、新翡翠项链环形绿道、郊野游憩环形绿道；六廊为瑶海－新站绿廊、庐阳－北城绿廊、蜀山－新桥绿廊、高新－蜀山绿廊、经开－上派绿廊和滨湖绿廊。

中心城区骨干绿道分8条线路，总长约894千米，其中：1号线为新翡翠项链绿道，约473千米；2号线为环城公园绿道，约21千米；3号线为庐阳—北城绿道，约96千米；4号线为瑶海—新站绿道，约75千米；5号线为滨湖绿道，约24千米；6号线为经开—上派绿道，约63千米；7号线为高新—蜀山绿道，约35千米；8号线为蜀山—新桥绿道，约42千米；9号线为二环高压廊道绿道，约66千米。

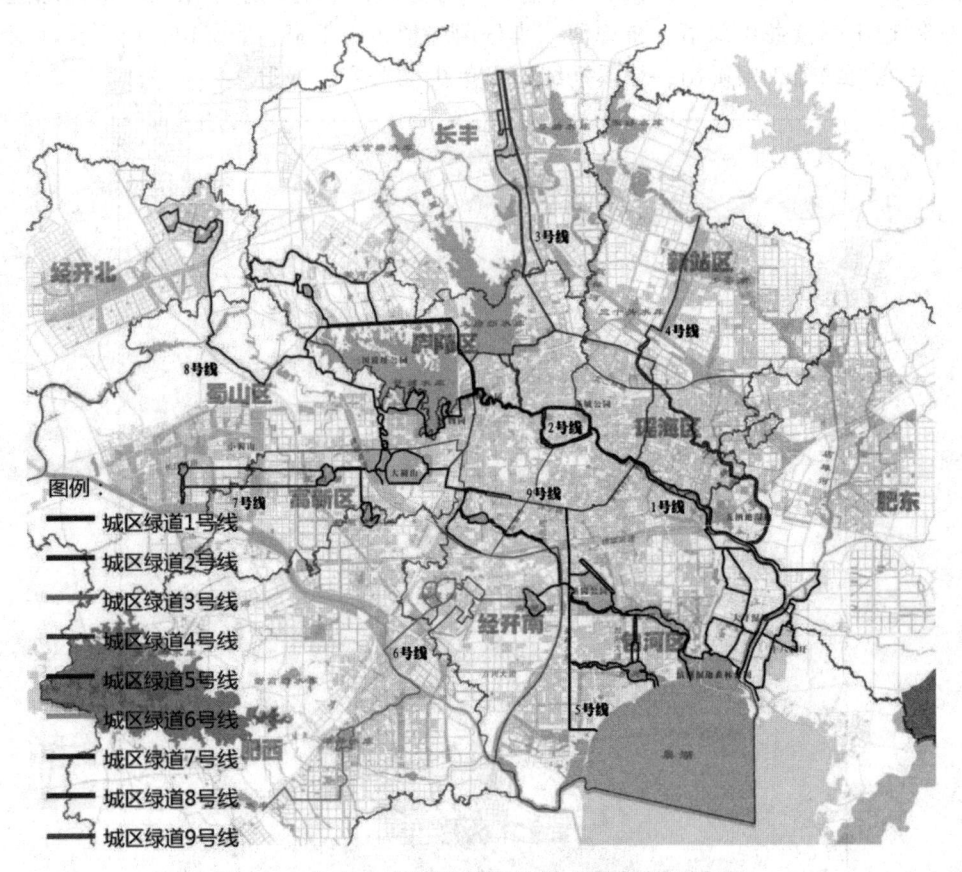

图6-19 合肥中心城区绿道总体布局规划示意图

参考文献

[1] 谌扬.论城市景观的地域性与生态性交融[M].长春：吉林出版集团股份有限公司，2023.01.

[2] 王成强，张淑贞，李志华.生态环境监测与园林绿化设计[M].北京：中国商务出版社，2023.05.

[3] 颜静.智慧生态城市自然生命人居与未来[M].上海：上海交通大学出版社，2022.07.

[4] 孙颖.绿色发展理念下生态城市空间建构与分异治理研究[M].西安：西安交通大学出版社，2022.03.

[5] 张克胜.生态社会城市生态环境污染及防控研究[M].青岛：中国海洋大学出版社，2022.12.

[6] 扈幸伟，李江锋，邬龙.城市河湖生态修复与滨水空间构建技术[M].哈尔滨：哈尔滨出版社，2022.07.

[7] 郏亚微.生态文明视域下城市园林景观设计研究[M].长春：吉林科学技术出版社，2022.09.

[8] 张文博.生态文明建设视域下城市绿色转型的路径研究[M].上海：上海社会科学院出版社，2022.02.

[9] 艾强，董宗炜，王勇.城市生态水利工程规划设计与实践研究[M].长春：吉林科学技术出版社，2022.09.

[10] 朱亚楠.城市规划设计与海绵城市建设研究[M].北京：北京工业大学出版社，2022.07.

[11] 谢淑华，段昌莉，刘志浩.城市生态与环境规划[M].武汉：华中科技大学出版社，2021.11.

[12] 董永立. 城市生态水利规划研究 [M]. 长春：吉林科学技术出版社，2021.06.
[13] 樊清熹. 城市地域设计的生态解读 [M]. 南京：江苏凤凰美术出版社，2021.04.
[14] 舒乔生，侯新，石喜梅. 城市河流生态修复与治理技术研究 [M]. 郑州：黄河水利出版社，2021.06.
[15] 曾旗，杜泽兵. 资源枯竭型城市生态需求、供给与补偿体系研究 [M]. 北京：中国经济出版社，2021.11.
[16] 朱祺，张君，王云江. 城市河道养护与维修 [M]. 北京：中国建材工业出版社，2021.01.
[17] 陈超. 现代城市水生态文化研究 [M]. 北京：中国水利水电出版社，2020.08.
[18] 韩奇，陈晓东，张荣伟. 城市河道及湿地生态修复研究 [M]. 天津：天津科学技术出版社，2020.07.
[19] 李艳. 山地城市桥梁生态美学探究 [M]. 重庆：重庆大学出版社，2020.08.
[20] 朱阿丽，石学军. 创新视域下的资源型城市生态转型研究 [M]. 城市阳光出版社，2020.09.
[21] 仲崇文. 基于绿色生态理念的中国城市产业规划研究 [M]. 北京：北京理工大学出版社，2020.06.
[22] 刘永光. 基于生态文明体系的城市综合开发项目预评价研究 [M]. 广州：华南理工大学出版社，2020.02.
[23] 鲁枢元. 生态时代的文化反思 [M]. 北京：东方出版社，2020.06.
[24] 吴乃星，张瑞，汤长猛. 基于移动通信大数据的城市计算 [M]. 武汉：华中科技大学出版社，2020.01.
[25] 王江萍. 城市景观规划设计 [M]. 武汉：武汉大学出版社，2020.07.
[26] 张雷，刘彪，张春霞. 新型智慧城市运营与治理 [M]. 北京：中国城市出版社，2020.12.
[27] 李夺，黎鹏展. 绿色规划绿色发展城市绿色空间重构研究 [M]. 武汉：华中科技大学出版社，2020.12.
[28] 李威. 生态文明的理论建设与实践探索 [M]. 哈尔滨：黑龙江教育出版社，2020.03.
[29] 王慧卿. 区域文化生态及可持续发展研究 [M]. 长春：吉林人民出版社，2020.07.
[30] 廖清华，赵芳琴. 生态城市规划与建设研究 [M]. 北京：北京工业大学出版社，2019.08.
[31] 宫聪，胡长涓. 可持续发展的中国生态宜居城镇绿色基础设施导向的生态城市公共空间 [M]. 南京：东南大学出版社，2019.12.
[32] 郭静姝. 生态环境发展下的城市建设策略 [M]. 青岛：中国海洋大学出版社，2019.12.
[33] 盛晓娟. 城市生态文明评价 [M]. 北京：中国经济出版社，2019.01.
[34] 左小强. 城市生态景观设计研究 [M]. 长春：吉林美术出版社，2019.01.
[35] 许浩. 生态中国海绵城市设计 [M]. 沈阳：辽宁科学技术出版社，2019.08.
[36] 何彩霞. 可持续城市生态景观设计研究 [M]. 长春：吉林美术出版社，2019.01.

[37] 王洪成，吕晨. 城市生态修复的低碳园林设计途径 [M]. 天津：天津大学出版社，2019.10.

[38] 董晶. 生态视角下城市规划与设计研究 [M]. 北京：北京工业大学出版社，2019.10.

[39] 李华. 城市生态游憩空间格局和功能优化研究 [M]. 北京：旅游教育出版社，2019.05.

[40] 陈苏柳. 生态文明理念下的城市空间规划与设计研究 [M]. 北京：北京工业大学出版社，2019.11.